PLASTERER

现代抹灰工

技术手册

潘常友　编著

四川科学技术出版社

图书在版编目（CIP）数据

现代抹灰工技术手册 / 潘常友编著. -- 成都：四川科学技术出版社, 2019.4（2023.4重印）

ISBN 978-7-5364-9437-4

Ⅰ.①现… Ⅱ.①潘… Ⅲ.①抹灰—技术手册 Ⅳ.①TU754.2-62

中国版本图书馆CIP数据核字(2019)第067603号

现代抹灰工技术手册

XIANDAI MOHUIGONG JISHU SHOUCE

出品人 程佳月
编　著 潘常友
策　划 谢　伟
责任编辑 刘依依　康永光
封面设计 艺和天下
责任出版 欧晓春
出版发行 四川科学技术出版社
成都市锦江区三色路238号　邮政编码 610023
官方微博：http://weibo.com/sckjcbs
官方微信公众号：sckjcbs
传真：028-86361756
成品尺寸 170mm × 240mm
印张14.25　字数 240千
印　刷 大厂回族自治县益利印刷有限公司
版　次 2019年5月第1版
印　次 2023年4月第2次印刷
定　价 26.80元
ISBN 978-7-5364-9437-4

■ 邮购：成都市锦江区三色路238号新华之星A座25层
邮政编码 / 610023
电话 /（028）86361770

内 容 提 要

全书共分七章，主要内容包括：建筑装饰工程识图基本知识、抹灰材料、抹灰工常用机具、一般抹灰施工技术、装饰抹灰施工技术、饰面砖、季节施工与安全施工。本书内容翔实，语言简洁，重点突出，图文并茂，表述正确，具有较强的指导性和可读性。

本书是建筑工程抹灰工人的必备辅导书籍，是建筑业从业人员职业技能培训教材，也适合建筑工人自学以及相关专业的高职、中职学生参考使用。

PREFACE

前 言

建筑业是吸纳农村劳动力转移就业的主要行业，是进城务工人员的用工主体，也是示范工程的实施主体。按照党中央和国务院的部署，要加大进城务工人员的培训力度，通过开展示范工程，让企业和进城务工人员成为直接的受益者。

抹灰工是建筑业土建专业工种中的重要成员之一，专指从事抹灰工程的人员，即将各种砂浆、装饰性水泥、石子浆等涂抹在建筑物的墙面、地面、顶棚等表面的施工人员。有很多进城务工人员从事这一行业。

本书依据《建筑工程施工职业技能标准》《职业技能岗位鉴定规范》和《国家职业技能标准》精心编写而成。编著者在编写过程中充分考虑建筑施工人员的知识需求，以使读者从理论和技能两方面掌握关键点，满足施工现场应具备的技术及操作岗位的基本要求，使刚入行的人员与上岗“零距离”接口，快速入门，尽快地转变成为一个技术高手，从整体上提高进城务工人员的技能素质和知识水平。

本书在编写过程中，参阅了大量的专业书籍和资料，在此对相关作者表示诚挚的感谢。因编写时间紧，加之编著者水平有限，难免有疏漏之处，敬请广大读者在阅读和使用中多提宝贵意见，以便进一步丰富和完善。

编著者

2019年3月

CONTENTS

目 录

第一章　建筑装饰工程识图基本知识

第一节　概述

建筑装饰工程，或称为建筑装修工程、建筑装饰装修工程。根据2018年9月1日开始实施的中华人民共和国国家标准GB50210—2018《建筑装饰装修工程质量验收规范》的规定，现统一采用“建筑装饰装修”的命名并对该术语的含意进行了定义：“为保护建筑物的主体结构、完善建筑物的使用功能和美化建筑物，采用装饰装修材料或饰物，对建筑物的内外表面及空间进行的各种处理过程。”

建筑装饰装修工程属于建筑工程，它是建筑工程的分部工程。关于具体建筑工程的分部（子分部）工程、分项工程的划分见2014年6月1日开始实施的中华人民共和国国家标准GB50300—2013《建筑工程施工质量验收统一标准》。抹灰工程属于建筑装饰装修分部工程中的子分部工程和分项工程。

一、抹灰工程的概念及特点

抹灰工程是用砂浆涂抹或用装饰块铺贴在建筑物的墙、顶、地等表面的装饰工程。抹灰的目的有二：一是满足使用和美观的要求；二是保护建筑物或构筑物的结构部分免受风、雨、潮气等侵蚀，延长建筑物的寿命。

随着建筑施工机械化程度的提高，新材料、新工艺不断出现，高级装修工程越来越多，抹灰工程的施工技术也在不断地向前发展。目前，抹灰工程除了一般抹灰（一般白灰砂浆、水泥砂浆、混合砂浆抹灰）外，还有装饰抹灰（喷涂、滚涂、拉毛、甩毛、水刷石、干粘石、斩假石、现制水磨石等）、特种砂、浆抹灰（保温、防辐射、耐酸、防水砂浆等抹灰）、饰面工程（铺贴预制水磨石、瓷砖、天然石材、马赛克及各种饰面花饰安装等）。

二、抹灰工程的分类及特点

（1）按施工部位的不同，抹灰工程可分为室内抹灰和室外抹灰。

（2）按使用要求及装饰效果的不同，抹灰工程分为一般抹灰、装饰抹灰、特种砂浆抹灰和饰面工程抹灰等。

①一般抹灰：一般抹灰所使用的材料有水泥砂浆、石灰砂浆、水泥石灰膏混合砂浆、聚合物水泥砂浆、水泥浆（俗称素浆、净浆）聚合物水泥浆以及麻刀灰、纸筋灰、玻璃丝灰、石膏灰等。

②装饰抹灰：装饰抹灰是指通过选用适当的抹灰材料及操作工艺等方面的改进，使抹灰面层直接具备装饰效果而无须再做其他饰面，如水磨石、水刷石、干粘石、斩假石、假面砖以及常作局部装饰的彩色聚合物灰浆弹涂、滚涂和彩色抹灰等。

③特种砂浆抹灰：系指采用保温砂浆、防水砂浆、耐酸砂浆等材料进行的有特殊要求的抹灰工程。

④饰面工程抹灰：根据面层的材质，饰面装饰工程分为石材饰面、陶瓷贴面、玻璃饰面以及复合板材的安装及镶贴、各种材质地板块的铺设等。

⑤花饰工程：主要指石膏花饰、水刷石花饰、斩假石花饰、塑料花饰等的制作和安装。

⑥古建筑装饰工程：古建筑的装饰多以画、雕、塑为主，其题材以花卉、树木、飞禽走兽和历史人物、神话传说等为依据，配上形形色色的花纹镶边，装饰于建筑空间结构的各个部位。装饰抹灰工应掌握古式建筑雕、塑装饰和地面铺砌技术。

（3）按主要工序和表面质量的不同，一般抹灰工程分为普通抹灰和高级抹灰（具体工程的抹灰等级应由设计单位按照国家有关规定，根据技术、经济条件和装饰美观的需要予以确定，并在施工图中注明）。

三、抹灰工程在建筑施工中的作用和重要性

不论房屋的类型、大小和所用材料有何不同，在建造过程中，按照施工顺序，都可分为基础、主体结构（墙、柱、楼板、屋顶等）和装修（抹灰、油漆、刷浆、屋外防水、门窗、玻璃安装等项）三个大的工程阶段。抹灰是装修工程中工作量较大的工作，也是装修工程中的重要组成部分。其对建筑物的作用主要有：

室内抹灰，主要是保护墙体和改善室内卫生条件，增强光线反射，美化环境；在浴室、试验室和某些化工车间等易受潮湿或酸、碱腐蚀的房间里，主要起保护墙身和楼地面的作用。

室外抹灰，主要是保护墙身不受风、雨、雪的侵蚀，提高墙面防潮、防风化、隔热的能力，提高墙身的耐久性，也是对建筑表面进行艺术处理的措施之一。

抹灰工程的施工特点是：工程量大，工期长，用工多，占建筑物总造价的比例较高。

从工程量的比重看，一般民用建筑平均每平方米的建筑面积就有3~5 m^2的内表面抹灰（多层抹灰），0.15~0.75 m^2的外表面抹灰，高级装修建筑的外表面抹灰每平方米建筑有0.75~1.30 m^2之多。抹灰的造价占建筑物总造价的10%~15%。

由于工程量大，机械化程度不高，故劳动力所占比重相应也大。民用建筑中抹灰工劳动量占装修工程的50%~60%，占整个建筑物劳动总量的25%~30%。

从工期上看，一般民用建筑抹灰工程占总工期的30%~40%，高级装修建筑中抹灰工程约占总工期的50%，有的甚至更多些。因而，抹灰工程的进度对建筑物能否尽快地投入使用有着很大的影响。

综上所述，不难看出抹灰工程在建筑施工中的重要性。

抹灰工人应了解抹灰及饰面在房屋建筑中的作用、组成、分类、所用工具、机械的操作和维修方法，还应掌握各种砂浆的配制方法、性能特点、环境影响因素和养护技术等，努力做到在保证质量的前提下改进操作工艺，提高技术水平和劳动生产率，降低成本，节约原材料。

第二节　工程图纸的制图基本知识

一般建筑装饰工程构造由楼地面、墙面、顶棚、柱面、楼梯、门窗、隔断等组成，有些还包括室内配套设施，如家具、陈设、护栏等，以及阳台、雨篷、门面、台阶、坡道等室外环境。因此，相对应的建筑装饰装修工程施工图纸，便主要包括平面图、顶面图、立面图、构造节点图、配套装置家具图及水图电图等。利用简洁明晰的图像、线条数字和符号等，按一定的规范标准完整表达设计构思、艺术观点、空间布局及装修构造，在造型、饰面、尺度、选材、细部处理等方面准确体现工程方案。建筑装饰施工图纸是确定装饰装修工程造价的重要依据。

装饰装修工程施工图纸，应以国家标准为依据，以保证装修工程图纸与土建制图相衔接，便于识读、审核和管理。新的推荐性国家标准制图系列的原则既适用于建筑专业，也适用于室内设计专业的制图规则。由于装饰装修工程所涉及的专业范围较广，所以在施工图中常出现建筑制图、家具制图、机械制图和装饰性图案等多种画法并存的现象。鉴于装饰装修工程施工的特点，施工操作人员应该具备较熟练的识图能力，以确切领悟设计图纸的各种表意，在具体操作中完整地体现设计意图并主动发挥对技术和艺术的完美化处理。

建筑是由长、宽、高三个方向构成的一个立体空间，通常称为“三度空间”体系，要在图纸上全面、完整、准确地表达它，就必须利用正投影制图，绘制出空间界面的平、立、剖面图。由于目前国家还没有正式颁布室内设计制图统一标准，所以现行室内设计制图主要遵循建设部修订的自2002年3月1日实施的6项制图新标准。它们是建筑业从业人员必须共同遵守和执行的准则和依据。

构成建筑结构及装饰装修等工程图纸的基本要素，主要有图纸幅面规格、图线、字体、比例、符号、定位轴线、图例和尺寸标注等。下面分别简述说明。

一、图纸幅面规格

1. 所有的建筑图纸的幅面，应符合图纸幅面的规定，见表1-1、图1-1

表1-1　图纸幅面规格

基本幅面代号	0	1	2	3	4
b×L	841×594	594×841	420×594	297×420	210×297
C	10	10	10	5	5
a	25	25	25	25	25

2. 允许加长0~3号图纸的长边；加长部分的尺寸应为边长的1/8及其倍数

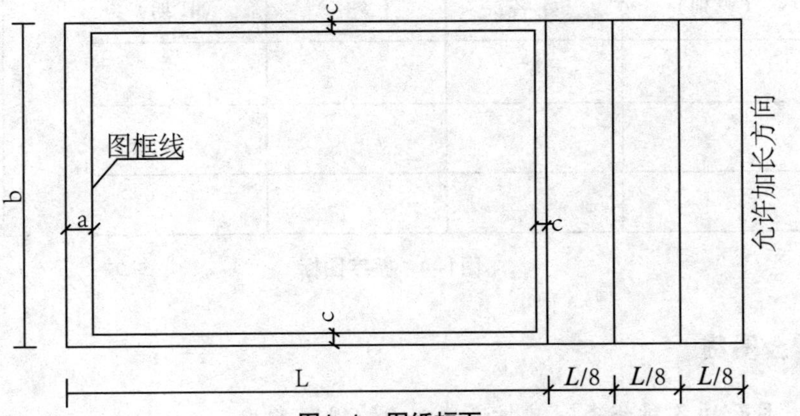

图1–1　图纸幅面

二、图标

1. 大图标用于0、1、2号图纸上，位置在图纸的右下角，见图1–2

（职别）	（姓名）	（签字年月）	（设计单位名称）			
			工程总称			
			项目			
			（图纸名称）		设计号	
					图别	
					图号	
					日期	

图1–2　大图标

2. 小图标用于2、3及4号图纸上，位置在图纸的右下角，见图1–3

（设计单位名称）		（图纸名称）	设计号	
工程总称			图别	
项目			图号	
			日期	

图1–3　小图标

3. 签字图标供配合小图标签字用，放在图纸左面框线外的上端，见图1–4

（职别）	（姓名）	（签字）	（日期）

20 cm

图1–4 签字图标

三、图线

1. 图面的各种线条，应按下表1–2的规定采用

表1–2 图线

序号	名称	线型	宽度	适用范围
1	标准实线		b	立面轮廓线；表格轮廓线；尺寸线及引出线；可见轮廓线等
2	细实线		b/4或稍细	剖面中的次要线条（如粉刷线、图例线等）；表格的分格线等
3	中实线		b/2	立面图上的门窗及突出部分（檐口窗台、台阶等）
4	粗实线		b或更粗	剖面图的轮廓线；剖面的剖切线；图框线等
5	折断线		b/4或稍细	长距离图面断开线
6	点画线		b/4或稍细	中心线、定位轴线
7	虚线		b/4或稍细	不可见轮廓线

注：标准实线宽度为b=0.4~0.8 mm。

2. 定位轴线

（1）定位轴线的编号在水平方向的采用阿拉伯数字，由左向右标注；垂直方向的采用大写英文字母（但不得使用I、O、Z三个字母）由下向上注写。

（2）一般定位轴线的标注法，见图1–5、图1–6。

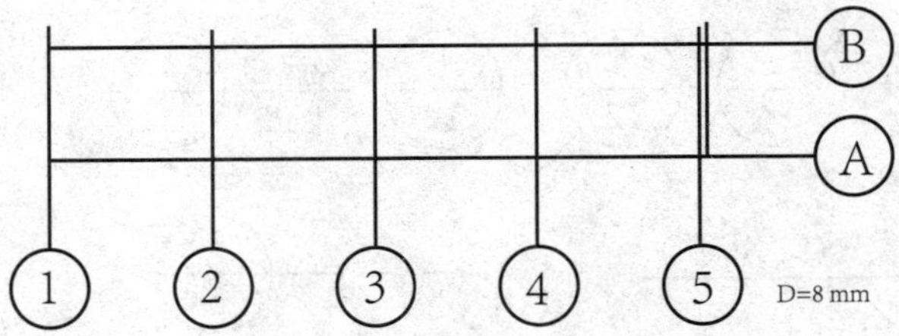

图1-5　一般定位轴线标注法

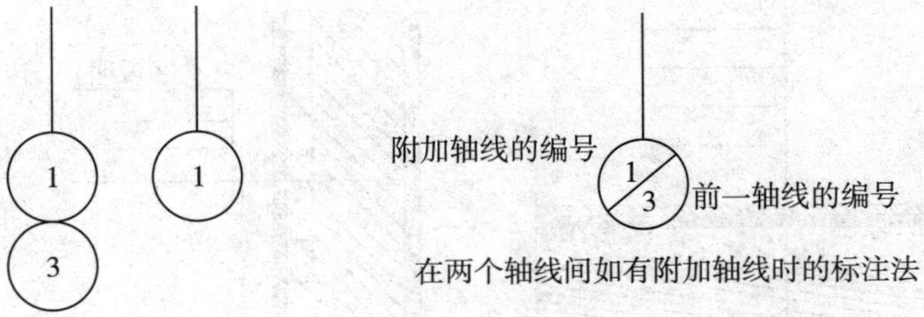

图1-6　个别定位轴线标注法

3. 剖面的剖切线

剖视方向，一般向图面的上方或左方，剖切线尽量不穿越图面上的线条。剖切线需要转折时，以一次为限，见图1-7。

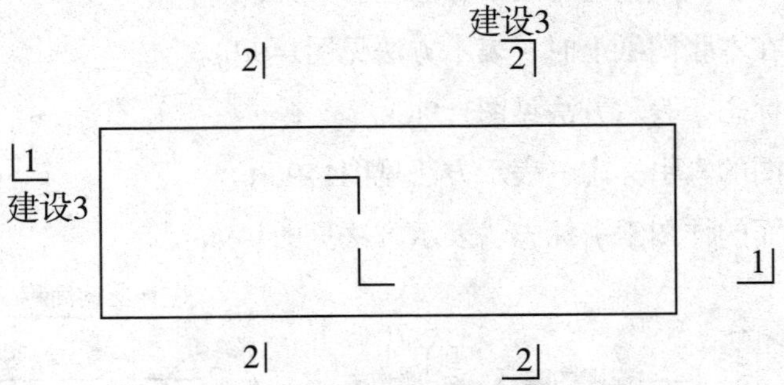

图1-7　剖切线

4. 引出线

（1）引出线应采用细直线，不应用曲线。

（2）索引详图的引出线，应对准圆心，见图1-8(a)。

（3）引出线同时索引几个相同部分时，各引出线应相互保持平行，见图1-8(b)。

（4）多层构造引出线，必须通过被引的各层，并需保持垂直方向。文字说明的顺序，应与构造层次一致，一般由上而下，从左到右，见图1-8(c)。

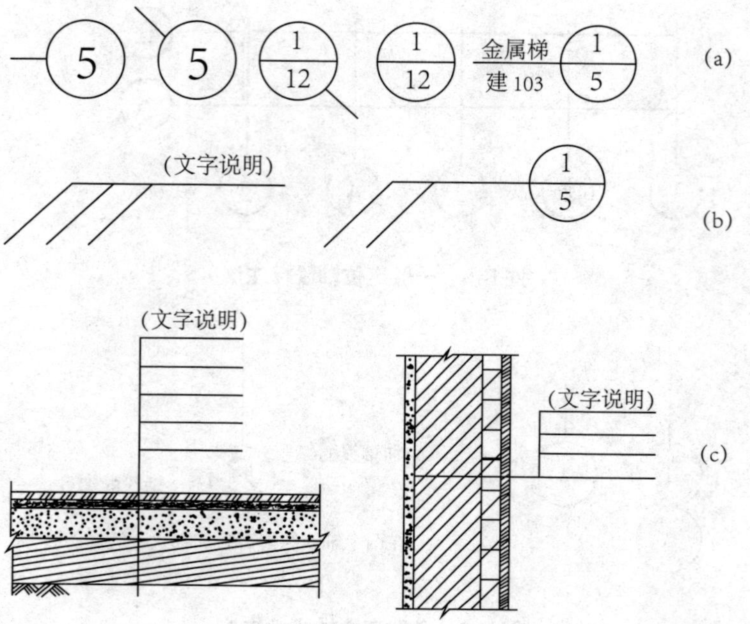

图1-8　引出线

5. 详图索引标志

（1）施工图上的详图索引标志

①详图在本张图纸上时，表示方法见图1-9(a)。

②详图不在本张图纸上时，表示方法见图1-9(b)。

③详图的标志、表示方法见图1-9(c)。

④标准详图的索引标志、表示方法见图1-9(d)。

⑤局部剖面的详图索引标志、表示方法见图1-9(e)。

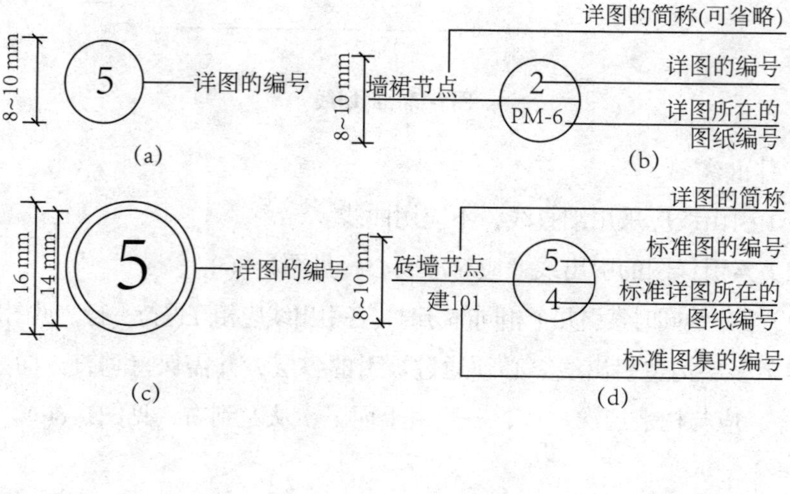

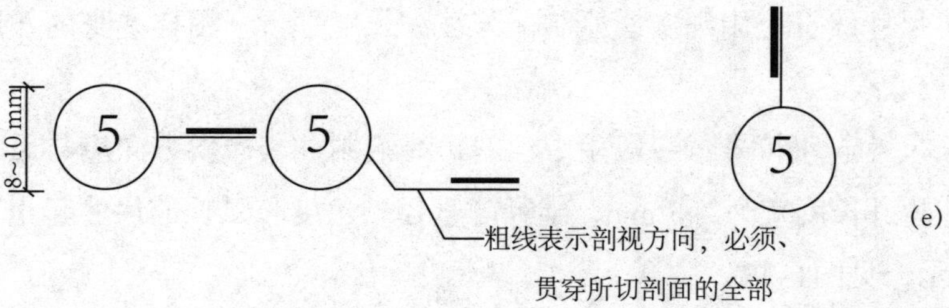

图1-9　详图索引标志

四、尺寸标注

标高及总平面图以米为单位，其余均以毫米为单位。

1. 尺寸界线、尺寸线及尺寸起止符号

图上的尺寸组成包括尺寸界线、尺寸线、尺寸起止符号和尺寸数字，见图1-10。

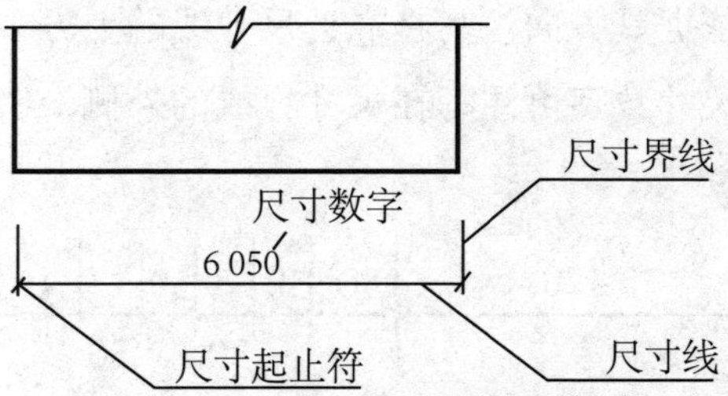

图1-10　尺寸的组成

（1）尺寸界线：应用细实线绘制，一般应与被注长度垂直，其一端应离开图样轮廓线不小于2 mm，另一端宜超出尺寸线2~3 mm。图样轮廓线亦可用作尺寸界线，见图1-11。

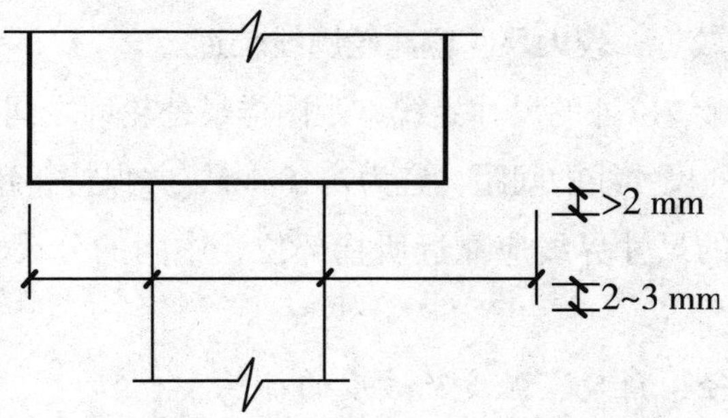

图1-11　尺寸界线

（2）尺寸线：应用细实线绘制，与被注长度平行，图样本身的任何图线均不得用作尺寸线。

（3）尺寸起止符号：一般用中粗斜短线绘制，其倾斜方向应与尺寸界线成顺时针45°角，长度宜为2~3 mm，半径、直径、角度和弧长的尺寸起止符号，宜用箭头表示，见图1–12。

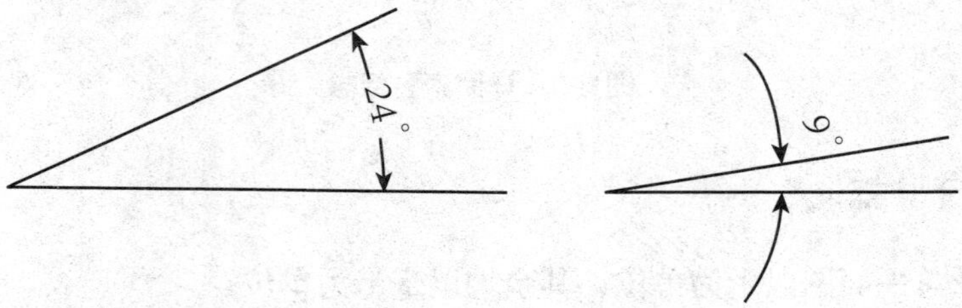

图1–12　箭头尺寸起止符

2. 尺寸数字

尺寸数字一般应依据其方向注写在靠近尺寸线的上方中部。如若没有足够的注写位置，最外边的尺寸数字可注写在尺寸界线的外侧，中间相邻的尺寸数字可错开注写，见图1–13。

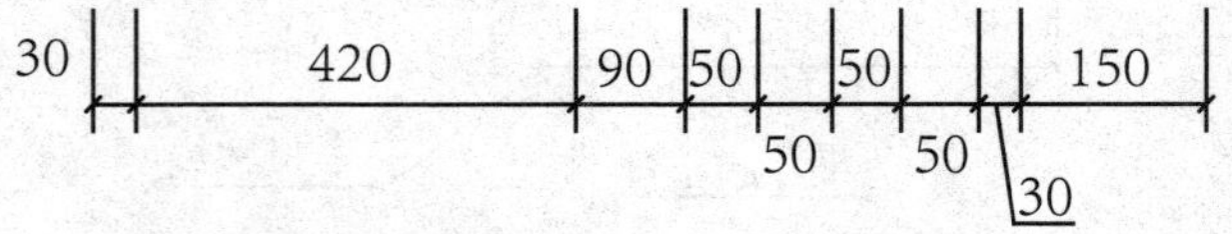

图1–13　尺寸数字的注写位置

3. 尺寸的排列与布置

（1）尺寸宜标注在图样轮廓以外，不宜与图线、文字及符号等相交。

（2）互相平行的尺寸线，应从被注写的图样轮廓线由近向远整齐排列，较小尺寸应离轮廓线较近，较大尺寸应离轮廓线较远。

（3）图样轮廓线以外的尺寸界线，距图样最外轮廓之间的距离，不宜小于10 mm。平行排列的尺寸线的间距，宜为7~10 mm，并保持一致。

（4）总尺寸的尺寸界线应靠近所指部位，中间的分尺寸的尺寸界线可稍短，但其长度应相等。

4. 半径、直径、角度、弧度及坡度的标注

（1）半径尺寸线应一端从圆心开始，另一端画箭头指向圆弧。半径数字前

应加注半径符号“R”见图1–14。

（2）较小圆弧的半径，可按图1–15的形式标注，见图1–15。

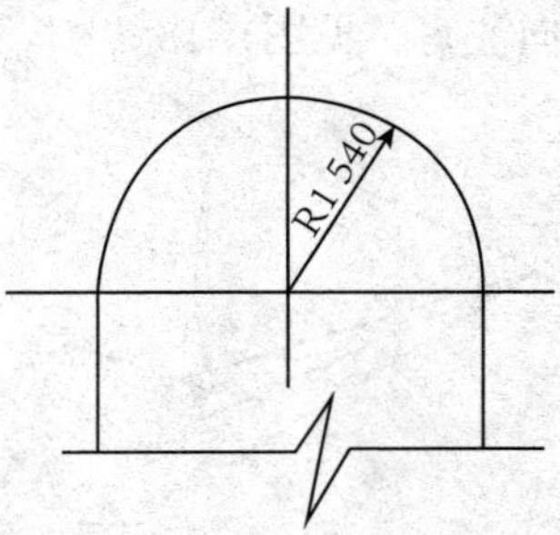

图1–14　半径标注方法

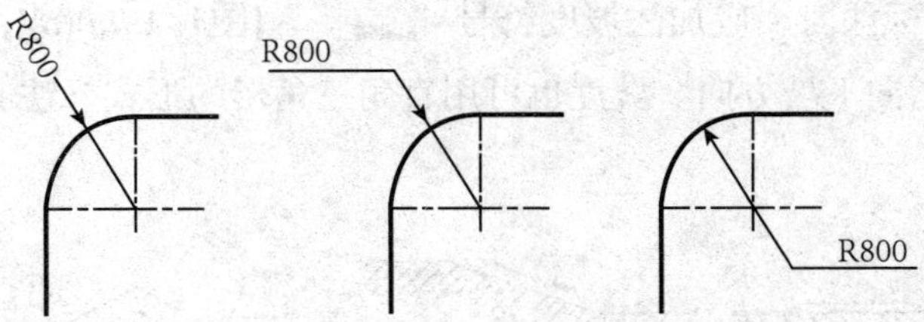

图1–15　小圆弧半径标注方法

（3）较大圆弧的半径，可按图1–16的形式标注，见图1–16。

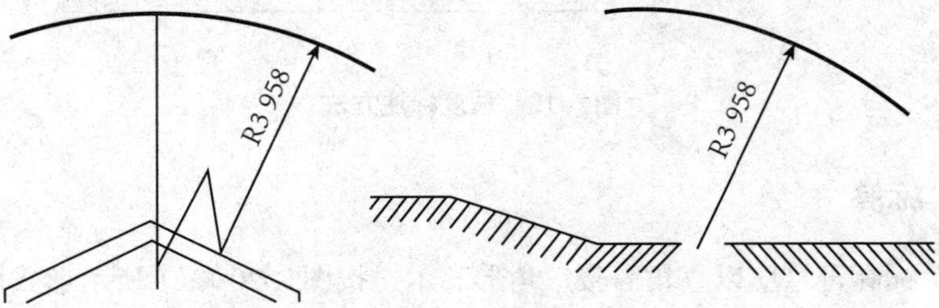

图1–16　大圆弧半径标注方法

（4）标注圆的直径尺寸时，直径数字前应加直径符号“ϕ”。在圆内标注的尺寸线应通过圆心，两端画箭头指至圆弧，见图1–17。

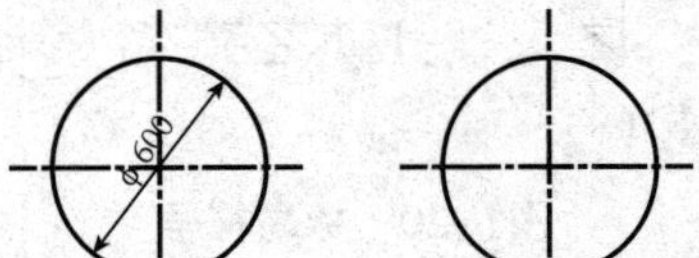

图1–17　圆直径的标注方法

（5）角度的尺寸线，应以圆弧表示。该圆弧的圆心应是该角的顶点，角的两条边为尺寸界线。起止符号应以箭头表示，若没有足够位置画箭头，可用圆点代替，角度数字应按水平方向注写，见图1–18。

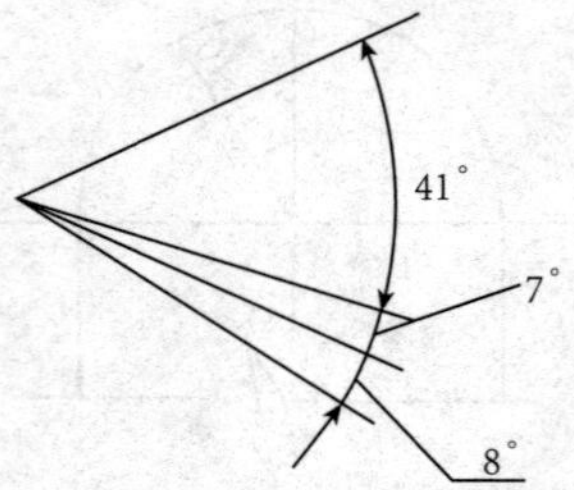

图1–18 角度的尺寸线标注方法

（6）坡度标注时，应加注坡度符号“◢＿＿”[图1–19(a)(b)]，该符号为单面箭头，箭头应指向下坡方向。坡度也可用直角三角形的形式标注，如图1–19(c)所示。

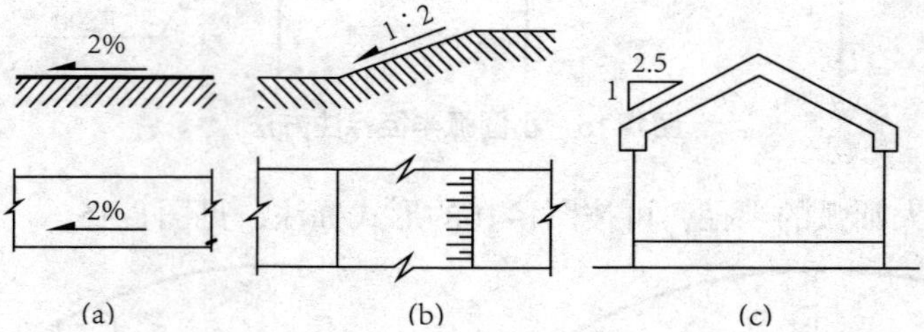

图1–19 坡度标注方法

五、标高

（1）标高符号应以直角等腰三角形表示，按图1–20（a）所示形式用细实线绘制；如标注位置不够，也可按图1–20（b）所示形式绘制。标高符号的具体画法，见图1–20（c）（d）所示。

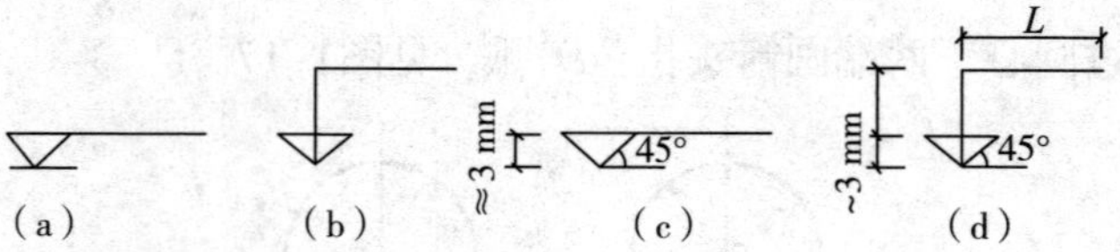

图1–20 标高符号

（2）总平面图室外地坪标高符号，宜用涂黑的三角形表示，具体画法见图1–21。

（3）标高符号的尖端应指至被注高度的位置；尖端一般向下，也可向上。标高数字应注写在标高符号的左侧或右侧，见图1–22。

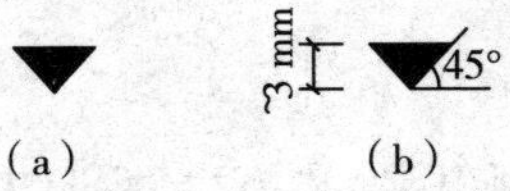

图1–21　总平面图室外标高符号

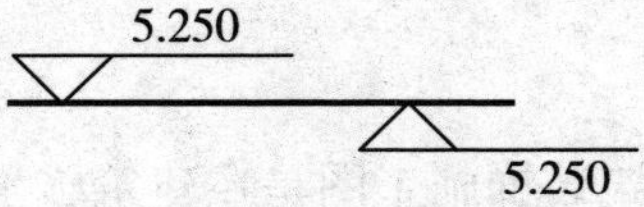

图1–22　标高的指向

（4）标高数字应以米为单位，注写到小数点以后第三位。在总平面图中可注写到小数点以后第二位。

（5）零点标高应注写成±0.000，正数标高不注“+”，负数标高应注“–”，例如3.000、–0.600。

（6）在图样的同一位置需表示几个不同标高时，标高数字可按图1–23的形式注写。

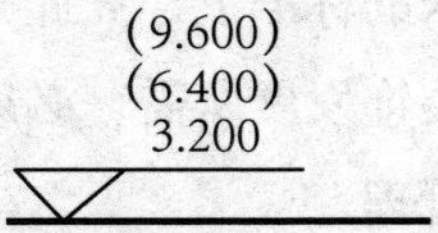

图1–23　同一位置注写多个标高数字

六、比例

图样的比例，应为图形与实物相对应的线性尺寸之比。比例的大小，是指其比值的大小，如1：50大于1：100。

（1）比例宜注写在图名的右侧，字的基准线应取平；比例的字高宜比图名的字高小一号或二号，见图1–24。

图1–24　比例的注写

（2）绘图所用的比例，应根据图样的用途与被绘对象的复杂程度，从表1–3中选用，并优先采用表中的常用比例，见表1–3。

表1–3　常用比例

常用比例	1：1，1：2，1：5，1：10，1：20，1：50，1：100，1：200，1：500……
	1：1 000，1：2 000，1：5 000，1：10 000，1：20 000，1：50 000……
	1：100 000，1：200 000……

第三节　建筑装饰施工图

建筑装饰施工图是在建筑施工图的基础上绘制出来的，它是按照正投影的方法作图，用来表达装饰设计意图的主要图纸，是建筑装饰施工和管理的依据。

建筑装饰施工图要侧重反映装饰件的材料及规格、构造做法、饰面色彩、尺寸标高、施工工艺以及装饰件与建筑构件的位置关系和连接方法等。建筑施工图一般简单地反映了室内外装饰，但大多限于在保护建筑和满足使用者最起码的功能要求的标准上，凭此完全不能满足人们对环境空间艺术与功能要求的需要。为适应装饰发展所需，必须具有专门、专业的装饰施工图，以便指导装饰工程的施工和管理。

一般说来，在绘制装饰施工图纸之前，首先应确定装饰方案。装饰方案是设计者根据设计要求对空间进行设计和构想的塑造。它包括平面方案和各个主要立面以及能反映装饰后全貌及真实感的效果图。被选定的装饰方案称为实施方案，以实施方案作为绘制施工图的依据。

装饰施工图的图示原理与建筑施工图完全一样，用正投影方法按国家建筑制图标准绘制。建筑施工图着重表达建筑结构形式、建筑构造、材料与做法。装饰施工图着重表达装饰设计、结构、尺度、构造、材料、色彩与做法。装饰施工图的内容一般包括室内装饰平面布置图、地面装饰平面图、室内各向立面图、顶棚平面图以及表达装饰件和装饰面的某个具体部位详细构造做法的装饰详图。

一、室内平面布置图

装饰施工图中，首先要确定的是室内平面布置图，它是在建筑平面图基础上按照装饰设计要求画出的。它用以表明室内总体布局以及各装饰件、装饰面的平面形式或大小、位置情况、交通流线及其与建筑构件之间的关系等。若地面装饰比较简单，可在本图中一并说明表达，不必另作地面装饰平面图。

室内平面布置图的图示内容：

（1）标注建筑结构与构造的平面形式和基本形式。

（2）标注室内装饰功能布局的平面形式和位置。

①地面饰面材料名称、规格和颜色（较复杂的地面装饰应绘地面装饰平面图）。

②室内装饰件和装饰面的平面形状尺寸（即长与宽或圆弧半径、直径等尺寸）。

③家具、设备、花卉和陈设品的摆放位置及交通流线。

④卫生间和厨房的主要洁具、橱柜、操作台及其他固定设备的位置和轮廓形状。

二、地面装饰平面图

地面装饰平面图是在装饰平面图的基础上绘制出来的，用以表达地面材料及铺贴施工方法以及地面造型的形状与尺寸。地面装饰平面图要表现的内容：

（1）定位轴线、墙、柱、门口、室内固定设施和地漏等。

（2）地面装饰原材料的名称、规格与颜色。

（3）块材砌式，拼花图案，施工方向顺序，复杂图形应绘制平面图并在平面图中标注索引符号。

（4）标注室内净尺寸和轴线间距。

（5）注写标高、坡度方向和坡度值。

（6）对材料和施工工艺的文字说明。

（7）图名和比例。

三、顶棚装饰平面图

顶棚装饰平面图是将房屋沿水平方向剖切后，用正投影方法绘制而得的图样，用以表达顶棚造型、材料、灯具及空调、消防的位置。它是室内装饰最复杂重要组成部分。顶棚装饰平面图要表现的内容是：

（1）标注建筑物主体的平面形状及其基本尺寸

①轴线及其编号

②墙、柱体、门、窗口位置。

③轴线间距尺寸、室内净空尺寸。

（2）表现出顶棚的装饰造型、构造做法、材料及尺寸

①吊顶的形状造型及迭级、藻井、饰线造型等的形状及其定形、定位尺寸、各级标高、构造做法和材质要求。

②灯饰类型、规格、数量及其定位尺寸。

③有关附属设施（空调系统的风口，消防系统的烟感报警装置，电视音响系统的有关设备）的外露件规格和定位尺寸。

四、室内装饰立面图

室内装饰立面图是将房间从竖向剖切后作正投影而得的，用来反映室内墙、柱面的装饰造型、材料规格、色彩与工艺以及反映墙、柱与顶棚之间相互联系的图样。

室内装饰立面图也可以仅对地面以上，吊顶以下的墙、柱面作正投影而得。这种立面图画法简单，能重点突出表达立面装饰的内容。室内装饰立面图应按不同室内空间的不同方向作图。各向立面图宜画在同一图纸上，甚至把相邻的立面图连起来，以便展示室内空间立面的整体布局。室内立面是以投视方向命名的，其投视方向编号应与平面布置图上的立面索引符合一致，投视方向编号可用方向立面图表示。立面图的剖切位置宜在顶棚平面图中表示。顶棚平面图上的剖切符号的投视方向与编号应与平面图的立面索引符号相吻合，与立面图名编号相同，即A向立面图是依A-A剖面而得来的。为了便于墙面的装饰施工，立面图上一般不画出可移动家具的布置情况，以免遮挡装饰面的图样。室内装饰立面图的图示内容是：

（1）表现出室内建筑主体的立、剖形状和基本尺寸。

（2）画出吊顶的位置和构造情况。

（3）画出墙（柱）面装饰造型式样与构造做法。

（4）图名与比例。

五、装饰详图

装饰详图就是对造型和构造做法较为复杂的装饰部位，通过正投影方法用大比例画出的图样（又称大样图），用以表示各装饰的详细构造。

装饰详图按图示方法分为平面详图、立面详图和剖面详图、断面详图，按构造部件可分为墙身节点详图、吊顶节点详图、地面拼花详图以及各种具体做法的详细构造。无论用何种图示方法反映任何部位的详图，其图示内容均必须反映装饰件内部和装饰件之间的详细构造、尺寸、材料名称及规格、饰面颜色、衔接收口做法和工艺要求，必须反映装饰件与建筑构件之间的连接和固定方法等。

第二章　抹灰材料

第一节　胶凝材料

一、水泥

1. 品种

（1）硅酸盐水泥、普通水泥

凡由硅酸盐水泥熟料、0~5%石灰石或粒化高炉矿渣、适量石膏磨细制成的水硬性胶凝材料，称为硅酸盐水泥。硅酸盐水泥分为两种类型，不掺混合材料的称为I型硅酸盐水泥；在硅酸盐水泥熟料粉磨时掺加不超过水泥重量5%石灰石或粒化高炉矿渣混合材料的称为Ⅱ型硅酸盐水泥。

凡由硅酸盐水泥熟料、6%~15%混合材料、适量石膏磨细制成的水硬性胶凝材料，称为普通硅酸盐水泥（简称普通水泥）。掺活性混合材料时，最大掺量不得超过15%；掺非活性混合材料时，最大掺量不得超过水泥重量的10%。

（2）矿渣水泥、火山灰水泥、粉煤灰水泥

凡由硅酸盐水泥熟料和粒化高炉矿渣、适量石膏磨细制成的水硬性胶凝材料称为矿渣硅酸盐水泥（简称矿渣水泥）。水泥中粒化高炉矿渣掺加量按重量百分比计为20%~70%。

凡由硅酸盐水泥熟料和火山灰质混合材料、适量石膏磨细制成的水硬性胶凝材料称为火山灰质硅酸盐水泥（简称火山灰水泥）。水泥中火山灰质混合材料掺加量按重量百分比计为20%~50%。

凡由硅酸盐水泥熟料和粉煤灰、适量石膏磨细制成的水硬性胶凝材料称为粉煤灰硅酸盐水泥（简称粉煤灰水泥）。水泥中粉煤灰掺加量按重量百分比计为20%~40%。

（3）白色硅酸盐水泥

凡以适当成分的生料，烧至部分熔融，所得以硅酸钙为主要成分及含铁质的熟料，加入适量的石膏，磨成细粉，制成的白色水硬性胶结材料，称为白色硅酸盐水泥，简称白水泥。

（4）彩色硅酸盐水泥

凡以白色硅酸盐水泥熟料和优质白色石膏在粉磨过程中掺入颜料、外加剂（防水剂、保水剂、增塑剂、促硬剂等）共同粉磨而成的一种水硬性彩色胶结材料，称为彩色硅酸盐水泥，简称彩色水泥。

抹灰常用的水泥应不小于32.5级的普通硅酸盐水泥（简称普通水泥）、矿渣硅酸盐水泥（简称矿渣水泥）以及白水泥、彩色硅酸盐水泥（简称彩色水泥）。白水泥和彩色水泥主要用于制作各种颜色的水磨石、水刷石、斩假石以及花饰等。

2. 水泥储存保管

（1）水泥可以袋装或散装。袋装水泥每袋净重50 kg，且不得少于标志重量的98%。

（2）水泥在运输与储存时不得受潮和混入杂物，不同品种和强度等级的水泥应分别储存，不得混杂。

（3）水泥进场必须有出厂合格证或进场试验报告，并应对其品种、强度等级、包装或散装仓号、出厂日期等检查验收。

（4）当对水泥质量有怀疑或水泥出厂超过三个月，应复查试验，并按试验结果使用，不得擅自降低强度等级使用。

二、石灰、石膏、粉煤灰

1. 石灰

（1）建筑生石灰

建筑生石灰是以碳酸钙为主要成分的原料（如石灰岩、白云岩等），在低于烧结温度下煅烧而成的。

建筑生石灰按其化学成分分为钙质生石灰（氧化镁含量小于或等于5%）、镁质生石灰（氧化镁含量大于5%）。

建筑生石灰应分类、分等，储存在干燥的仓库内，不宜长期储存。

（2）建筑生石灰粉

建筑生石灰粉是以建筑生石灰为原料，经研磨制成的。

建筑生石灰粉按其化学成分分为钙质生石灰粉（氧化镁含量小于或等于5%）、镁质生石灰粉（氧化镁含量大于5%）。

用磨细生石灰粉代替石灰膏浆，可节约石灰20%~30%，并具有适于冬期施工的优点。由于磨细生石灰粉颗粒很细（通过4 900 孔/cm^{2}筛），所以用它粉饰不易出现膨胀、臌皮等现象。罩面用的磨细生石灰粉的熟化期不应少于3天。

建筑生石灰粉为袋装，每袋净重分40 kg、50 kg两种，每袋重量偏差值不大于1 kg。

建筑生石灰粉应分类、分等，储存在干燥的仓库内，不宜长期储存。

（3）石灰膏

块状生石灰经熟化成石灰膏后使用。熟化时宜用不大于3 mm筛孔的筛子过滤，并储存在沉淀池中，熟化时间一般不少于15天，用于罩面时，不应少于30天。石灰膏应细腻洁白，不得含有未熟化颗粒，已冻结风化的石灰膏不得使用。

每立方米石灰膏用灰量见表2–1。

表2–1 每立方米石灰膏用灰量表

块：末	10：0	9：1	8：2	7：3	6：4	5：5	4：6	3：7	2：8	1：9	0：10
用灰量（kg）	554.6	572.4	589.9	608.0	625.8	643.6	661.4	679.2	697.1	714.9	732.7
系数	0.88	0.91	0.94	0.97	1.00	1.02	1.05	1.08	1.11	1.14	1.17

2. 建筑石膏

建筑石膏是由天然二水石膏经150~170℃温度下煅烧分解而成的半水石膏，亦称熟石膏。建筑石膏色白，相对密度为2.60~2.75，疏松体积质量为800~1 000 kg/m^3。

建筑用石膏应磨成细粉无杂质，宜用乙级建筑石膏，细度通过0.15 mm筛孔，筛余量不大于10%。

抹灰用石膏，一般用于高级抹灰或抹灰龟裂的补平。

施工中如需要石膏加速凝结，可加入食盐或掺入少量未经煅烧的石膏；如需缓凝，可掺入石灰浆，必要时也可掺入水重量0.1%~0.2%的明胶或骨胶。

建筑石膏的初凝时间应不小于6分钟；终凝时间应不大于30分钟。

建筑石膏一段采用袋装。

建筑石膏应按不同等级分别储存，不得混杂，储存时不得受潮和混入杂物。

建筑石膏自生产之日算起，储存期为三个月。三个月后应重新进行质量检验，以确定其等级。3 mm筛孔的筛子过滤，并储存在沉淀池中，熟化时间一般不少于15天，用于罩面时，不应少于30天。石灰膏应细腻洁白，不得含有未熟化颗粒，已冻结风化的石灰膏不得使用。

3. 粉刷石膏

是以建筑石膏粉为基料，加入多种添加剂和填充料等配制而成的一种白色粉料，是一种新型装饰材料，其质量应符合现行国家标准规定。

（1）分类

粉刷石膏3大类9个品种的性能见表2–2。

表2–2 粉刷石膏分类及性能

分类		用途	强度（/MPa）			初凝时间（min）	保水率（%）		热导率[W/（m²·K）]
			R压	R折	R粘		10 min	60 min	
Ⅰ	半水石膏型	面层	3.0	1.5	—	90	>85	>70	0.105 2
		底层	2.8	1.5	—	90	>80	>70	
		保温层	2.5	1.2	—	60	>80	>70	
Ⅱ	无水石膏型	面层	14	6.4	0.5	120	>80	>65	0.113 7
		底层	6.1	3.2	0.3	140	>80	>65	
		保温层	3.0	1.5	0.2	120	>80	>65	
Ⅲ	半水、无水石膏混合型	面层	5.9	1.7	0.3	90	>80	>65	0.108 7
		底层	2.8	1.5	0.2	100	>80	>65	
		保温层	2.5	1.2	—	60	>80	>65	

注：底层均以石膏：砂=1：2混合料为准。

（2）几种粉刷石膏的不同用途

①面层粉刷石膏（代号M）：用于室内墙体和顶棚的抹灰，代替传统的抹灰及罩面。

②基底粉刷石膏（代号天）：用于室内各种墙体找平抹灰，可用在砖、加气混凝土、钢筋混凝土等各种基底上。如果墙面很平整，可省去基底粉刷石膏，是最为理想的方案。

③保温粉刷石膏（代号W）：用于外墙的内保温，在37 cm砖墙上抹厚3 cm保温粉刷石膏，可达到49 cm砖墙的保温效果，即热导率为0.11 W/（m^2·K），热阻值R=0.632（m^2·K）/W。

（3）技术要求

①细度：粉刷石膏的细度以2.5 mm和0.2 mm筛的筛余百分数计，其值应不大于下述规定：

2.5 mm方孔筛筛余面层粉刷石膏为0。

0.2 mm方孔筛筛余为40。

②粉刷石膏的强度不能小于表2–3规定的值，见表2–3。

表2–3 粉刷石膏的强度

产品类别	产品等级			面层粉刷石膏			保温层粉刷石膏		备注
等级	优等品	一等品	合格品	优等品	一等品	合格品	优等品	一等品、合格品	保温层粉刷石膏的体积质量应不大于600 kg/m^3
抗折强度（MPa）	3.0	2.0	1.0	2.5	1.5	0.8	1.5	0.6	
抗压强度（ⅫPa）	5.0	3.5	2.5	4.0	3.0	2.0	2.5	10	

（4）运输、储存

①粉刷石膏在运输与储存时不得受潮和混入杂物，不同型号和等级的粉刷石膏应分别储运，不得混杂。

②粉刷石膏自生产之日算起，储存期为三个月。三个月后应重新进行质量检验，以确定其等级。

4. 粉煤灰

作抹灰掺和料，可节约水泥，提高和易性。要求烧失量不大于8%，吸水量比不大于105%，过0.15 mm筛，筛余不大于8%。

第二节 骨料

一、砂

1. 天然砂

由自然条件作用而形成的，粒径在5 mm以下的岩石颗粒，称为天然砂。

天然砂按其产源可分为河砂、海砂和山砂。

天然砂按其细度模数或平均粒径分为粗砂、中砂和细砂，见表2–4。

表2–4　天然砂分类

粗细程度	细度模数	平均粒径（mm）
粗砂	3.7~3.1	0.5~5
中砂	3.0~2.3	0.35~0.5
细砂	2.2~1.6	0.25~0.35

天然砂的含泥量（砂中所含粒径小于0.08 mm的尘屑、淤泥和黏土的总量）应不大于3%。

2. *石英砂*

石英砂有天然石英砂、人造石英砂和机制石英砂三种。石英砂按其二氧化硅含量多少分为4类，见表2–5。

石英砂按其颗粒大小分为粗砂、中砂、细砂。

表2–5　石英砂的分类

代号	二氧化硅含量（%）	黏土含量（%）	杂质含量（%）
1S	≥97	≤2	约1
2S	≥96	≤2	约2
3S	≥94	≤2	约4
4S	≥90	≤2	约8

石英砂主要用于配制耐腐蚀砂浆。

二、石

1. *彩色石粒*

彩色石粒是由天然大理石破碎而成，具有多种色泽，多用作水磨石、水刷石及斩假石的骨料，其品种规格见表2–6。

表2–6　彩色石粒的规格、品种及质量要求

规格与粒径的关系		常用品种	质量要求
规格俗称	粒径（mm）		
大二分 一分半 大八厘 中八厘 小八厘 米粒石	≈20 ≈15 ≈8 ≈6 ≈4 0.3~1.2	东北红、东北绿、丹东绿、盖平红、粉黄绿、玉泉灰、旺青、晚霞、白云石、云彩绿、红王花、奶油白、竹根霞、苏州黑、黄花玉、南京红、雪浪、松香石、墨玉等	颗粒坚韧、有棱角、洁净，不得含有风化的石粒、黏土、碱质及其他有机物等有害杂质 使用时应冲洗干净

2. *砾石*

砾石又称卵石，是由岩石在自然条件作用下形成的，粒径大于5 mm。

砾石的含泥量（石中所含粒径小于0.08 mm的尘屑、淤泥和黏土的总量）应不大于2%。

抹灰工程中所用砾石的粒径为5~10 mm，主要用于水刷石面层及楼地面细石混凝土面层等。

3. 石粉

石粉有石英石粉、滑石粉、白云石粉、方解石、重晶石粉等。

石英石粉主要成分是二氧化硅，其规格有70~140目、100~200目、200~300目等。

滑石粉主要成分是二氧化硅和氧化镁，其规格有100目、150目、200目、325目等。

4. 石屑

石屑是粒径比石粒更小的细骨料。主要用来配制外墙喷涂饰面用聚合物砂浆。常用的有松香石屑、白云石屑等。

三、其他骨料

1. 膨胀珍珠岩

膨胀珍珠岩是珍珠岩矿石经过破碎、筛分、预热，在高温（1 260℃左右）中悬浮瞬间焙烧，体积骤然膨胀而形成的一种白色或灰白色的中性无机砂状材料。颗粒结构呈蜂窝泡沫状，重量特轻，风吹可扬，有保温、吸音、无毒、不燃、无臭等特性。

膨胀珍珠岩在抹灰饰面中主要配制膨胀珍珠岩砂浆，用于混凝土墙板表面和混凝土顶棚抹灰，不仅易涂性好，便于操作，而且吸湿性小，保暖和隔音。

膨胀珍珠岩有多种粗细粒径级配，其密度由40~300 kg/m^{3}不等。抹灰用膨胀珍珠岩，宜采用中级粗细粒径混合级配，容重为80~150 kg/m^3。

膨胀珍珠岩按容重分为三类，其技术指标应符合表2–7的规定，见表2–7。

表2–7　膨胀珍珠岩分类

指标名称	单位	产品分类		
		Ⅰ	Ⅱ	Ⅲ
密度	kg/m^3	小于80	80~150	150~250
粒度	重量百分比	粒径大于2.5 mm的不超过5%；粒径小于0.15 mm的不大于8%	粒径小于0.15 mm的不大于8%	粒径小于0.15 mm的不大于8%
常压热导率	W/（m·K）（t=25℃）	小于0.052 3	0.052 3~0.064	0.064~0.076
含水率	重量百分比	小于2%	小于2%	小于2%

2. 膨胀蛭石

蛭石是一种复杂的铁、镁含水硅酸铝酸盐类矿物，是水铝云母类矿物中的一种矿石。

膨胀蛭石由蛭石经过晾干、破碎、筛选、煅烧、膨胀而成。蛭石在850~1 000℃下煅烧时，其颗粒单片体积能膨胀20倍以上，许多颗粒的总体积膨胀约为5~7倍。膨胀后的蛭石，形成许多薄片组成的层状碎片（也可叫作颗粒），在碎片内部具有无数细小的薄层空隙，其中充满空气，因此容重极轻，导热系数很小，且耐水防腐，是一种很好的无机保温隔热、吸声材料。

膨胀蛭石通常用来配制膨胀蛭石砂浆，用作一般建筑内墙、顶棚等部位抹灰饰面。

在抹灰工程中主要用于配制保温砂浆（水泥蛭石浆）。膨胀蛭石按其颗粒粒径及容重分为五级，其技术性能见表2-8。

表2-8 膨胀蛭石分级

级别	粒径（mm）	密度（kg/m^3）
1	12~25	80~90
2	7~12	100~140
3	3.5~7	140~170
4	1~3.5	170~200
5	<1	200~280

第三节 化工材料

一、颜料

为了增加房屋建筑物装饰抹灰的美观，通常在装饰砂浆中掺配颜料。为保证装饰抹灰的光泽耐久，掺入装饰砂浆中的颜料，必须用耐碱、耐光的矿物颜料及无机颜料。装饰砂浆常用颜料见表2-9。

表2-9 装饰砂浆常用颜料的名称及说明

色系	颜色说明	说明	备注
白色素	钛白粉 学名：二氧化钛	钛白粉的遮盖力及着色力都很强，折射率很高。纯净的钛白粉无毒，能溶于硫酸，不溶于水，也不溶于稀酸，是一种惰性物质。商品有两种：一种是金红石型二氧化钛，密度为4.26 kg/cm³，耐光性非常强，适用于外抹灰；一种是锐钛矿型二氧化钛，密度为3.84 kg/cm³，耐光性较差，适用于室内抹灰	
	立德粉 学名：锌钡白	是硫化锌和硫酸钡的混合白色颜料。硫化锌含量越高，遮盖力越强，质量越高。一般商品含硫化锌29.4%，密度为4.136~4.34 kg/cm³。遮盖力比锌白强，但次于钛白粉。能耐热，不溶于水。与硫化氢和碱溶液不起作用。遇酸溶液分解而产生硫化氢气体。经日光长久曝晒能变色，故不宜用于外饰面	
	锌氧粉 俗称：锌白 学名：氧化锌	是一种白色六角晶状体无臭极细粉末两性氧化物，密度为5.61 k/cm³。溶于酸、氢氧化钠和氯化铵溶液，不溶于水或乙醇。高温下或储存久时，色即变黄，因此不宜用于外饰面	
	滑石粉	为白色、淡灰白色或淡黄色、有滑腻感的极软粉料。化学性质不活泼。由于多数产品为淡灰白色，故不宜用于白色抹灰彩度要求较高的抹灰之中	建筑用滑石粉的细度为140~325目，白度为90%
	铅白 俗称：白铅粉 学名：碱式碳酸铅	为白色粉末，有毒，密度6.14 kg/cm³。不溶于水和乙醇，有良好的耐气候性。但与含有少量硫化氢的空气接触，即逐渐变黑	不得用于有硫化氢气之处的内外抹灰中
	锑白 俗称：锑华 学名：三氧化二锑	又称“亚锑酐”，为白色无臭结晶粉末，密度为5.67 kg/cm³。加热变黄，冷后又变白色。不溶于水、乙醇，溶于浓盐酸、浓硫酸、浓碱、草酸等，是一种两性氧化物。天然产物为锑华	
	大白粉 又名：白垩	由方解石质点与有孔虫、软骨动物和球菌类的方解石质碎屑组成的沉积岩。色白或灰白。松软易粉碎。有不同的成分和性质。粉碎过筛加工后即为大白粉	各地大白粉的白度不同，且遇二氧化硫白色即褪，故适用于内抹灰
	老粉 又名：方解石粉	由方解石及其他方解石含量高的石灰岩石粉碎加工而成，一般规格为320目，含碳酸钙98%以上。如无老粉，亦可用三飞粉或双飞粉代替。老粉只宜作内抹灰	方解石遇二氧化硫及水分即生成硫酸与石膏。石膏浮于抹灰表面。逐渐被雨水冲掉，因此白色逐渐变色。由于城市空气中常含二氧化硫，故外抹灰不宜使用
	银粉子	是北京地区土产。呈微云母颗粒闪光，白色，与大白粉同	

续表

色系	颜色说明	说　　明	备　注
黄色系	氧化铁黄 俗称：铁黄、茄门黄 学名：含水三氧化二铁	为黄色粉末。遮盖力比任何其他黄色颜料都高。着色力几乎与铅铬黄相等。耐光性、耐大气影响、耐污浊气体以及耐碱性等都非常强。产品密度为4 kg/cm³，吸油量在35%以下，遮盖力不大于15 N/m²，颗粒细度1~8 tan，耐光性为7~8级	氧化铁黄是抹灰中较好又最经济的黄色颜料之一。尤其在外饰面中，应尽量采用该颜料
	铬黄 俗称：铅铬黄、黄粉、巴黎黄、可龙黄、不褪黄、莱比锡黄、柠檬黄 学名：铬酸铅	铬黄系含有铬酸铅的黄色颜料。着色力高，遮盖力强。不溶于水和油，遮盖力和耐光性从柠檬色到红色相继增加。其铬酸铅含量（%）及遮盖力（N/m²）分别为：柠檬黄5.5，8.0~9.0；浅铬黄6.5，6.0~7.0；中铬黄9.0，6.0；深铬黄9.0，5.5；橘铬黄9.0，5.0	铬黄色较氧化铁黄鲜艳，深浅均有。但不耐强碱，可用于内外抹灰
红色系	氧化铁红 俗称：铁红、铁丹、铁朱、锈红、西红、西粉红、印度红、红土、土红 学名：三氧化二铁	有天然的和人造的两种。遮盖力和着色力都很大。密度为5~5.25 kg/cm³。有优越的耐光、耐高温、耐大气影响、耐污浊气体及耐碱性能，并能抵抗紫外线的侵蚀。粉粒粒径为0.5~2 μm。耐光性为7~8级	氧化铁红是饰面中较好及最经济的红色颜料之一。尤其在外饰面中，应尽量采用
蓝色系	群青 俗称：云青、佛青、石头青、深蓝系、洋蓝、优蓝	为一种半透明鲜艳的蓝色颜料。颗粒平均约为0.5~3 μm，密度约2.1~2.35 kg/cm³。不畏日光、风雨。能耐高热及碱，但不耐酸。耐光性很强	本颜料耐光、耐碱较强，故适用于外抹灰
	钴蓝 学名：铝酸钴	为一种带绿光的蓝色颜料。主要是铝酸钴。耐热、耐光、耐碱、耐酸性能均好。系由氧化钴、磷酸钴等与氢氧化铝或氧化铝混合焙烧加工而成	本颜料耐光、耐碱较强，故适用于外抹灰
绿色系	铬绿	是铅铬黄和普鲁士蓝的混合物。颜色变动相当大，取决于两种组分的比例。有些品种还含有一定填充料。遮盖力强，耐气候性、耐光性、耐热性均好，但不耐酸碱	铬绿不耐碱，因此最好不要用于以水泥及石灰为胶结材料的抹灰中
	群青及氧化铁黄配用	分别详见上述“群青”及“氧化铁黄”栏	由于群青及氧化铁黄均能耐碱，故在绿色抹灰中多用此两种颜料配用
棕色系	氧化铁棕 俗称：铁棕	系以氧化铁红和氧化铁黑的机械混合物。有的产品还掺有少量氧化铁黄。这些组分具有大致相同的分散度，可以混合得非常均匀。该颜料为棕色粉末，不溶于水、醇及醚，仅溶于热强酸中。三氧化二铁含量约在85%以上	

续表

色系	颜色说明	说　　明	备　注
紫色系	氧化铁紫 俗称：铁紫	系以氧化铁黑经高温煅烧而得的一种紫红色粉末颜料。不溶于水、醇及醚，仅溶于热强酸中。三氧化二铁含量>96%	
黑色素	氧化铁黑 俗称：铁黑 学名：四氧化三铁	系氧化亚铁及三氧化二铁加工而得的黑色粉末颜料。遮盖力非常高，着色力很大，但不及炭黑。对阳光和大气的作用都很稳定。耐一切碱类，但能溶于酸，并具有强烈的磁性	氧化铁黑为抹灰中既好又经济的黑色颜料之一，尤其在外抹灰中应尽量采用该颜料
	炭黑 俗称：墨灰、乌烟	系由有机物质经不完全燃烧或经热分解而成的不纯产品。为轻松而极细的无定形碳黑色粉末。密度为1.8~2.1 kg/cm^3。不溶于水及各种溶剂。根据制造方法不同，分为用槽式法制成的槽黑（俗称硬质炭黑）及用炉式法制成的炉黑（俗称软质炭黑）两种。抹灰中常用者为炉黑一类	价格与铁黑基本相同，也是抹灰中较好、较经济的黑色颜料之一。唯比重稍轻，不易操作
	锰黑 俗称：二氧化锰	锰黑系黑色或黑棕色晶状体或无定形粉末。密度为5.026 kg/cm^3。不溶于水和硝酸。遮盖力颇强	
	松烟	松烟系用松材、松根、松枝等在室内进行不完全燃烧而熏得的黑色烟炭，遮盖力及着色力均好	
金属颜料系	金粉 俗称：黄铜粉 又名：铜粉	金粉为铜和锌合金的细粉，按铜和锌的不同比例，而制出青金色、黄金色、红金色等各种不同色调的颜料。颜色美丽鲜艳，与一般颜料不同。颗粒为平滑的鳞片状。遮盖力非常高，反光性很强。可见光线及紫外线、红外线均不能透过。质量愈高，漂浮能力也愈大。为了使金粉能不受氧化、硫化和水汽浸蚀，保持一定时期的鲜艳光泽，所以一般在金粉涂层以上，另加清漆或其他油漆覆盖。金粉规格以细度表示。一般为170~400目，有的产品达到1 000目以上	代替“贴金”或作装饰涂料（涂金）用

二、添加剂

1. 聚醋酸乙烯乳液

聚醋酸乙烯乳液俗称白乳胶，是由44%的醋酸乙烯和4%的乙烯醇（分散剂）以及增韧剂、消泡剂、乳化剂等聚合而成，为乳白色稠厚液体，其含固量为50±2%，pH值4~6。可用水对稀，但稀释不宜超过100%，不能用10℃以下的水对稀。乳液有效期为3~6个月。

2. 二元乳液

白色水溶液胶粘剂，性能和耐久性较好，用于高级装饰工程。

3. 木质素磺酸钙

木质素磺酸钙为棕色粉末，是造纸工业的副产品。它是混凝土常用的减水剂之一，在抹灰工程中掺入聚合物水泥砂浆中可减少用水量10%左右，并起到分散剂作用。木质素磺酸钙能使水泥水化时产生的氢氧化钙均匀分散，并有减轻氢氧化钙析出表面的趋势，在常温下施工时能有效地克服面层颜色不匀的现象。掺量为水泥用量的0.3%左右。

4. 邦家108胶

是一种新型胶粘剂，属于不含甲醛的乳液，其作用如下：

（1）提高面层的强度，不致粉酥掉面。

（2）增加涂层的柔韧性，减少开裂的倾向。

（3）加强涂层与基层之间的黏结性能，不易爆皮剥落。

5. HB型高效砂浆增稠粉

为浅灰色粉体，中性偏碱，pH值8~10。使用它能全部取代混合砂浆中的石灰膏，改善和提高砂浆的和易性，提高砂浆保水性，使砂浆不泌水、不分层、不沉淀。

本产品为解决砂浆稠度的一种掺合料，其参考掺量（按用砂分类）为：粗砂0.3~0.4 kg/m^3、中砂0.4~0.5 kg/m^3、细砂0.5~0.6 kg/m^3、特细砂0.6~0.8 kg/m^3。

三、草酸（乙二酸）

草酸为无色透明晶状体。有块状或粉末状。通常成二水物，比重1.653，熔点101~120℃。无水物体积密度1.9，熔点189.5℃（分解），在约157℃时升华。溶于水、乙醇和乙醚。在100 g水中的溶解度为：水温20℃时，能溶解10 g；水温为100℃时，能溶解120 g。草酸是有毒化工原料，不能接触食物，对皮肤有一定腐蚀性，应注意保管。

草酸在抹灰工程中，主要用于水磨石地面的酸洗。

第四节　其他材料

主要有麻刀、纸筋、稻草、玻璃丝等，用在抹灰层中起拉结和骨架作用，提高抹灰层的抗拉强度，增加抹灰层的弹性和耐久性，使抹灰层不易裂缝脱落。

一、麻刀

以均匀、坚韧、干燥不含杂质为宜，使用时将麻丝剪成2~3 cm长，随用随敲打松散，每100 kg石灰膏约掺1 kg，即成麻刀灰。

二、纸筋（草纸）

在淋石灰时，先将纸筋撕碎，除去尘土，用清水浸透，然后按100 kg石灰膏掺纸筋2.75 kg的比例掺入淋灰池。使用时需用小钢磨搅拌打细，并用3 mm孔径筛过滤成纸筋灰。

三、稻草

切成不长于3 cm并经石灰水浸泡15天后使用较好。也可用石灰（或火碱）浸泡软化后轧磨成纤维质当纸筋使用。

四、玻璃纤维

将玻璃丝切成1 cm长左右，每100 kg石灰膏掺入200~300 g，搅拌均匀成玻璃丝灰。玻璃丝耐热、耐腐蚀，抹出墙面洁白光滑，而且价格便宜，但操作时需防止玻璃丝刺激皮肤，应注意劳动保护。

第三章　抹灰工程常用机具

第一节　手工工具

一、常用抹灰手工工具

常用抹灰手工工具见表3–1

表3–1　常用抹灰手工工具一览表

抹灰部位	使用工具
顶棚抹灰	木抹子、钢抹子、托灰板、刮尺、尼龙线等
墙面抹灰	钢抹子、木抹子、托灰板、水平尺、托线板、刮尺、尼龙线、阳角抹子、阴角抹子、捋角器等
地面抹灰	木抹子、钢抹子、刮杠、水平尺、尼龙线等

1. 抹子

抹灰工常用的抹子有：铁抹子、塑料抹子、木抹子和压抹子四种，见图3–1。

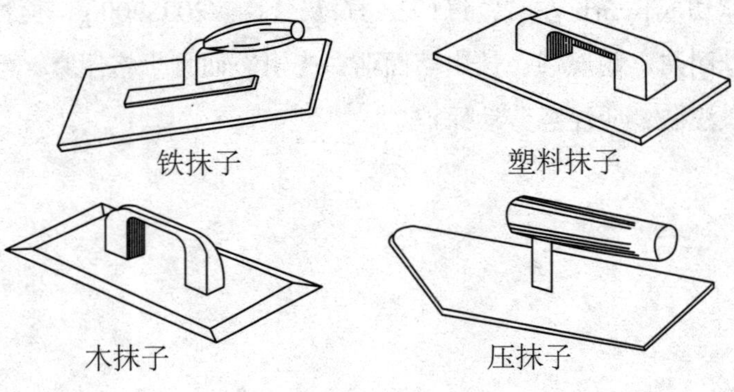

图3–1　抹子

铁抹子用于抹底层灰或水刷石、水磨石面层。其形状有方头和圆头两种。

塑料抹子用聚乙烯硬质塑料制成，用于压光纸筋灰面层。有方头、圆头两种。

木抹子用于砂浆的搓平压实，有方头、圆头两种。

压抹子用于水泥砂浆面层压光和纸筋灰罩面等。

2. 做角抹子

常用的做角抹子有：阴角抹子、阳角抹子、圆阴角抹子、圆阳角抹子、塑料阴角抹子及捋角器等，见图3–2。

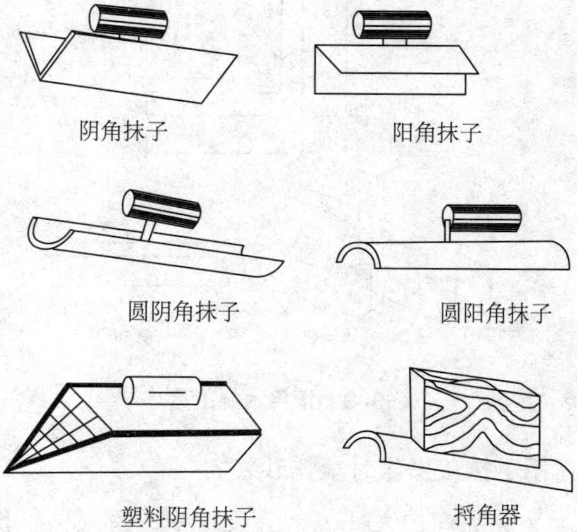

图3–2　做角抹子

（1）阴角抹子（也称阴角抽角器、阴角铁板）：用于阴角压光，分尖角及小圆角两种。

（2）阳角抹子：用于压光阳角、做护角线，分尖角或小凶角两种。

（3）圆阴角抹子：用于室内阴角和水池明沟阴角压光。

（4）圆阳角抹子：用于楼梯踏步防滑条的捋光压实。

（5）塑料阴角抹子：用于纸筋白灰等罩面层的阴角压光。

（6）捋角器：用于捋水泥抱角的素水泥浆，作护角用。

3. 木制工具

常用的木制工具有：托灰板、八字靠尺和方尺、木刮杠、软刮尺，见图3–3。

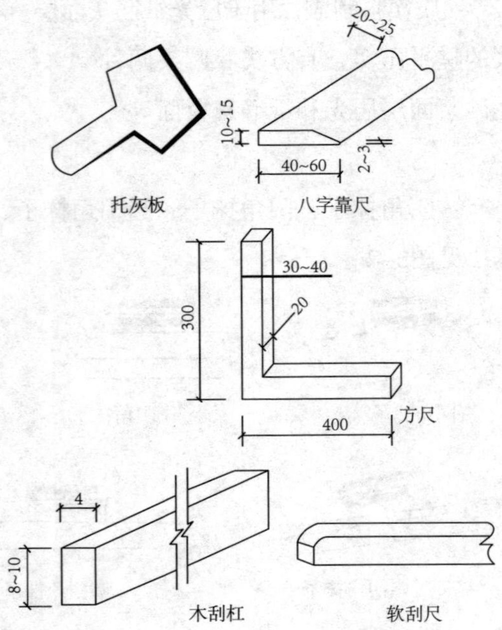

图3–3 常用木制工具

（1）托灰板：用于抹灰操作时承托砂浆。

（2）木刮杠（又称刮杠、大杠）：分长、中、短三种。长杠长2.5~3.5 m，一般用于做标筋；中杠长2~2.5 m，短杠长1.5 m左右，用于刮平地面或墙面的抹灰层。木杠的断面一般为矩形。

（3）软刮尺：用于抹灰层的找平。

（4）八字靠尺（也称引条）：用于做棱角。

（5）方尺（也称角尺）：用于检查阴阳角方正。

（6）靠尺板：有厚板和薄板两种，用于抹灰线、做棱角。

（7）托线板（也称担子板）和线锤：主要用于靠吊垂直。

（8）分格条（也称米厘条）：用于墙面分格及滴水槽，断面呈梯形的木条，断面尺寸及长短视需要而定。

（9）木水平尺：用于找平。

4. 搅拌、运输及存放工具

人工搅拌常用工具有：铁锹、灰镐、灰耙、灰叉子。此外，还有筛子，其常用孔径有10 mm、8 mm、5 mm、1.5 mm、1 mm等几种。其规格、用途等见表3–2。

表3-2　砂浆搅拌、运输、存放用工具

序号	名称	规格	构造	用途
1	铁锹（铁锨）		分尖头和平头两种	
2	灰镐		手工拌和砂浆用	
3	灰耙（拉耙）		有三齿和四齿	手工拌和砂浆用
4	灰叉子			手工拌和砂浆及装砂浆用
5	筛子	筛孔16、8、5、1.5、1 mm		筛分砂子用
6	灰勺		长把和短把两种	舀砂浆用
7	砂槽		铁制和木制两种	储存砂浆
8	磅秤	1 000 kg级		称量砂子、石灰膏
9	运砂浆小车		铁制胶轮	运砂等材料用
10	运砂手推车		铁制胶轮	运砂等材料用
11	料斗	0.3~0.6 m^3	铁制	起重机运输抹灰砂浆时的转运工具

5. 刷子等其他工具

常用的有：长毛刷、猪鬃刷、鸡腿刷、钢丝刷、茅柴帚，见图3-4。

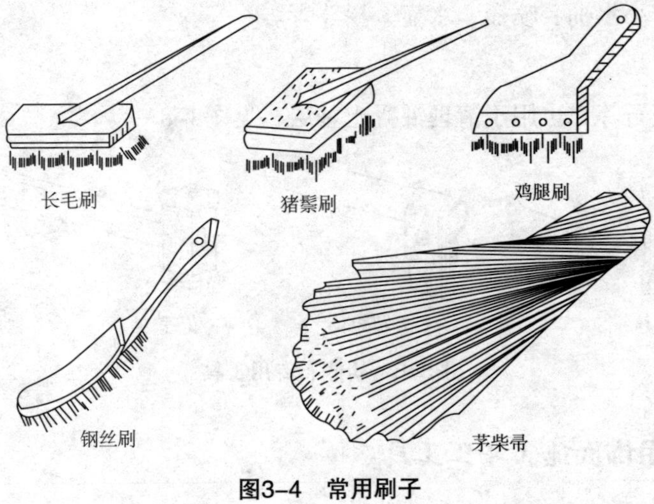

图3-4　常用刷子

（1）长毛刷（又称软毛刷子）：室内外抹灰洒水用。

（2）猪鬃刷：用于刷洗水刷石、拉毛灰。

（3）鸡腿刷：用于长毛刷刷不到的地方，如阴角等。

（4）钢丝刷：用于清洗基层。

（5）茅草帚：用茅草扎成，用于木抹子搓平时洒水。

（6）小灰勺：用于舀灰浆，见图3–5。

（7）滚筒：抹水磨石地面及豆石混凝土地面时压实用的工具，见图3–6。

（8）粉线包：用于弹水平线和分格线等，见图3–7。

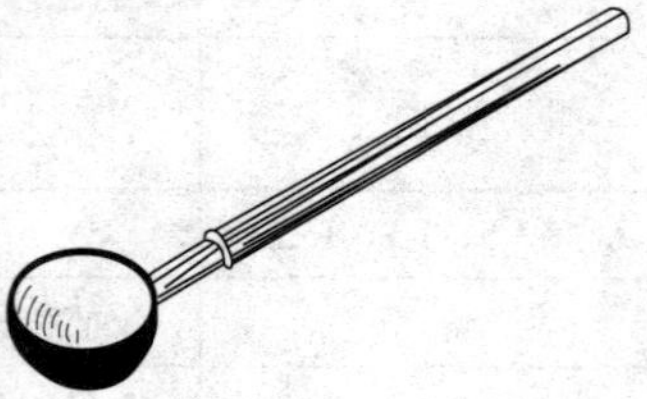

图3–5　小灰勺

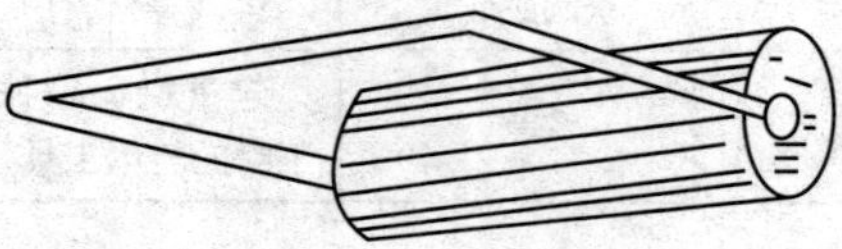

图3–6　滚筒

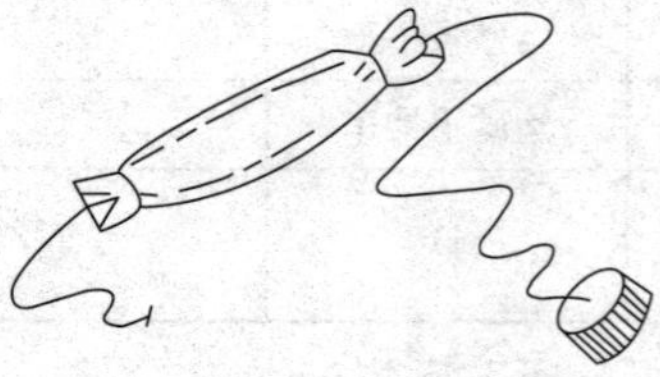

图3–7　粉线包

其他还有小水桶、喷壶、水壶、墨斗等。

6. 剁斧

用于斩假石等，也用于清理混凝土基层，见图3–8

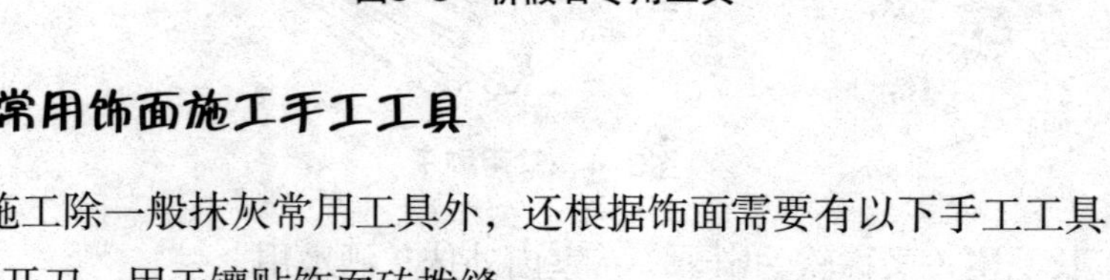

图3–8　斩假石专用工具

二、常用饰面施工手工工具

饰面施工除一般抹灰常用工具外，还根据饰面需要有以下手工工具：

（1）开刀：用于镶贴饰面砖拨缝。

（2）木槌、橡胶锤：用于镶贴饰面板敲击振实。

（3）硬木拍板：用于镶贴饰面砖拍实。

（4）合金錾：用于切割饰面砖、饰面板剔凿。

（5）钢錾：用于錾凿分割饰面板，有扁錾、方头錾之分。

（6）手锤：用于敲打合金錾、钢錾。

（7）合金钢钻头：用于在饰面板、饰面砖上钻孔。

（8）磨石：用于磨光饰面板、饰面砖表面。

第二节　抹灰工程常用机械

一、砂浆制备机械

1. 砂浆搅拌机

砂浆搅拌机或称灰浆拌和机，是根据强制搅拌的原理设计制造的。搅拌时其料筒固定不动，由筒内带条形叶片的转轴旋转，使物料受到强制性的翻转搅动而达到均匀拌和。卸料有两种方式，一种是使料筒倾斜筒口朝下让拌和好的物料靠自重流出，称为倾翻式卸料砂浆搅拌机；另一种是料筒不动而打开筒底侧面的活门，依靠旋转的叶片将物料推出，称为活门卸料砂浆搅拌机。

使用砂浆搅拌机时，应注意不可超载运行，即加料不应超过规定的容量；在搅拌过程中不准用棍子之类的工具随意向筒内捅搅。如果发现其轴端密封失效漏浆时，即不应再继续使用，否则会磨坏轴承造成事故。

2. 纸筋灰搅拌机

由搅拌桶和小钢磨等部分组成，见图3–9。它不仅能搅拌纸筋灰，还可以搅拌玻璃丝灰，每台班搅拌60 m^3纸筋灰。

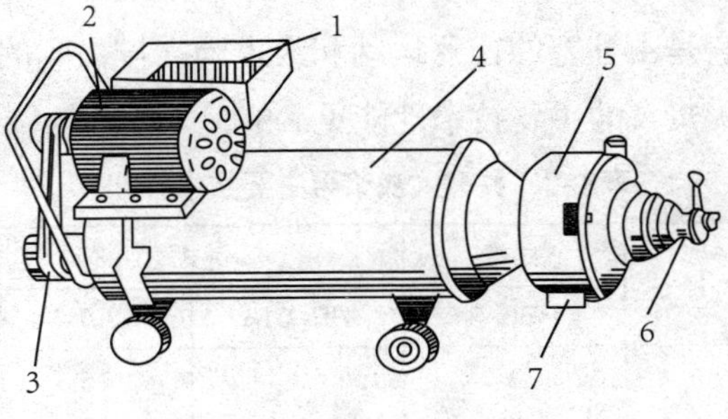

图3–9　纸筋灰搅拌机

1—进料口；2—电动机；3—皮带；4—搅拌筒；5—小钢磨；6—调节螺栓；7—出料口

3. 粉碎淋灰机

是淋制抹灰、粉刷及砌筑砂浆用石灰膏的机具，其技术性能如下：

产量：16 t/（台·班）。

石灰利用率：95%以上。

电动机功率：4 kW。

电动机转数：720 r/min。

装料口尺寸：380 mm × 280 mm。

筛板尺寸：405 mm × 405 mm，孔径5 mm。

外形尺寸：1 260 mm × 613 mm × 1 070 mm。

二、喷涂机械

机械喷涂抹灰是把已搅拌好的砂浆，经过振动筛后倾入灰浆泵内，通过管道，利用空气压缩机输出的空气压气，使砂浆连续不断、均匀地喷涂到墙面、顶棚或地面上，再经过刮平、搓揉、压光，形成光平的抹灰面。

喷涂设备应由砂浆搅拌机、振动筛、灰浆泵、空气压缩机或灰浆联合机、输送管道总成和喷枪等组成。

1. 砂浆搅拌机

砂浆搅拌机宜选择强制式砂浆搅拌机，其容量不应小于0.3 m^3。

2. 振动筛

振动筛宜选择平板振动筛或偏心杆式振动筛，两者亦可并列使用，其筛网孔径宜取10~12.5 mm。

3. 灰浆泵

灰浆泵按其结构形式分为柱塞式、隔膜式和挤压式等。柱塞式灰浆泵又称直接作用式灰浆泵。它是由柱塞的往复运动和吸入阀、排出阀的交替启闭将砂浆吸入或排出。柱塞式灰浆泵的主要技术性能见表3–3。

表3–3 柱塞式灰浆泵主要技术性能

技术性能	立式	卧式		双缸	
	HB6–3	HP–013	HK3.5–74	UB3	SP80
泵送排量（m^3/h）	3	3	3.5	3	4.8
垂直泵送高度（m）	40	40	25	40	780
水平泵送距离（m）	150	150	150	150	400
工作压力（MPa）	1.5	1.5	2.0	0.5	5.0

续表

技术性能	立式	卧式		双缸	
	HB6-3	HP-013	HK3.5-74	UB3	SP80
电动机功率（kW）	4	7	5.5	4	15
电动机转速（r/min）	1 140	1 140	1 450	1 450	2 930
进料胶管内径（mm）	64	64	62	64	62
排料胶管内径（mm）	51	51	54	51	50
泵重（kg）	220	260	293	250	337

隔膜式灰浆泵是间接作用灰浆泵。柱塞的往复活动通过隔膜的弹性变形，实现吸入阀和排出阀交替工作，将砂浆吸入泵室，通过隔膜压送出来。隔膜泵主要技术性能见表3-4。

表3-4 隔膜式灰浆泵主要技术性能

技术性能	圆柱形C211A/C232	片式HB8-3
泵送排量（m^3/h）	3/6	3
垂直泵送高度（m）		40
水平泵送距离（m）		100
工作压力（MPa）	1.5	1.3/1.2
电动机功率（kW）	3.5/5.8	2.8
电动机转速（r/min）		s1 440
进料胶管内径（mm）	50/65	
排料胶管内径（mm）	50/65	
外形尺寸（长×宽×高）（mm）	2 080 × 800 × 1 300	1 775 × 445 × 890
泵重（kg）		200

挤压式灰浆泵无柱塞和阀门，是靠挤压滚轮连续挤压胶管，实现泵送砂浆。挤压泵的主要技术性能见表3-5。

挤压式灰浆泵是近几年研制成功的一种新型变量泵。其特点是：

（1）泵体小，自重轻，便于移动，可随楼层喷涂。

（2）泵内输料管没有粗细变化，不受砂浆黏度、砂子粒径的影响，不易堵塞，各种灰浆均可喷涂且涂层较薄，特别适宜于喷涂面层。

（3）喷涂时脉冲较小，涂层均匀。

（4）遇有堵塞，易于处理。

（5）便于清洗，清洗干净彻底。

表3–5　柱塞泵主要技术性能

技术性能	UBJ0.8	UBJ1.2	UBJ1.8	UBJ2	SJ–1.8
泵送排量（m^3/h）	0.5	1.2	1.8	2	1.8
垂直泵送高度（m）	25	25	30	20	30
水平泵送距离（m）	80	80	80	80	100
工作压力（MPa）	1.0	1.2	1.5	1.5	1.5
挤压胶管内径（mm）	32	32	38	38	38/50
输送胶管内径（mm）	25	25/32	25/32	32	
电动机功率（kW）	1.5	2.2	2.2	2.2	2.2
电源电压（v）	380	380	380	380	380
泵重（kg）	175	185	300	270	340

4. 空气压缩机

空气压缩机的容量宜为300 L/min，其工作压力宜选用5 MPa。

5. 灰浆联合机

双缸活塞式灰浆联合机是采用补偿凸轮双活塞泵，集合搅拌、泵送、空气压缩系统、输送管道总成、喷涂于一体。目前国内生产的有UH型灰浆联合机，其主要技术性能见表3–6。

表3–6　UH4.5型灰浆联合机主要技术性能

项目	性能参数	项目	性能参数
最大排量	4.5 m^3/h	空压机排量	300 L/min
最大工作压力	6 MPa	电动机型号	Y160M1—2
垂直泵送高度	80 mm	电动机功率	11 kW
水平泵送距离	300~400 m	外形尺寸（不包括牵引调节杆）	2 255 mm × 1 620 mm × 1 580 mm
		整机质量	1 100 kg
搅拌器额定进料容量	170 L	生产厂	胜利机械厂
搅拌器额定出料容量	120 L		
空压机公称排气压力	0.5 MPa		

6. 喷浆机

建筑物内外墙面、天棚等，喷涂石灰浆、大白粉浆、水泥浆、色浆、塑料浆以及冲刷水刷石面层水泥浆，均可采用喷浆机。喷浆机分手动往复式和电动自控式两种。

手动往复式喷浆机：这种喷浆机的构造比较简单，正常工作时垂直喷射高度为3~4 m，水平喷射距离为3.7~7.7 m，最大工作压力为1.8 MPa，其结构见图3–10。

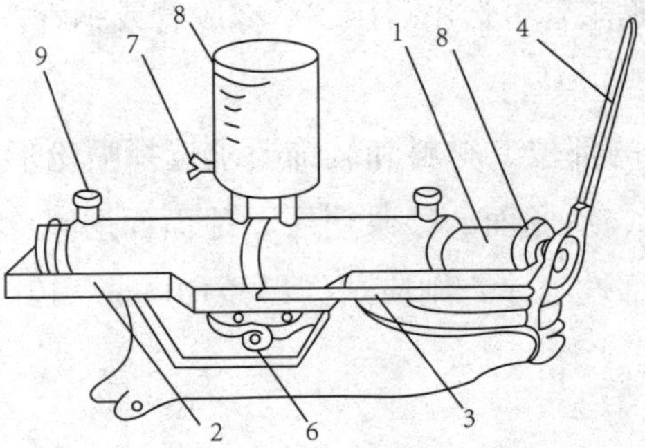

图3-10　手动往复式喷浆机结构图

1—柱塞；2—框架；3—连杆；4—摇杆；5—气罐；6—出浆口；7—吸液胶管；8—缓冲胶垫；9—压力帽

（2）电动自控式喷浆机：它在手动往复式喷浆机的基础上增加了传动装置及电控装置，其结构见图3-11。

其主要技术性能如下：

工作压力：0.8~1.2 MPa；活塞行程：80 mm

电动机：功率1 kW；转速1 450 r/min

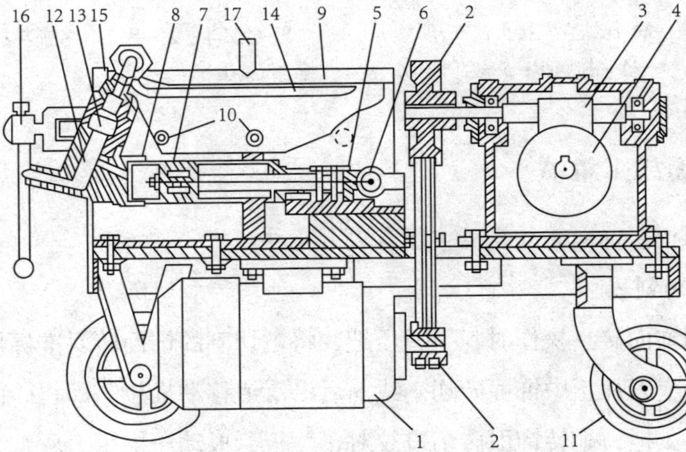

图3-11　电动自控式喷浆机结构图

1—电动机；2—皮带轮；3—蜗杆；4—蜗轮；5—滑座；6—连杆；7—活塞；8—泵室；9—稳压罐；10—喷嘴；11—行走轮；12—进浆阀；13—排浆阀；14—排浆管；15—稳压缺盖；16—丝杆；17—接压力表

7. 输送管道总成

输送管道总成应由输浆管、输气管和自锁快速接头等组成。

输浆管的管径应取50 mm，其工作压力应取4~6 MPa。水平输浆管宜选用耐压耐磨橡胶管；垂直输浆管可选用耐压耐磨橡胶管或钢管。

8. 喷枪

喷枪应根据工程的部位、材料和装饰要求选择喷枪形式及相匹配的喷嘴类型与口径。对内外墙、顶棚面、砂浆垫层、地面面层喷涂应选择口径10 mm或20 mm的喷枪；对装饰性喷涂，则应选择口径10 mm、12 mm或14 mm的装饰喷枪，见图3–12、3–13。

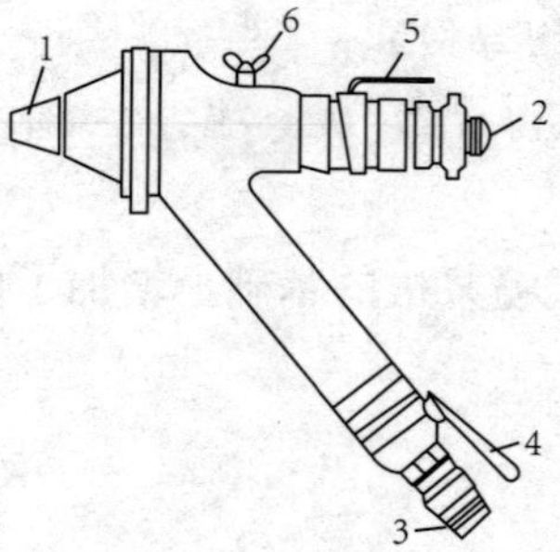

图3–12　喷涂聚合物砂浆用喷枪

1—喷嘴；2—压缩空气接头；3—砂浆胶管接头；4—砂浆控制阀；5—空气控制阀；6—顶丝

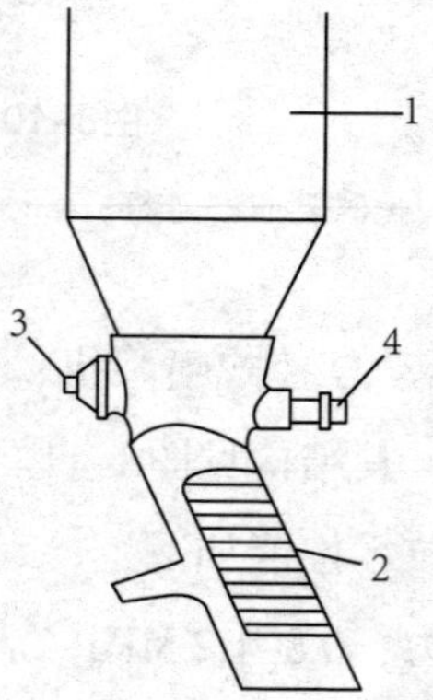

图3–13　喷涂聚合物砂浆用喷斗

1—砂浆斗；2—手柄；3—喷嘴；4—压缩空气接头

三、饰面施工机械

切割饰面板、饰面砖的机械主要有以下几种：

1. 手动切割器

用于切割饰面砖。操作时，手握压把，将被切割的饰面砖对准标尺位置，下压压把，使合金刀片正中饰面砖切割线前后沿滑道移动推拉，即将砖面划出切口纹，然后抬起压把，翻转饰面砖切口纹对正压板，扳动压把用力压，饰面砖即按切口纹断裂。

2. 打眼器

用于饰面砖打眼。使用时，按饰面砖孔眼位置及大小，定出中心点及半径，用合金钢尖在饰面砖上连续转动，划出切口纹后，再在孔眼部位划几道口，用小锤轻敲；去掉孔眼中的碎块，即形成要求的孔眼。

3. 台式切割机

用于切割大理石饰面板。饰面板是用高速转动的砂轮片切割。

4. 电动切割机

用于切割饰面砖、饰面板。利用高速转动的金刚石刀片切割。

5. 冲击钻、电锤

用于安装饰面板、饰面砖时钻孔。

四、地面修整机械

地面修整机械主要是水磨石机和地面压光机。

1. 水磨石机

水磨石机根据不同的作业对象和要求，有多种型号。单盘旋转式和双盘旋转式磨石机主要用于大面积水磨石地面的磨平、磨光作业，见图3-14。

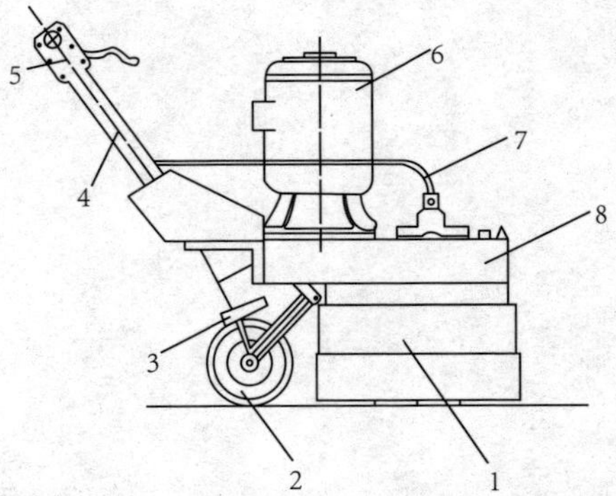

图3-14 单盘旋转式磨石机结构图

1—转盘处罩；2—移动滚轮；3—滚轮调节手轮；4—操纵杆；5—开关；6—电动机；7—供水管；8—减速箱

小型侧卧式水磨石机主要用于踢脚、楼梯踏步等小面积地面的磨平、磨光作业。

手提式水磨石机主要用于角隅及小面积的水磨石表面的磨光作业。

金刚石式水磨石机是新机型，它的磨盘是在耐磨材料中加入定量的人造金刚石，使其坚硬耐磨。

2. 地面压光机（又称地坪收光机、水泥抹光机）

用于对水泥砂浆或混凝土地面的抹平压光。按动力源分为电动、内燃两种，按抹光装置分为单头、双头两种。由电动机通过三角皮带带动抹刀旋转，其构造见图3-15。

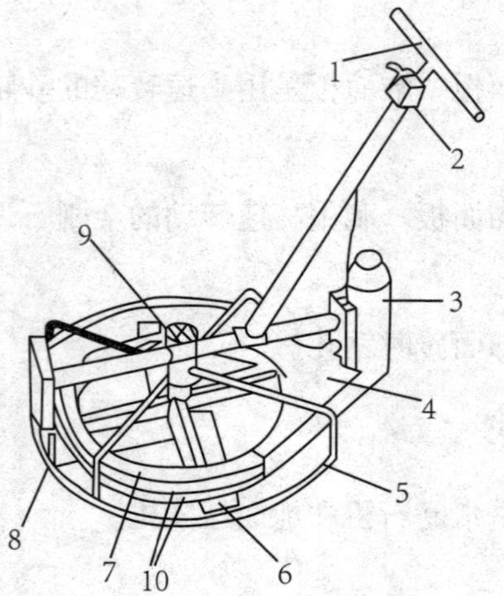

图3-15　地面压光机结构图

1—操纵手柄；2—开关；3—电动机；4—防护罩；5—保护圈；6—抹刀；7—抹刀转子；8—配重；9—轴承架；10—三角皮带

第四章　一般抹灰施工技术

第一节　抹灰前基层表面处理

一、抹灰工程的作用与组成

1. 抹灰工程的作用

抹灰工程分为内抹灰和外抹灰两种。通常把位于室内各部位的抹灰叫内抹灰，如楼地面、顶棚、墙裙、踢脚线、内楼梯等；把位于室外各部位的抹灰叫外抹灰，如外墙、雨篷、阳台、屋面等。

内抹灰主要是起到保护墙体和改善室内卫生条件，增强光线反射，美化环境等作用。在易受潮或易受酸碱腐蚀的房间里，主要起保护墙身、顶棚和楼地面的作用。

外抹灰主要是保护墙身不受风、雨、雪侵蚀，提高墙面防潮、防风化、隔热的能力。外抹灰提高墙身的耐久性，也是对建筑物表面进行艺术处理的措施之一。

2. 抹灰工程的组成

（1）底层

底层主要起与基层的黏结和初步找平的作用。底层所使用的材料随基层的不同而不同，室内砖墙面常用石灰砂浆、水泥石灰混合砂浆；室外砖墙面和有防潮防水的内墙面常用水泥砂浆或混合砂浆；对混凝土基层宜先刷素水泥浆一道，再采用混合砂浆或水泥砂浆打底，更易于黏结牢固，而高级装饰工程的预制混凝土板顶棚宜用108水泥砂浆打底；木板条、钢丝网黏结作为基层时，宜将混合砂浆、麻刀灰和纸筋灰以及灰浆挤入基层缝隙内，以加强拉结。

（2）中层

中层主要起找平作用。根据基层材料的不同，使用砂浆的厚度为70~80 mm。其做法基本上与底层的做法相同。按照施工质量要求可一次抹成，也可分遍进行。

（3）面层

面层主要起装饰作用，所用材料根据设计要求的装饰效果而定。室内墙面及顶棚抹灰，常用麻刀灰或纸筋灰；室外常用水泥砂浆抹灰或做成水刷石等饰面层。面层为装饰层，即通过不同的操作工艺使抹灰表面达到预期的装饰效果，抹灰组成见表4-1。

表4-1 抹灰层的组成

灰层	作用	基层材料
底层	主要起与基层黏结作用，兼初步找平作用	砖墙基层
		混凝土和加气混凝土基层
		木板条、苇箔、钢丝网基层
中灰	主要起找平作用	
面层	主要起装饰作用	

二、抹面砂浆原材料质量标准

（1）水泥宜用普通硅酸盐水泥，强度等级大于32.5级。

（2）砂宜用中砂或粗砂，含泥量小于3%。

（3）用于抹面砂浆的砂应使用中砂，其含黏土、泥灰、粉末等不得超过3%。

（4）装饰抹灰应使用耐日光照射和坚固的骨料（石子、绿豆砂等），不得用风化的骨料。骨料使用前必须冲洗干净。

（5）抹灰用的黏土、炉渣，使用前应过筛，黏土选用砂质黏土，炉渣要浇水润透，一般15天左右，粒径不宜超过1.2~2.0 mm。

（6）抹灰用的纸筋应浸透、捣烂、洁净、细腻，罩面纸筋宜机碾磨细，麻刀以均匀、坚韧、干燥、不含杂质为宜，其长度不得大于30 mm，并随用随敲打松散。

（7）抹灰用的石灰膏可用磨细的生石灰粉代替，其细度应通过4 900 孔/cm^2的超细筛。

（8）凡是人、畜能饮用的水均可用来拌制抹面砂浆。

三、108胶

108胶是以聚乙烯醇与甲醛在酸性介质中进行缩合反应而制得的一种透明水溶液。无臭、无味、无毒，有良好的黏结性能，黏结强度可达0.9 MPa。它在常温下能长期储存，但在低温状态下易发生冻胶。108胶除了可用于壁纸、墙布的裱糊外，还可用作室内外墙面、地面涂料的配置材料。

在普通水泥砂浆内加入108胶后，能提高面层的强度，不粉酥掉面；增强涂层的柔韧性，减少开裂现象；加强涂层与基层之间的黏结性能，不易产生爆皮或脱落。108胶在使用时，其掺量不宜超过水泥重量的40%，要用耐碱容器储运。冬天要防止严重受冻失效，受冻失效后不能使用。

四、抹灰砂浆配合比

抹灰砂浆配合比是指组成抹灰砂浆的各种原材料的质量比，也常用体积比表示。抹灰砂浆配合比在设计图纸上均有注明，根据砂浆品种及配合比就可以计算出原材料的用量。抹面砂浆（含勾缝砂浆）常用于砌体表面，在材料配合比组成上，其水泥用量要多于砌筑砂浆。计算步骤是：先计算出抹灰工程量（面积），再查取《全国统一建筑工程基础定额》中相应项目的砂浆用量定额，用工程量乘以砂浆用量定额得出砂浆用量，将砂浆用量乘以相应砂浆配合比，即可得出组成原材料的用量。

各种抹面砂浆配合比见表4–2。抹灰砂浆在使用时应注意以下几点：

表4–2　各种抹面砂浆配合比参考表

材　料	配合比（体积比）	应用范围
石灰：砂	1：2~1：4	用于砖石墙表面（檐口、勒脚、女儿墙以及潮湿房间的墙除外）
水泥：石灰：砂	1：0.3：3~1：1：6	墙面混合砂浆打底
水泥：石灰：砂	1：0.5：1~1：1：4	混凝土顶棚抹混合砂浆打底
水泥：石灰：砂	1：0.5：4~1：3：9	板条天棚抹灰
石灰：石膏：砂	1：2：2~1：2：4	用于不潮湿房间的线脚及其他装饰工程
石灰；水泥：砂	1：0.5：4.5~1：1：6	用于檐口、勒脚、女儿墙外脚以及比较潮湿处
水泥：砂	1：2.5~1：3	用于浴室、潮湿车间等墙裙、勒脚或地面基层
水泥：砂	1：0.5~1：1	用于混凝土地面随时压光
水泥：石膏：砂：锯末	1：1：3：5	用于吸音粉刷
水泥：白石子	1：1~1：2	用于水磨石（底层用1：2.5水泥砂浆）
水泥：白石子	1：1.5~1：2	用于水刷石［打底用（1：0.5）~（1：4）］
水泥：石子	1：1.5	用于斩假石［打底用1：（2~2.5）水泥砂浆］
石灰：麻刀	100：2.5（质量比）	用于木板条天棚底层
石灰膏：麻刀	100：1.3（质量比）	用于木板条天棚面层（或100 kg石灰膏加3.8 kg纸筋）
纸筋：石灰膏	0.36：0.1	较高级墙面天棚

注：本表各项配合比，除有注明者外，水泥、石灰、砂子均为体积比；水灰比为质量比；麻刀、纸筋均为石灰膏质量的百分数。

（1）水泥中的颜料掺量不得大于水泥重量的15%。

（2）采用水泥砂浆作面层时，不得用石灰砂浆、麻刀灰、草泥做底层及中层。抹水泥墙裙和水泥踢脚线时，若已抹有石灰砂浆、麻刀灰、草泥底层或中层时，应先清除干净。

（3）砂浆应随拌随用，不得存放过久。掺有水泥的砂浆存放时间不得超过2小时，其他砂浆不得过夜使用。

（4）落地灰应随时打扫干净，重新拌和后继续使用，以免浪费。

（5）通常情况下，抹面砂浆的体积配合比宜控制在1：2~1：3。同时，要求保水性好，并与基底有很好的黏附性。其厚度控制在25~35 mm。

五、施工现场要求

（1）结构工程全部完成后，经有关部门验收，达到合格标准。

（2）抹灰前应检查门窗的位置是否正确，与墙体连接是否牢固。连接处和缝隙应用1：3水泥砂浆或1：1：6水泥混合砂浆分层嵌塞密实。铝合金门窗框缝隙所用嵌缝材料应符合设计要求，并事先粘贴好保护膜。

（3）对混凝土表面缺陷如蜂窝、麻面、露筋等应剔到实处，并刷掺水重10%的108胶素水泥浆一道，紧跟用1：3水泥砂浆分层补平；墙、混凝土墙、加气混凝土墙基体表面的灰尘、污垢和油渍等，应清理干净，并洒水湿润。

（4）阳台栏杆、挂衣铁件、预埋铁件、管道等应提前安装好，结构施工时墙面上的预留孔洞应提前堵塞严实，将柱、过梁等突出墙面的混凝土剔平，凹处提前刷净，用水洇透后，再用1：3水泥砂浆或1：1：6水泥混合砂浆分层补衬平。

（5）预制混凝土外墙板接缝处应提前处理好，并检查空腔是否畅通，勾好缝，进行淋水试验，无渗漏方可进行下道工序。

（6）加气混凝土表面缺棱掉角需分层修补。做法是：先洇湿基体表面，刷掺水重10%的108胶水泥浆一道，紧跟用1：1：6混合砂浆找平，每遍厚度应控制在7~9 mm。

（7）管道穿越墙洞、楼板洞应及时安放套管，并用1：3水泥砂浆或细石混凝土填嵌密实；电线管、消火栓箱、配电箱安装完毕后，将背后露明部分钉好钢丝网；接线盒用纸堵严。

（8）外墙抹水泥砂浆，大面积施工前应先做样板，经鉴定合格，并确定施工方法后，再组织施工。

（9）施工时使用的外架子应提前准备好，横竖杆要离开墙面及墙角200~250 mm，以利操作。为减少抹灰接槎，保证抹灰面的平整，外架子应铺设三步板，以满足施工要求。为保证外墙抹水泥的颜色一致，严禁采用单排外架子，严禁在墙面上预留临时孔洞。

（10）抹灰前应检查基体表面的平整，以决定其抹灰厚度。抹灰前应在大角的两面、阳台、窗台、碹脸两侧弹出抹灰层的控制线，以作为打底的依据。

（11）混凝土与轻质砌块墙体交接处均应加钉200宽钢丝网。

（12）应弹好楼面+50 cm或+100 cm水平标高线。

六、基层处理前的检查项目

抹灰工程施工，必须在结构或基层质量检验合格后进行。必要时，应会同有关部门办理结构验收和隐蔽工程验收手续。对其他配合工种项目也必须进行检查，这是确保抹灰质量和进度的关键。抹灰前应对以下主要项目进行检查：

（1）门窗框及其他木制品安装是否正确并齐全，是否预留抹灰层厚度，门窗口高度是否符合室内水平线标高。

（2）苇箔或钢丝网吊顶是否牢固，标高是否正确。

（3）墙面预留木砖或铁件有没有遗漏，标高是否正确，埋置是否牢固。

（4）水、电管线，配电箱是否安装完毕，有无漏项；水暖管道是否做过压力试验；地漏位置和标高是否正确。

（5）阳台栏杆、泄水管、水落管管夹、电线绝缘的托架、消防梯等安装是否齐全与牢固等。

七、基层的表面处理

（1）基层表面的灰尘、污垢、油渍、碱膜、沥青渍、砖墙面的耳灰等均应清除干净，并洒水湿润。

（2）墙上的脚手孔洞应堵塞严密，基层表面的孔洞应镶堵，水暖、通风管道通墙洞和剔墙管道必须用1：3水泥砂浆堵严。

（3）混凝土土墙、混凝土梁头等凹凸太多的部位需剔平，或用1：3水泥砂浆分层补齐。

（4）板条墙或板条顶棚板条间距过窄处，应予处理，一般要求达到3~4 mm。

（5）金属网基层应铺钉牢固、平整，不得有挠曲、松动等现象。

（6）在木结构与砖石结构、木结构与钢筋混凝土结构相接处的抹灰基层，应铺设金属网，搭缝宽度从缝边起每边不得小于10 mm，并应铺钉牢固，不挠曲。

（7）粗糙的混凝土表面、灰缝和表面齐平的砖砌体需要抹灰时，应凿毛或划凹槽。光滑、平整的混凝土表面如设计无要求时，可不必抹灰，进行刮腻子处理。混凝土楼板顶棚，在抹灰前需用1∶0.3∶3水泥石灰砂浆勾缝。

（8）混凝土垫层或炉渣垫层应符合标高，并拍实紧密，清理干净。

八、装饰抹灰面的基层处理

装饰抹灰面层的基层应符合下列要求：

（1）水磨石、斩假石的面层，应涂抹在硬化及粗糙的中层上。涂抹前，宜先刷一遍水泥砂浆。

（2）装饰抹灰面层的基层（中层抹灰层）要保持干燥，涂抹面层前，应洒水湿润。

（3）干粘石黏结层要涂抹在硬化、粗糙的基层（底层或中层抹灰层）上。涂抹前，基层应用水湿透。

（4）基层表面的处理方法，一般有以下几种：

①砖和抹灰层上出现白花时，可用水冲洗，用钢丝刷刷净。

②用各种界面处理剂、黏结剂进行基层表面预处理。

③使抹灰基层表面粗糙的方法有：将抹灰层表面划纹；先用铁抹子抹平抹灰层，然后用木抹子搓毛表面；如需要用铁抹子抹压时（如顶棚），可将铁抹子稍竖起来，将抹灰层刷毛，成为粗糙的表面。

第二节　一般抹灰施工技术

一、托线板

托线板，俗称弹尺板、吊弹尺。主要是用来做灰饼时找垂直和用来检验墙柱等表面垂直度的工具。一般尺寸为1.5~2 cm厚，8~12 cm宽，1.5~3 m长（常用的为2 m）。亦有特制的60~120 cm的短小托线板，其长度要依工作内容和部位来决定。一般工程上有时要用到多种长度不同的托线板（见图4–1）。

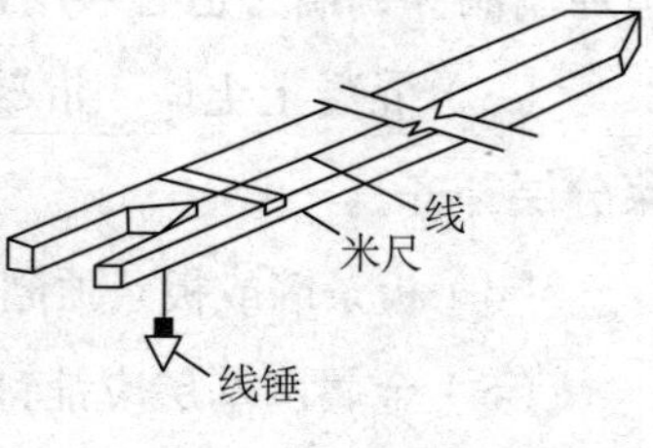

图4–1　托线板

二、护角抹子

护角抹子是用于纸筋灰罩面时，捋门、窗口、柱等阳角部位的水泥小圆角以及踏步防滑条、装饰线等的工具（见图4–2）。

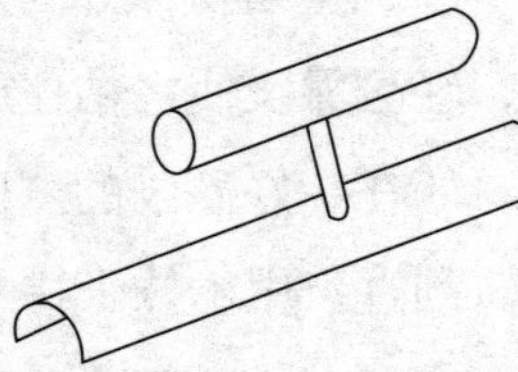

图4–2　护角抹子

三、设置标筋

设置标筋时，先用托线板检查墙面的平整垂直程度，据以确定抹灰厚度（最薄处不宜小于7 mm），再在墙两边上角离阴角边100~200 mm处按抹灰厚度用砂浆做一个四方形（边长约50 mm）的标准块，称为灰饼，然后根据这个灰饼，用托线板或线锤吊挂垂直，做墙面下角的两个灰饼（高低位置一般在踢脚线上口），随后以上角和下角左右两灰饼面为准拉线，每隔1.2~1.5 m加做若干灰饼。待灰饼稍干后在上下灰饼之间用砂浆抹上一条宽100 mm左右的垂直灰埂，即为标筋，作为抹底层及中层的厚度控制和赶平的标准（见图4–3）。顶棚抹灰一般不做灰饼和标筋，而是在靠近顶棚四周的墙面上弹一条水平线以控制抹灰层厚度，并作为抹灰找平的依据。

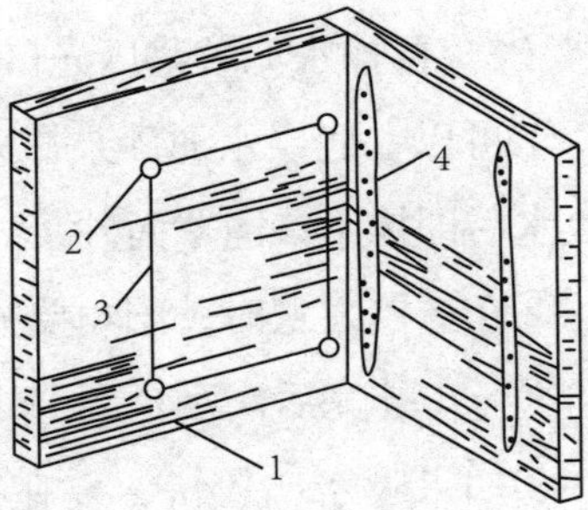

图4–3　抹灰操作中的标志和标筋

1—基层；2—灰饼；3—引线；4—标筋

四、做护角

室内外墙面、柱面和门窗洞口的阳角处抹灰要求线条清晰、挺直，并不易碰坏，故该处应用1∶2水泥砂浆做护角，砂浆收水稍干后，用捋角器抹成小圆角。

（1）抹墙面时，门窗口的阳角处为防止碰撞而损坏，要用水泥砂浆做出护角，方法如下：

①先在门、窗口的侧面抹1∶3水泥砂浆后，在上面用砂浆反粘八字尺或直接在侧面反卡八字尺，使外边通过拉线或用大杠靠平的方法与所做的灰饼齐平、上下吊垂直。

②然后在靠尺周边抹出一条5 cm宽，厚度依靠尺为据的一条灰梗。

③用大杠搭在门窗口两边的靠尺上把灰梗刮平，用木抹子搓平。拆除靠尺

刮干净，正贴在抹好的灰梗上，用方尺依框的子口定出稳尺的位置，上下吊垂直后，轻敲靠尺使之粘住或用卡子固定。随之在侧面抹好砂浆。

④在抹好砂浆的侧面用方尺找出方正并划出痕迹，再用小刮尺依方正痕迹刮平、刮直，用木抹子搓平，拆除靠尺，把灰梗的外边割切整齐。

⑤待护角底子六七成干时，用护角抹子在做好的护角底子的夹角处捋一道素水泥浆或素水泥略掺小砂子（过窗纱筛）的水泥护角。也可根据需要直接用1：3水泥砂浆打底，1：2.5水泥砂浆的罩面压光口角。单抹正面小灰梗时要略高出灰饼2 mm，以备墙面的罩面灰与正面小灰梗一平（见图4–4）。

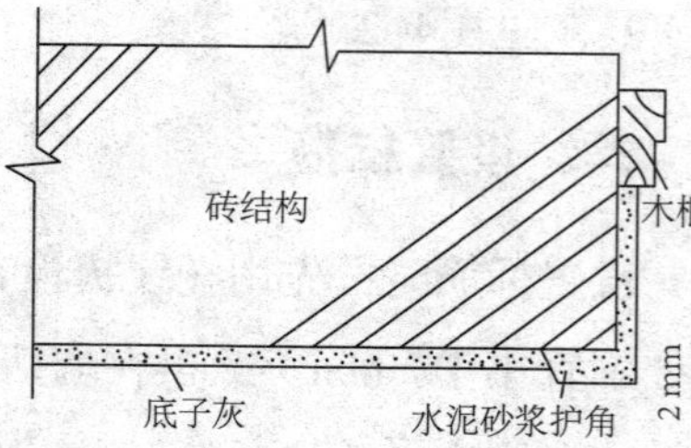

图4–4　门窗口角做法

（2）再抹水泥砂浆压光口角（护角）。

①可以在底层水泥砂浆抹完后第二天抹面层1：2.5水泥砂浆，也可在打底完稍收水后即抹第二遍罩面砂浆。

②在抹罩面灰时，阳角要找方，侧面（膀）与框交接部的阴角，要垂直并与阳角平行。抹完后用刮尺刮平，用木抹子搓平，用钢抹子溜光。

③如果吸水比较快，要在搓木抹子时适当洒水，边洒水边搓，要搓出灰浆来，稍收水后用钢板抹子压光，用阳角抹子把阳角捋光。

④随手用干刷子把框边残留的砂浆清扫干净。

五、抹灰层的涂抹

当标筋稍干后，即可进行抹灰层的涂抹。涂抹应分层进行，以免因一次涂抹厚度较厚，砂浆内外收缩不一致而导致开裂。一般涂抹水泥砂浆时，每遍厚度以5~7 mm为宜；涂抹石灰砂浆和水泥混合砂浆时，每遍厚度以7~8 mm为宜。

分层涂抹时，应防止涂抹后一层砂浆时破坏已抹砂浆的内部结构，而影响与前一层的黏结，并应避免几层湿砂浆合在一起造成收缩率过大，导致抹灰层开裂、空鼓。因此，水泥砂浆和水泥混合砂浆应待前一层抹灰层凝结后，方可涂抹后一层；石灰砂浆应待前一层发白（七八成干）后，方可涂抹后一层。

抹灰用的砂浆应具有良好的工作性（和易性），以便于操作。

砂浆稠度一般宜控制为：底层抹灰砂浆100~120 mm；中层抹灰砂浆70~80 mm。

底层砂浆与中层砂浆的配合比应基本相同。中层砂浆强度不能高于底层，底层砂浆强度不能高于基体，以免砂浆在凝结过程中产生较大的收缩应力，破坏强度较低的抹灰底层或基体，导致抹灰层产生裂缝、空鼓或脱落。另外底层砂浆强度与基体强度相差过大时，由于收缩变形能力相差悬殊也易产生开裂和脱离，故混凝土基体上不能直接抹石灰砂浆。

为使底层砂浆与基体黏结牢固，抹灰前基体一定要浇水湿润，以防止基体过干而吸去砂浆中的水分，使抹灰层产生空鼓或脱落。砖基体一般宜浇水两遍，使砖面渗水深度达8~10 mm。混凝土基体宜在抹灰前一天即浇水，使水渗入混凝土表面2~3 mm。如果各层抹灰相隔时间较长，已抹灰砂浆层较干时，也应浇水湿润，才可抹下一层砂浆。

抹灰层除用手工涂抹外，还可利用机械喷涂。机械喷涂抹灰将砂浆的拌制、运输和喷涂三者有机地衔接起来。

六、罩面压光

室内常用的面层材料有麻刀石灰、纸筋石灰、石膏灰等。

室内面层施工应分层涂抹，每遍厚度为1~2 mm，经赶平压实后，麻刀石灰的面层总厚度不得大于3 mm；纸筋石灰、石膏灰的面层总厚度不得大于2 mm。

罩面时应待底子灰五六成干后进行。如底子灰过干应先浇水湿润。分纵横两遍涂抹，最后用钢抹子压光，不得留抹纹。

室外抹灰常用水泥砂浆罩面。由于面积较大，为了不显接槎，防止抹灰层收缩开裂，一般应设有分隔缝，留槎位置应留在分隔缝处。由于大面积抹灰罩面抹纹不易压光，在阳光照射下极易显露而影响墙面美观，故水泥砂浆罩面宜用木抹子抹成毛面。为防止色泽不匀，应用同一产地、同一品种、同一规格的原材料，并由专人配料，采用统一的配合比，底层浇水要匀，使其干燥程度基本一致。

罩面施工应按以下步骤完成：

（1）第一遍竖抹，要从左上角开始，从左到右依次抹去，直到抹至右边阴角完成。

再转入下一步架，依然是从左向右抹，第一遍要薄薄抹一层。用铁抹子、木抹子、塑料抹子均可以。一般要把抹子放陡一些刮抹，厚度不超过0.5 mm，每相邻两抹子的接槎要刮严。第一遍刮抹完稍吸水后方可抹第二遍。

（2）在抹第二遍前，最好把相邻两墙的阴角处竖向抹出一抹子纸筋灰。

这样做的目的是既可以防止相邻墙面底子灰的砂粒进入抹好的纸筋灰面层中，又可以在抹完第一面墙后就能在压光的同时及时把阴角修好。在抹第二遍时要把两边阴角处竖向位置先抹出一抹子宽后，溜一下光，然后用托线板检查一下，如有问题及时修正好、再从上到下、从左向右横抹中间的面层灰。

第三节　内墙抹灰施工技术

一、内墙抹灰骨料

1. 大理石

大理石强度适中，色彩和花纹比较美丽，光洁度高，但耐腐蚀性差，一般多用于高级建筑物的内墙面、地面、柱面、台面等装饰部位，亦有少数品种耐腐蚀性较好（艾叶青、汉白玉等），可用于室外装饰。

2. 花岗石

花岗岩经加工后的建筑材料或制品称花岗石，花岗石的耐腐蚀能力及抗风化能力较强，强度、硬度均很高，抛光后板材光洁度很高，颜色、品种亦较多，是高级装饰工程室内外的理想面材。

3. 陶瓷砖

陶瓷面砖简称“面砖”，又称“外墙贴面砖”。由于这种砖也可用作铺地材料，故一般习惯称它为“墙地砖”（仅能作铺地材料而不能作外墙贴面材料的陶瓷砖，则称为“铺地砖”或“地砖”）。

陶瓷砖分有釉、无釉两种，有方形、长方形、八边形等多种，砖面可制成单色或彩色的。主要用于建筑物室内外地面、台阶、踏步、楼梯等处。其规格一般多为152 mm × 152 mm和98 mm × 98 mm两种，也有长方形的特殊尺寸砖，但比较少见。瓷砖进场后，施工前的准备工作基本与面砖相同。瓷砖依不同部位的需要有许多相应配套的瓷砖及瓷砖配件（见图4-5），如：阴角条、阳角条、压顶条、压顶阴角、压顶阳角、阴三角、阳三角、阴五角、阳五角、方边砖、圆边砖（分一边圆、两边圆）等。

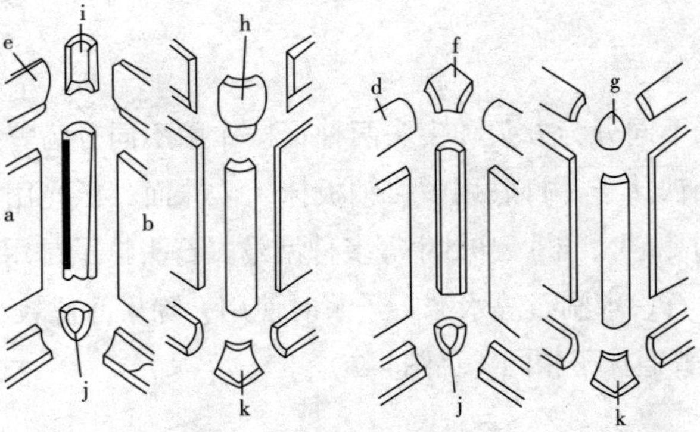

图4–5　瓷砖及配件

a—平边（方口砖）；b—两边圆；c—一边圆；天–阳角件；e—压顶条；f—阴阳五角；g—阳三角；h—压顶阳角；i—压顶阴角；j—阴三角；k—阴五角

二、纸筋和麻刀

1. 纸筋

纸筋是面层灰浆中的拉结材料，分为干、湿两种干纸筋。在使用前要挑去杂质，打成小碎块，在大桶内泡透。泡纸筋的桶内最好要放一定量的石灰，搅拌成石灰水，纸筋在浸泡过程中要经多次搅动，使纸筋中的砂、石子等硬物下沉。搅拌灰浆后使用时只取用上部纸筋，最下沉淀层不能使用。纸筋灰的搅拌最好在使用前一周进行，而且搅拌后的纸筋灰要过小钢磨，磨细后使用。

2. 麻刀

必须柔韧干燥，不含杂质，行缝长度一般为10~30 mm，用前4~5天敲打松散并用石灰膏调好，也可采用合成纤维。

三、大杠

大杠是抹灰时用来刮平涂抹层的工具，依使用要求和部位不同，一般有1.2~4 m等多种长度，又依材质不同有铝合金、塑料、木质和木质包铁皮等多种类型（见图4–6）。

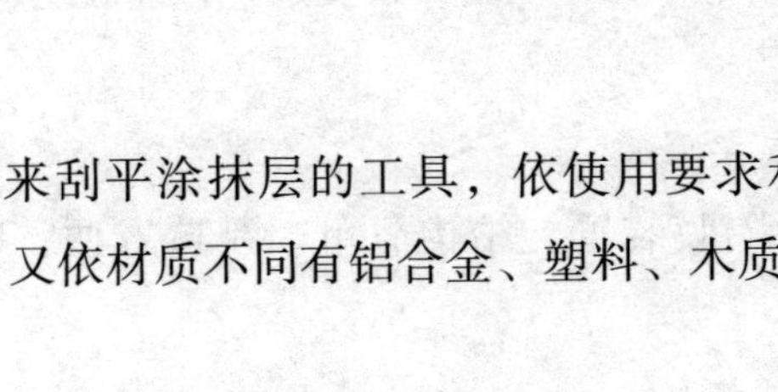

图4–6　大杠

四、抹子

抹子按形状不同分为方头和尖头两种；按作用不同分为普通抹子和石头抹子。普通抹子分铁抹子（打底用），钢板抹子（抹面、压光用）。普通抹子有7.5寸（1寸≈0.03 m）、8寸、9.5寸等多种型号。石头抹子是用钢板做成的，主要是在操作水磨石、水刷石等水泥石子浆时使用，除尺寸比较小（一般为5.5~6寸）外，形状与普通抹子相同（见图4–7）。

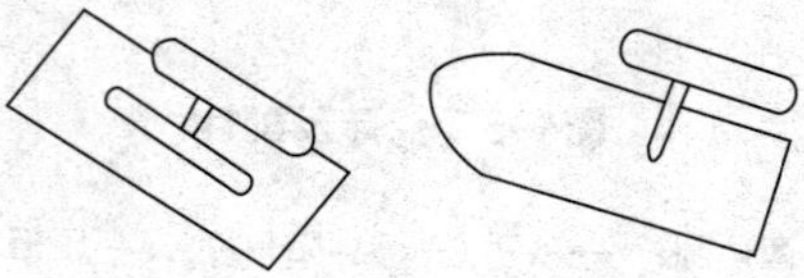

图4–7　抹子

五、灰浆泵

1. 直接作用式灰浆泵

它是利用活塞与灰浆作用活塞的往复运动，将进入泵缸中的砂浆直接压送进去，并经管道送到使用地点的一种泵。直接作用式灰浆泵的活塞与灰浆直接接触，活塞容易磨损，缸内的密封盘也容易损坏，易造成漏浆故障，降低功效。但因其结构简单，制造与维修容易，故仍在使用。

2. 圆柱形隔膜式灰浆泵

它是在泵缸工作，用筒形的橡胶隔膜分隔出来一个泵室，泵室内充满中间液体，通过活塞往复运动，利用中间液体促使隔膜运动而工作。活塞不与灰浆直接接触，故主要部件使用寿命长，但结构较复杂，且隔膜制造比较困难，目前很少采用。

3. 片状隔膜式灰浆泵

它采用片状平面隔膜装置，结构简单，制造方便，隔膜损坏时便于拆卸更换。

4. 柱塞直给式灰浆泵

它是由传动机构和泵体两部分组成。其特点与直接作用式灰浆泵相似。

5. 灰气联合泵

灰气联合泵由一套传动装置和两套工作装置（出灰部分和压气部分）组成，安装在由无缝钢管焊接成的储气罐机架上。其特点是既能输送灰浆又能产生压缩空气，比一般使用的抹灰机组省掉一台空气压缩机，且出灰率高，灰气配合均匀。

6. 挤压式灰浆泵

小容量三级出灰量挤压式灰浆泵是新型的灰浆输出泵。挤压式灰浆泵主要由变极式电动机、变速箱、减速器、链传动装置、滚轮架和滚轮以及挤压胶管等构成。其工作原理见图4–8。其特点是配套电机变换不同位置，可使挤压管变换挤压次数，形成三级出灰量，见表4–3。

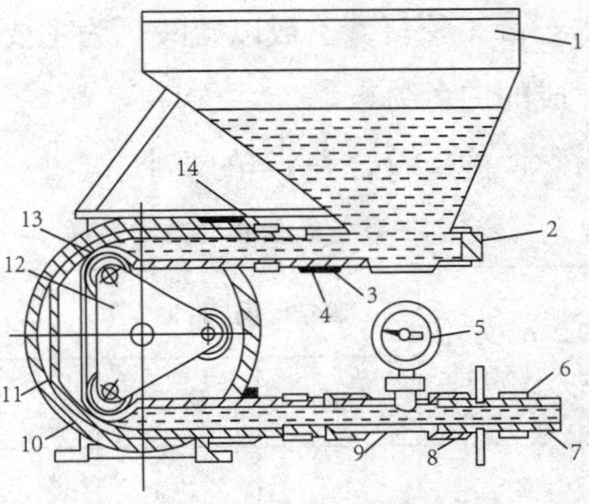

图4–8　挤压式灰浆泵的工作原理

1—料斗；2—放料室；3、8、9—连接管；4—橡胶垫圈；5—压力表；6、14—胶管卡箍；7—输送胶管；10—鼓轮形壳；11—挤压胶管；12—滚轮架；13—挤压滚轮

表4–3　挤压泵三级出灰量

电动机变换位置	挤压管挤压次数	吹灰量（m^3/h）
1	22	0.2
2	45	0.4
3	90	0.8

挤压式灰浆泵不受砂浆黏度、砂子粒径的影响，不容易堵塞，各种灰浆均可喷涂且涂层较薄，特别适用于喷涂面层及外饰面；而且泵体较小，自重轻，便于移动，可随楼层喷涂。

灰浆泵应安装在坚实平整的地面上，输送管道要有牢固的支撑，并尽量减少弯头。使用时，在管道上不能压放任何物件，以防压迫管道而发生阻塞，造成输送压力增大，损坏机械；料斗底部应有过滤网，以免杂物入内，影响球阀关闭。使用过程中最好连续输送，尽可能减少停机时间和停机次数，否则可能会因中途停机时间过长导致输送管中灰浆凝结或砂子沉淀，而造成阻塞事故。电动机应有良好的接地保护装置，冬季使用应对管道和机体进行保温，工作完毕后须将泵室中的水放净，以免冻结。

六、建筑石膏

石膏是一种以硫酸钙为主要成分的气硬性胶凝材料。石膏及其制品具有质轻、吸音、吸湿、阻火、形体饱满、表面平整细腻、装饰性好、容易加工等优点。

石膏按其用途及煅烧程度不同，分为建筑石膏、模型石膏、高强石膏（包括地板石膏和硬结石膏）。建筑石膏（又称熟石膏或半水石膏）是用天然二水石膏（生石膏）、天然无水石膏（硬石膏）或以硫酸钙为主要成分的工业废料（工业废石膏）经煅烧磨细而成的白色粉末。

建筑石膏的物理力学性能应符合表4–4的要求。

表4–4　建筑石膏物理力学性能

等级	细度（0.2 mm方孔筛筛余）/（%）	凝结时间/分钟		2小时强度/MPa	
		初凝	终凝	抗折	抗压
3.0	≤10	≥3	≤30	≥3.0	≥6.0
2.0				≥2.0	≥4.0
1.6				≥1.6	≥3.0

七、方尺

方尺是测量阴阳角是否方正的量具，分为钢质、木质、塑料等多种类型。使用部位不同尺寸亦不同（见图4–9）。

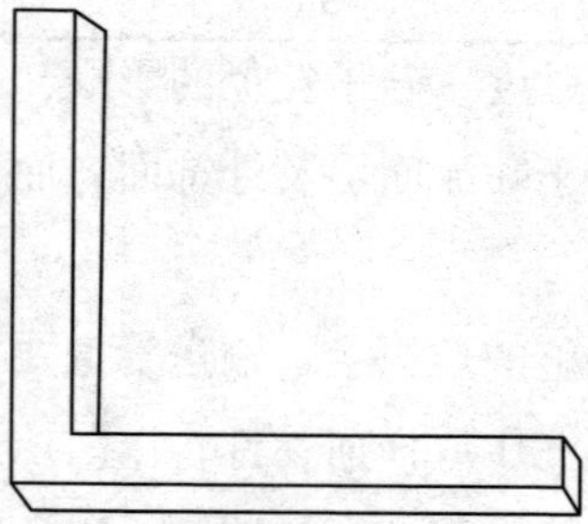

图4–9　方尺

八、石灰质量与外观质量要求

石灰的质量标准如表4–5所示，石灰的外观质量鉴别如表4–6所示。

表4–5　石灰的质量标准

指标名称		块灰		生石灰粉		水化石灰		石灰浆	
		一等	二等	一等	二等	一等	二等	一等	二等
活性氧化钙及氧化镁之和(干重)/(%)≥		90	75	90	75	60	70	60	
未烧透颗粒含量(干重)/(%)≤		10	12				8	12	
每1 kg石灰的产浆量/L≥		2.4	1.8	暂不规定					
块灰内细粒的含量/(%)(≤)		8	10						
标准筛上遗留量(干重)/(%)	900孔/cm^2筛≤	无规定		3	5	3	5	无规定	无规定
	4 900孔/cm^2筛≤	无规定		25	25	10	5	无规定	无规定

表4–6　石灰的外观质量鉴别

特　征	新鲜灰	过火灰	欠火灰
颜色 重量 硬度 断面	白色或灰黄色 轻 疏松 均一	色暗带灰黑色 重 质硬 玻璃状	中部颜色比边部深重 外部疏松，中部硬 中部与边缘不同

九、内墙抹灰分层构造和做法

1. 墙面抹灰的构造

墙面抹灰由底层抹灰、中层抹灰和面层抹灰组成，见图4–10。

（1）底层抹灰

底层抹灰主要起与基层黏结和初步找平的作用。底层砂浆根据基本材料不同和受水浸湿情况而定，可分别用石灰砂浆、水泥石灰混合砂浆（简称混合砂浆）或水泥砂浆。

（2）中层抹灰

中层抹灰主要起找平和结合的作用。此外，还可以弥补底层抹灰的干缩裂缝。一般来说，中层抹灰所用材料与底层抹灰基本相同，厚度5~12 mm。在采用机械喷涂时，底层与中层可同时进行，但是厚度不宜超过15 mm。

（3）面层抹灰

面层，又称“罩面”。面层抹灰主要起装饰和保护作用。根据所选装饰材料和施工方法的不同，面层抹灰可以分为各种不同性质与外观的抹灰。

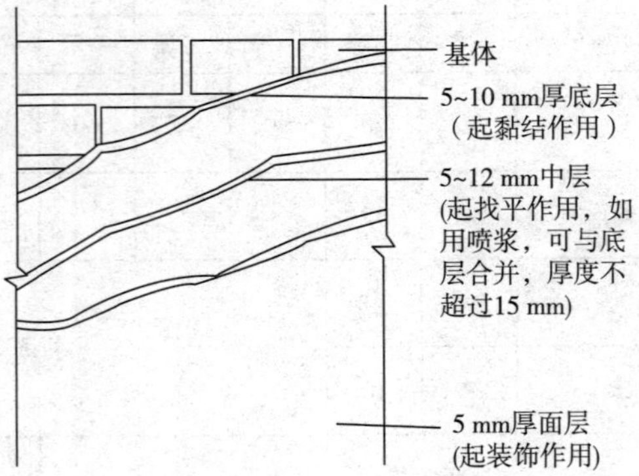

图4–10　抹灰的构造

由于施工操作方法的不同，抹灰表面可以抹成平面，也可以拉毛或用斧斩成假石状，还可以将细天然骨料或人造骨料（如大理石、花岗石、玻璃、陶瓷等加工成粒料），采用手工涂抹或机械喷射成水刷石、干粘石、彩瓷粒等集石类墙面。

此外，还可以将抹灰表面抹成或喷成彩色，即彩色抹灰，其做法有以下两种：

①在抹灰面层的灰浆中掺入各种颜料，色匀而耐久，但颜料用量较多，适用于室外。

②在做好的面层上，进行罩面喷涂料时加入颜料，这种做法比较省颜料，但是容易出现色彩不匀或褪色现象，多用于室内。

2. 砂浆选用

室内砖墙多采用1∶3石灰砂浆，或掺入一些纸筋、麻刀，以增强黏结力并防止开裂；需要做涂料墙面时，底灰可用1∶2∶9或1∶1∶6水泥石灰混合砂浆。

室外或室内有防水、防潮要求时，应采用1∶3水泥砂浆。

混凝土墙体应采用混合砂浆或水泥砂浆。

加气混凝土墙体内墙可用石灰砂浆或混合砂浆，外墙宜用混合砂浆。窗套、腰线等线脚应用水泥砂浆。

北方地区外墙饰面不宜用混合砂浆，一般采用的是1∶3水泥砂浆。底层抹灰的厚度为5~10 mm。

3. 内墙抹灰的分层做法

基体不同，其抹灰的分层做法是不尽相同的，如表4–7所示。

十、混凝土墙板抹灰

1. 基层处理

若混凝土表面光滑，应对其表面进行“毛化”处理。其方法有两种：一种是将其光滑的表面用尖钻剔毛，剔去光面，使其表面粗糙不平，用水润湿基层；另一种方法是将光滑的表面清扫干净，用10%火碱（学名氢氧化钠）水除去混凝土表面的油污后，将碱液冲洗干净后晾干，采用机械喷涂或用笤帚甩上一层1：1稀粥状水泥细砂浆（内掺水重20%的108胶拌制），使其凝固在光滑的基层表面，以手掰不动为好。

表4-7 内墙抹灰分层做法

名称	适用范围	分层做法	厚度/mm	施工要点
石灰砂浆抹灰	砖墙基体	（1）1：2：8（石灰膏：砂：黏土）砂浆抹底、中层 （2）1：（2~2.5）石灰砂浆面层压光	13 6	应待前一层七八成干后，方可涂抹后一层
		（1）1：2.5石灰砂浆抹底层 （2）1：2.5石灰砂浆抹中层 （3）在中层还潮湿时刮石灰膏	7~9 7~9 1	（1）中层石灰砂浆用木抹子搓平干后，立即用铁抹子来回刮石灰膏，达到表面光滑平整，无砂眼，无裂纹，愈薄愈好 （2）石灰膏刮后2小时，未干前再压实压光一次
		（1）1：2.5石灰砂浆抹底层 （2）1：2.5石灰砂浆抹中层 （3）刮大白腻子	7~9 7~9 1	（1）中层石灰砂浆用木抹子搓平后，再用铁抹子压光 （2）满刮大白腻子两遍，砂纸打磨
		（1）1：3石灰砂浆抹底层 （2）1：3石灰砂浆抹中层 （3）1：1石灰木屑（或谷壳）抹面	7 7 10	（1）锯木屑过5 mm孔筛，使用前石灰膏与木屑拌均匀，经钙化24小时后，使木屑纤维软化 （2）适用于有吸音要求的房间
		（1）1：3石灰砂浆抹底、中层 （2）待中层灰稍干，用1：1石灰砂浆随抹搓平压光	13 6	
	加气混凝土条板基体	（1）1：3石灰砂浆抹底层 （2）1：3石灰砂浆抹中层 （3）刮石灰膏	7 7 1	墙面浇水湿润

续表

名称	适用范围	分层做法	厚度/mm	施工要点
水泥混合砂浆抹灰	砖墙基体	（1）1：1：6水泥白灰砂浆抹底层 （2）1：1：6水泥白灰砂浆抹中层 （3）刮石灰膏或大白腻子	7~9 7~9 1	（1）刮石灰膏和大白腻子，见石灰砂浆抹灰 （2）应待前一层抹灰凝结后，方可涂抹后一层
		1：1：3：5（水泥：石灰膏：砂子木屑）分两遍成活，木抹子搓平	15~18	（1）适用于有吸音要求的房间 （2）木屑处理同石灰砂浆抹灰 （3）抹灰方法同上
纸筋石灰或麻刀石灰抹灰	混凝土大板或大模板建筑内墙基体	（1）聚合物水泥砂浆或水泥混合砂浆喷毛打底 （2）纸筋石灰或麻刀石灰罩面	1~3 2或3	
纸筋石灰或麻刀石灰抹灰	加气混凝土砌块或条板基体 1	（1）1：3：9水泥石灰砂浆抹底层 （2）1：3石灰砂浆抹中层 （3）纸筋石灰或麻刀石灰罩面	3 7~9 2或3	基层处理与聚合物水泥砂浆相同
	加气混凝土砌块或条板基体 2	（1）1：0.2：3水泥石灰砂浆喷涂成小拉毛 （2）1：0.5：4水泥石灰砂浆找平（或采用机械喷涂抹灰） （3）纸筋石灰或麻刀石灰罩面	3~5 7~9 2或3	（1）基层处理与聚合物水泥砂浆相同 （2）小拉毛完后，应喷水养护2~3天 （3）待中层六七成干时，喷水湿润后进行罩面
	加气混凝土条板基体	（1）1：3石灰砂浆抹底层 （2）1：3石灰砂浆抹中层 （3）纸筋石灰或麻刀石灰罩面	4 4 2或3	
	板条、苇箔、金属网墙	（1）麻刀石灰或纸筋石灰砂浆抹底层 （2）麻刀石灰或纸筋石灰砂浆抹中层 （3）1：2.5石灰砂浆（略掺麻刀）找平 （4）纸筋石灰或麻刀石灰抹面层	3~6 3~6 2~3 2或3	

续表

名称	适用范围	分层做法	厚度/mm	施工要点
石膏灰抹灰	高级装修的墙面	（1）（1：2）~（1：3）麻刀石灰抹底层 （2）同上配比抹中层 （3）13：6：4（石膏粉水：石水膏）罩面分两遍成活，在第一遍未收水时即进行第二遍抹灰，随即用铁抹子修补压光两遍，最后用铁抹子溜光至表面密实光滑为止	6 7 2~3	（1）底、中层灰用麻刀石灰，应在20天前消化备用，其中麻刀为白麻丝，石灰宜用2：8块灰，配合比为麻刀：石灰=7.5：1 300（质量比） （2）石膏一般宜用乙级建筑石膏，结硬时间为5分钟左右，4 900孔筛筛余量不大于10% （3）基层不宜用水泥砂浆或混合砂浆打底，亦不得掺用氯盐，以防返潮面层脱落
水砂面层抹灰	高级建筑内墙面	（1）（1：2）~（1：3）麻刀石灰砂浆抹底层、中层（要求表面平整垂直） （2）水砂抹面分两遍抹成，应在第一遍砂浆略有收水即进行第二遍。第一遍竖向抹，第二遍横向抹（抹水砂前，底子灰如有缺陷应修补完整，待墙面干燥方能进行水砂抹面，否则将影响其表面颜色不均。墙面要均匀洒水，充分湿润，门窗玻璃必须装好，防止面层水分蒸发过快而产生龟裂） （3）水砂抹完后，用钢皮抹子压两遍，最后用钢皮抹子先横向后竖向溜光至表面密实光滑为止	13 2~3	（1）水砂，即沿海地区的细砂，其平均粒径为0.15 mm，容重为1 050 kg，使用时用清水淘洗除去污泥杂质，含泥量小于2%为宜。石灰必须是洁白块灰，不允许有灰末子，为氧化钙含量不小于75%的二级石灰 （2）水砂砂浆拌制：块灰随淋随沥浆（用3 mm径筛子过滤）将淘洗清洁的砂和沥浆过的热灰浆进行拌和，拌和后水砂呈淡灰色为宜，稠度为12.5 cm。热灰浆：水砂=1：0.75（质量比），每立方米水砂砂浆约用水砂750 kg，块灰300 kg （3）使用热灰浆拌和的目的在于使砂内盐分尽快蒸发，防止墙面产生龟裂。水砂拌和后置于池内进行消化3~7天后方可使用

注：1. 本表所列配合比无注明者均为体积比。

2. 水泥32.5强度等级以上，石灰为含水率50%的石灰膏。

2. 吊垂直、套方找规矩

分别在门窗口角、垛、墙面等处吊垂直，套方抹灰饼，并按灰饼充筋后，在墙面上弹出抹灰层控制线。

3. 抹底层砂浆

刷掺水重10%的108胶水泥浆一道（水灰比为0.4~0.5），紧跟抹1：3水泥砂浆，每遍厚度为5~7 mm，应分层与所充筋抹平，并用大杠刮平、找直，木抹子搓毛。

4. 抹面层砂浆

底层砂浆抹好后，第二天即可抹面层砂浆，首先将墙面洇湿，按图纸尺寸弹线分格，粘分格条、滴水槽，抹面层砂浆。面层砂浆配合比为1∶2.5水泥砂浆，厚度为5~8 mm。先用水湿润，抹时先薄薄地刮一层素水泥膏，使其与底灰黏牢，紧跟着抹平罩面灰与分格条，并用杠横竖刮平，木抹子搓毛，铁抹子溜光、压实。待其表面无明水时，用软毛刷蘸水按垂直于地面的同一方向，轻刷一遍，以保证面层灰的颜色一致，避免和减少收缩裂缝。随后，将分格条起出，待灰层干后，用素水泥膏将缝子勾好。对于难起的分格条，则不应硬起，防止棱角损坏，应待灰层干透后补起，并补勾缝。

抹灰的施工程序：从上往下打底，底层砂浆抹完后，将架子升上去，再从上往下抹面层砂浆。应注意在抹面层灰以前，先检查底层砂浆有无空鼓、开裂现象，如有空鼓开裂，应剔凿返修后再抹面层灰；另外应注意底层砂浆上尘土、污垢等应先清净，浇水湿润后，方可进行面层抹灰。

5. 滴水线（槽）

在檐口、窗台、窗楣、雨篷、阳台、压顶和突出墙面等部位，上面应做出流水坡度，下面应做滴水线（槽）。流水坡度及滴水线（槽）距外表面不应小于40 mm，滴水线（又称鹰嘴）应保证其坡向正确。

6. 养护水泥砂浆抹灰层应喷水养护

十一、加气混凝土砌块墙抹灰

1. 工艺流程

（1）内墙抹灰。

内墙抹灰宜采用以下流程：基体表面处理→挂加强网→吊直、套方、贴灰饼、设标筋→界面处理→做护角→抹窗边→抹底灰→抹踢脚线及墙裙→抹面灰。

内墙抹灰应符合下列要求。

①将墙面适度湿润。

②墙体基面不平，局部超厚部分，应先分层找平，每层厚度宜为8 mm左右，不得一次填平以免导致开裂、脱落。

③加强网应置于抹灰层中，不得外露，以防止锈蚀。

④根据灰饼厚度在墙面阳角做护角，护角可采用下列两种做法。

a. 用M15水泥砂浆做暗护角，护角高不应小于2 m，两侧宽不应小于50 mm。

b. 用PVC成品护角，护角高不应小于2 m，护角的固定及覆盖应按相应的产品要求施工。

⑤以涂抹界面处理材料为结合层，并根据产品说明要求的间隔时间抹砂浆底灰。

⑥抹基层灰时必须用力，并使表面粗糙（可采取抹灰刀口略向外张大等做法），以利于面层砂浆的黏结。

⑦灰层接槎处，先抹者应稍薄，然后均匀接通，不宜接槎过多，防止接槎处不平。

⑧待基层砂浆终凝后应用水润湿，然后抹面层砂浆，两层相隔时间在常温条件下一般为10~16小时，但不得少于10小时。面层砂浆视设计需要选定，也可按设计要求做其他装饰面层。经常遇水部位（洗衣池台、厕所便池台等）应在砂浆中适当掺加防水剂。

（2）外墙抹灰。

外墙抹灰宜采用下列流程（具体做法可参照内墙抹灰）：基体表面处理→挂加强网→挂线、贴灰饼、设标筋→界面处理→抹找平层（第→道防水层）→抹防水层（第二道防水层）→抹面层（保护层）→设分隔缝。

（3）抹灰准备。

①清扫基层表面浮土、污物，剔凿舌头灰，刮去砌块油污。

②用改性水泥砂浆或粉刷石膏填补加气混凝土墙面上的坑洼不平、缺棱掉角、灰缝不饱满等缺陷。

③阳角处理采用下列方式之一增强阳角：钉挂镀锌钢丝网；或用改性水泥砂浆或粉刷石膏粘贴耐碱玻璃纤维网布或镀锌金属护角。

④在加气混凝土制品与其他材料的交接部位，如钢筋混凝土柱、梁、板的接缝、墙板板缝以及在墙体上开槽安管线线槽部位，宜用改性水泥砂浆或粉刷石膏嵌实抹平后，压入耐碱/中碱玻璃纤维网布，网布宽度盖过缝隙边缘且大于100 mm（外墙梁、柱等重点部位需钉钢丝网）。要求网布尽可能贴近抹灰层表面。

两种不同材料之间的界面以及墙板板缝之间的缝隙抹灰层最易开裂，一般需要加耐碱/中碱玻璃纤维网布以增强。应力较大的地方，还可用钢丝网增强。

⑤墙面喷水抹灰前一天，开始用喷雾器或其他装置对基材表面喷水湿润，使水渗入基材10 mm左右，以墙面不挂水为宜。

预先在加气混凝土表面喷水或淋水，是为了让加气混凝土本身先吸取部分水分，防止或减缓其争夺抹灰砂浆中的水分。

⑥抹灰前喷水。若气候干燥，宜在抹灰前半小时，喷水润湿墙面，以墙面不挂水为宜。

（4）加强网的设置要求。

①挂网抹灰应做到挂网平整、钉网牢固、抹灰密实。

②挂网前应清洁基层，除去浮灰油污，修补整平墙面，并保持一定湿度。

③挂网应展平，与梁柱或墙体连接可用射钉或预埋的钢筋点焊固定，间距不宜太大，以保证钢网不变形起拱。

④网材搭接应平整、连续、牢固、搭接长度不宜小于100 mm。

⑤挂网必须置于抹灰层内，不得外露，应防止生锈和腐蚀。

（5）雨期刚抹好的外墙面应采取必要的防护措施避免雨淋。

（6）夏季干燥天气进行抹灰时，应采取必要的养护措施。

2. 水泥砂浆抹灰法

用水硬性材料抹灰时，应首先在加气混凝土表面做界面处理，先采用界面剂配制聚合物水泥砂浆进行表面拉毛；然后抹底层灰、中层灰、面层灰。各层灰的强度逐渐增大。混凝土与轻质砌块墙体交接处均应加钉200 mm宽钢丝网。

用笤帚将板面上的粉尘扫净，浇水，将板洇透，使水浸入加气块达10 mm为宜。对缺棱掉角的砌块，或砌块的接缝处高差较大时，可用1∶1∶6水泥混合砂浆掺水重20%的108胶拌和均匀，分层衬平，每遍厚度5~7 mm，待灰层凝固后，用水湿润，将上述同配合比的细砂浆（砂子应用纱绷筛去筛），用机械喷或用笤帚甩在加气混凝土表面，第二天浇水养护，直至砂浆疙瘩凝固，用手掰不动为止。

（1）墙面拉毛按照水泥∶砂∶界面剂=1∶1∶1（质量）的比例配制水泥砂浆，搅拌均匀后用扫帚或用灰浆泵等工具将墙面拉毛，覆盖满加气混凝土表面，毛钉平均厚度3 mm，砂浆终凝后，喷水1~2次，养护1天。

（2）找规矩、抹阳角、抹灰饼、冲筋。用托线板和靠尺检查整个墙面的平整度和垂直度，阴阳角找方。用水泥砂浆及金属护角或玻璃纤维布抹阳角。用线坠、方尺、拉通线等方法抹灰饼，先在2 m高处抹上灰饼，根据上灰饼抹下灰饼，用靠尺板找正垂直。灰饼大小5 cm见方，水平距离为1.2~1.5 m。抹灰饼后，再在垂直方向冲筋。

应按图纸上的要求弹线分格，粘分格条，注意粘竖条时应粘在所弹立线同一侧，防止左右乱粘。条粘好后，当底灰五六成干时，即可抹面层砂浆。先刷掺水重10%的108胶水泥素浆一道，紧跟着抹面。面层砂浆为配合比1：2.5的水泥混合砂浆或为1：0.5：2.5的水泥、粉煤灰混合砂浆，一般厚度为5 mm左右，分两次与分格条抹平，再用大杠横竖刮平，木抹子搓毛，铁抹子压实、压光，待表面无明水后，再用刷子蘸水按垂直于地面方向轻刷一遍，使其面层颜色一致。做完面层后应喷水养护。

（3）抹底层灰。底层灰砂浆宜采用混合灰，强度控制在5~7.5 MPa，其对应的配合比为水泥：石灰膏（粉煤灰）：砂=1：0.5：6（使用32.5级水泥）。传统使用的配合比为1：0.5：4，由于采用了新的水泥标准，现在采用的32.5级水泥实际与过去的425号水泥相当，因此采用了1：0.5：6的配合比。先刷掺水重10%的108胶水泥浆一道（水灰比0.4~0.5），随刷随抹水泥砂浆，配合比1：3，分遍抹平，大杠刮平，木抹子搓毛，终凝后开始养护。若砂浆中掺入粉煤灰，则上述配合比可以改为1：0.5：3，即水泥：粉煤灰：砂。

①对墙面拉毛处理层喷水润湿。

②用水泥：石灰膏（粉煤灰）：砂=1：0.5：6的比例配制混合砂浆。

③用混合砂浆抹底层灰并用木抹子搓毛，一次抹灰厚度不超过10 mm。

④混合砂浆终凝后，喷水养护1~3次，养护1天。

（4）抹中层灰。中层灰的强度应略高于底层灰的强度，也宜采用混合灰，配合比采用1：0.5：5。

①对底层灰喷水润湿。

②用水泥：石灰膏（粉煤灰）：砂=1：0.5：5的比例配制混合砂浆。

③用混合砂浆抹中层灰并用木抹子搓毛，一次抹灰厚度不超过10 mm。

④混合砂浆终凝后，喷水养护1~3次，养护1天。

（5）抹面层灰。面层灰由于考虑到墙体表面不同的装饰材料，规定了不同的砂浆及配比，并且强度要高于中层灰。

①对中层灰喷水润湿。

②根据墙面的不同要求选用并配制不同配比的面层灰。

③用混合砂浆或水泥砂浆抹面层灰，可直接压光，也可毛面交活。厚度不超

过10 mm。

④混合砂浆终凝后，喷水养护1~3次。

（6）抹灰总厚度不宜超过25 mm。

（7）凡连续墙面面积超过30 m，或抹灰长度超过6 m的抹灰墙面均应设分隔缝。

（8）为节约用水，表面养护也可采用性能可靠的水性养护剂。

3. 粉刷石膏抹灰法

（1）配制砂浆。直接加水拌制符合表4-8的粉刷石膏砂浆。

表4-8　加气混凝土专用型粉刷石膏砂浆技术性能指标

项目	指标
可操作时间	≥100 min
初凝时间	≥120 min
终凝时间	≤240 min
保水率	≥75%
抗裂性	24 h无裂纹
绝干抗折强度	≥2.0 MPa
绝干抗压强度	≥4.0 MPa
绝干剪切黏结强度	≥0.3 MPa
干缩率	≤0.06%
软化系数	≥0.4

（2）找规矩、抹灰饼、冲筋。粉刷石膏是加气混凝土内墙面抹灰最有效的方法。具有施工简便、效率较高、不易开裂的优点。在可能的条件下，应尽量采用。但是，由于粉刷石膏的强度不够高，因此，在踢脚等特殊部位可不采用粉刷石膏，而采用强度较高的1：3的水泥砂浆。

①找规矩。中级和普通抹灰，先用托线板和靠尺检查整个墙面的平整度和垂直度，根据检查结果即可确定灰饼的厚度。高级抹灰则先用一面墙作基线，用方尺找规矩，如墙面面积较大，应在地面上先弹出十字中心线，并按墙面基层平整度在地面上弹出墙角（包括墙面）底层抹灰面的准线，接着在距墙角约100 mm处用线锤吊直，弹出垂直线；以此垂直线为基准，再按地面上已弹出的墙角准线往墙上翻引，弹厚度。

②抹灰饼。在墙面距地1.5 m左右的高度，距墙面两边阴角100~200 mm处，用砂浆各做一个50 mm × 50 mm的灰饼，沿线每隔1.2~1.5 m补做灰饼。

③冲筋。灰饼做好稍干后，用砂浆在上、中、下灰饼间冲筋，宽度与厚度均与灰饼相同。

（3）抹底层灰。直接用配好的粉刷石膏砂浆抹底层灰。若抹灰层过厚宜分层抹，每次抹灰厚度不宜超过10 mm，每层抹平，并用木抹子搓压，使表面平整密实。

（4）抹面层灰。待底层灰硬化后，即可用刮板或钢抹子抹面层灰（用同样的粉刷石膏砂浆），一般刮抹2~3遍。面层灰要压实、赶光。

（5）分割缝同前所述。

（6）局部墙面的特殊处理。在墙面的踢脚等需要高强度面层的特殊部位需空出，不抹粉刷石膏，而是参照水泥砂浆抹灰工艺，面灰用水泥：砂浆=1：3的水泥砂浆。

十二、砖墙抹灰

（1）基层处理将墙面上残存的砂浆、污垢、灰尘等清理干净，用水浇墙，将砖缝中的尘土冲掉，使墙面润湿。

（2）吊垂直、套方找规矩，抹灰饼同前。

（3）冲筋，抹底层砂浆采用水泥砂浆，配合比为1：3，应分层与所冲筋抹平，大杠横竖刮平，木抹子搓毛，终凝后浇水养护。

十三、抹纸筋灰或石灰砂浆

1. 工艺流程

基层处理→套方、吊直、做灰饼及冲筋→做护角→抹底层和中层砂浆→抹罩面层灰。

2. 操作工艺

（1）基层处理

清除墙面的灰尘、污垢、碱膜、砂浆块等附着物，要洒水润湿。对用钢模板施工过于光滑的混凝土墙面，可采用墙面凿毛或用喷、扫的方法将1：1的水泥砂浆分散均匀地喷射到墙面上，待结硬后再进行底层抹灰作业，以增强底层灰与墙体的附着力。

（2）套方、吊直，做灰饼

抹底层灰前必须先找好规矩，即四角规方，横线找平，立线吊直，弹出基准线、墙裙和踢脚板线。属于中级和高级抹灰时，可先用托线板检查墙面平整、垂直程度，并在控制阳角方正的情况下大致确定抹灰厚度后（最薄处一般不小于7 mm），挂线做灰饼（灰饼厚度应不包括面层）。对于高级抹灰，应先将房间规方，一般可先在地面上弹出十字线作为基准线，并结合墙面平整、垂直程度大致确定墙面抹灰厚度，并吊线“做灰饼”。“做灰饼”时应先在左右墙角上各做一个标准饼，然后用线锤吊垂直线做墙下角两个标准饼（高低位置一般在踢脚线上口），再在墙角左右两个标准饼面之间通线，每隔1.2~1.5 m及在门窗口阳角等处上下各补做若干个灰饼。

（3）墙面冲筋

待灰饼结硬后，使用与抹灰层相同的砂浆，在上下灰饼之间做宽30~50 mm的灰浆带，并以上下灰饼为准用压尺推平。冲筋完成后应待其稍干后才能进行墙面底层抹灰作业。

（4）做护角

根据砂浆墩和门框边离墙面的空隙，用方尺规方后，分别在阳角两边吊直和固定好靠尺板，抹出水泥砂浆护角，并用阴角抹子推出小圆角，最后利用靠尺板，在阳角两边50 mm以外位置，以40°斜角将多余砂浆切除、清净。

（5）抹底层灰和中层灰

在墙体湿润的情况下抹底层灰，对混凝土墙体表面宜先刷水泥浆一遍，随刷随抹底层灰。底层灰宜用1∶1∶6水泥混合砂浆（或按设计要求），厚度宜为5~7 mm，待底层灰稍干后，再以同样砂浆抹中层灰，厚度宜为7~9 mm。若中层灰过厚，则应分遍涂抹。然后以冲筋为准，用压尺刮平找直，用木磨板磨平。

中层灰抹完磨平后，应全面检查其垂直度、平整度、阴阳角是否方正、顺直，发现问题要及时修补（或返工）处理，对于后做踢脚线的上口及管道背后位置等应及时清理干净。

（6）抹罩面层

①面层抹纸筋灰浆。待中层灰达到七成干后（即用手按不软但有指印时），即可抹纸筋灰罩面层（如间隔时间过长，中层灰过干时，应扫水湿润）。纸筋灰罩面层厚度不得大于2 mm，抹灰时要压实抹平。待灰浆稍干“收身”时（即经过铁抹子磨压而灰浆层不会变成糊状），要及时压实压光，并可视灰浆干湿程度用铁抹子蘸水抹压、溜光，使面层更为细腻光滑。窗洞口阳角、墙面阴角等部位要分别用阴阳角抹子推顺溜光。纸筋灰罩面层要黏结牢固，不得有匙痕、气泡、

纸粒和接缝不平等现象，与墙边或梁边相交的阴角应成一条直线。

②面层抹石灰砂浆。等中层有七成干后，用1∶3石灰砂浆抹罩面层，厚度为4~5 mm，分两遍压实磨光，先用铁抹子抹上砂浆，然后用刮尺刮平，待灰浆“收身”后再淋稀石灰水，并用磨板打磨起浆后，用灰匙赶平压光至表面平整光滑。

十四、墙面抹水泥砂浆

1. 工艺流程

基层处理→套方、吊直、做灰饼及冲筋→抹底层和中层砂浆→抹面层水泥砂浆并压光。

2. 操作工艺

（1）基层处理

吊直、套方、做灰饼、墙面冲筋、抹底层灰和中层灰等工序的做法与墙面抹纸筋灰浆时基本相同，但底层灰和中层灰用1∶2.5水泥砂浆或水泥混合砂浆涂抹，并用木抹子搓平毛面，在砂浆凝固之前，表面用扫帚扫毛或用钢抹子每隔一定距离交叉画出斜线。

（2）抹水泥砂浆面层

中层砂浆抹好后第二天，用1∶2.5水泥砂浆或按设计要求的水泥混合砂浆抹面层，厚度为5~8 mm。操作时先将墙面湿润，然后用砂浆薄刮一道使其与中层灰黏牢，接着抹第二遍，达到要求的厚度，用压尺刮平找直，待其“收身”后，用铁抹子压实、压光并养护。

十五、粉刷石膏抹灰

1. 施工准备

（1）在墙面有金属物的断面处涂刷防锈漆后用砂浆盖住断面，以免以后在此处出现锈斑。

（2）在与墙面基材不同的混凝土、砖相连接的墙面上粘贴玻纤网格布，每侧的搭接宽度不得小于100 mm。

（3）用喷雾器对墙面喷水时，外墙加气混凝土的吸水深度不得小于10 mm，抹灰时的墙面上不得有明水存在。

2. 工艺流程

基层处理→套方、吊直、做灰饼及冲筋→抹底层砂浆→第→遍抹石膏灰层→第二遍抹石膏灰面层。

（1）冲筋。根据墙面基层平整度、垂直度及抹灰层厚度的要求，吊垂直、套方、找规矩，经校核无误后在墙面上用1∶1水泥砂浆粘贴小块瓷砖制作冲筋带，间距为1.5 m，并用靠尺找好垂直、平整。

（2）水泥护角。室内墙面的阳角、柱面的阳角和门窗洞口的阳角应用1∶3水泥砂浆打底，其高度不应低于2 m，宽度不小于50 mm，根据灰饼和门窗框边离墙的空隙用方尺规方后，用靠尺靠垂直、平整。

（3）抹灰前，将墙面根部的楼板清扫干净，在抹灰过程中掉下的落地灰回收后继续使用。注意已凝结或将要凝结的料浆决不可再使用，因此在抹灰时必须随时把落地灰回收使用，以免浪费。

（4）石膏灰配制。罩面石膏灰应掺入缓凝剂，如硼砂或牛皮胶、柠檬酸等。缓凝剂掺入量应由试验确定，一般控制在15~20分钟内凝结。当掺入硼砂时，先将硼砂与水搅拌均匀，随后按配合比加入石膏粉，随加随拌至均匀为止。当掺入牛皮胶时，要先按比例将牛皮胶加水后加热熬制，待牛皮胶完全溶解后再按规定比例加入石膏粉拌匀使用。

石膏浆应随拌随抹，应注意控制每次拌制的数量不要太多。施工时最好先估算每个抹灰面大约需要的石膏浆量，按配合比要求计算出每次投料数量后才进行拌制。以利于操作和保证质量，减少返工损失。

抹石膏灰罩面层厚度不得大于2 mm。涂抹时应分两遍连续进行，第一遍应涂抹在干燥的中层上，在其未“收水”时即应进行第二遍涂抹，即用灰匙赶平压光至表面密实光滑。每个抹灰面应一次完成，不留接搓。已经凝结的石膏面层不得再湿水翻抹。

按粉刷石膏的可使用时间，确定每次搅拌料浆量（一定要在初凝前用完，使用过程中不允许加水，对于已凝固的灰浆决不能再加水搅拌使用）。将定量的底层粉刷石膏倒在拌灰板上，加适量水（粉刷石膏对加水较敏感，水量过大不仅影响抹灰操作，同时降低抹灰层的强度。水量过小会加快凝结、缩短使用时间），用铁锹在3~5分钟内拌匀，备用。一般静置3~5分钟后再次搅拌，即可抹灰使用。

（5）底层抹灰。待墙面阳角的护角终凝前即可进行底层粉刷石膏的抹灰，底层粉刷石膏的抹灰厚度为8 mm，可一次成型，如墙面不平，抹灰厚度超过8 mm，应分层施工，上层灰要在下层料浆初凝后方可进行。

在粉刷石膏涂于墙上后，随即用刮板紧贴上下冲筋条面并由左向右刮去多余的料浆，同时补上不足的部分。该工序在料浆初凝前可反复多次施工，直至墙面平整，去掉冲筋条的瓷砖并用料浆补平。

（6）待底层灰终凝后进行面层粉刷石膏抹灰，面层厚度为2 mm，用铁抹子或刮板进行纵横不同方向两遍以上涂刮抹灰，大约40分钟后在浆料终凝前（现场用手指按，当略感干硬，但仍可压出指印时）即可用抹子压光。在压光过程中料浆硬化、出现石膏毛刺时，可用排笔蘸水，在料浆面层边刷边压光，压光尽量避免在一个部位反复多次压抹，以免使强度降低，表面掉粉。与其他不同基材连接的阴阳角处，在面层压入一层两边搭接100 mm的玻纤网格布。

（7）每次所拌制的料浆必须在60分钟内使用完毕。

十六、泰柏板抹灰

1. 工艺流程

夹心板轻质墙板抹灰工艺流程为：泰柏板安装工序交接→泰柏板周边、电器管线和开关等部位堵缝→抹细石混凝土基层→中层灰→罩面层→洒水养护→检查验收。

2. 操作工艺

（1）基层处理。抹灰前应先将墙体与楼地面连接处25~30 mm缝隙内填实，电器管线、开关、U形线夹以及各种预埋件连接处，局部除去聚苯乙烯泡沫并清理干净后用1∶3水泥砂浆填缝密实。

（2）抹底层细石混凝土基层。泰柏板刚度较差，易产生变形，为此，基层采用25~30 mm厚细石混凝土与横丝、“之”字形网片形成网片细石混凝土基层，以增加其强度和整体刚度。细石混凝土强度等级C25，配合比为32.5级水泥∶中砂∶5~10 mm碎石=1∶1.553∶2.887，坍落度30~50 mm。

抹底层细石混凝土时应用木抹子反复揉搓，使细石混凝土基层密实，墙面应粗糙，厚度以覆盖附加网片为宜。

（3）抹中、面层砂浆。底层细石混凝土抹好后，在门窗口角、垛、墙面等处吊垂直、套方和抹灰饼。如灰饼厚度过大，分中、面层二次抹灰；如灰饼厚度在5~8 mm，直接抹面层砂浆。抹中层砂浆时要用刮板找平，表面搓毛；抹面层砂浆时，除按中间相同方法抹灰外，用木抹子搓毛、压密实，并在收水后用铁抹子收面。面层收面要求为毛光，满足精装修要求（立邦漆等）即可，以减少和控制裂缝出现。

（4）每层抹灰层间隔时间。应待前一抹灰层七八成干并应视气温情况确定，如泰柏板底层细石混凝土过厚，二次抹灰在正常情况下应间隔3天以上，其余间隔不小于1.5天，气温较低时，应适当延长间隔时间。

（5）细石混凝土、水泥砂浆拌好后应在初凝前用完，凡硬结混凝土、砂浆在加水后使用，其和易性、保水性差且硬化后收缩性大，黏结强度低，因此不得继续使用。

（6）抹灰各层洒水养护。为消除泰柏板表面裂缝，水泥砂浆终凝后洒水养护显得尤为重要，特别是面层养护时间不小于7天。要求设专人定时养护，每天养护次数不少于4次。养护方法采用喷雾器喷水保湿养护。

（7）每堵泰柏板墙两面的抹灰间隔时间不少于24小时。

（8）按业主要求内门不安装门框，抹灰时按图纸洞口尺寸抹成净口，另外室内墙面、门洞口阳角采用1∶2水泥砂浆做暗护角，高度不低于2 m，每侧宽度不小于50 mm。

十七、内墙细部抹灰

内墙细部抹灰，主要包括以下几个方面：

1. 踢脚板

厨房、厕所的墙脚等经常潮湿和易碰撞的部位，要求防水、防潮、坚硬。因此，抹灰时往往在室内设踢脚板，厕所、厨房设墙裙。通常用1∶3水泥砂浆抹底、中层，用1∶2或1∶2.5水泥砂浆抹面层。

抹灰时根据墙的水平基线用墨斗子或粉线包弹出踢脚板、墙裙或勒脚高度尺寸水平线，并根据墙面抹灰的大致厚度，决定勒脚板的厚度。凡阳角处，用方尺规方，最好在阳角处弹上直角线。

规矩找好后，将基层处理干净，浇水湿润，按弹好的水平线，将八字靠尺板粘嵌在上口，靠尺板表面正好是踢脚板的抹灰面，用1∶3水泥砂浆抹底层、中层，再用木抹子搓平、扫毛、浇水养护。待底、中层砂浆六七成干时，就应进行面层抹灰。面层用1∶2.5水泥砂浆先薄刮一遍，再抹第二遍，先抹平八字靠尺、搓平、压光，然后起下八字靠尺，用小阳角抹子捋光上口，再用压子压光。

2. 柱

柱按材料一般可分砖柱和钢筋混凝土柱，按其形状又可分方柱、圆柱、多角形柱等。

室内柱一般用石灰砂浆或水泥砂浆抹底层、中层；麻刀石灰或纸筋石灰抹面层；室外柱一般常用水泥砂浆抹灰。

（1）方柱

①基层处理。首先将砖柱、钢筋混凝土柱表面清扫干净、浇水湿润。在抹混凝土柱前可刷素水泥浆一遍，然后找规矩。如果方柱为独立柱，应按设计图纸所标志的柱轴线，测量柱子的几何尺寸和位置，在楼地面上弹上垂直两个方向的中心线，并放上抹灰后的柱子边线（注意阳角都要规方），然后在柱顶卡固上短靠尺，拴上线锤往下垂吊，并调整线锤对准地面上的四角边线，检查柱子各方面的垂直和平整度。如果不超差，在柱四角距地坪和顶棚各15 cm左右处做灰饼。如果柱面超差，应进行处理，再找规矩做灰饼。

②找中心线。当有两根或两根以上的柱子时，应先根据柱子的间距找出各柱中心线，用墨斗在柱子的四个立面弹上中心线，然后在一排柱子两侧（即最外的两个）柱子的正面上外边角（距顶棚15 cm左右）做灰饼，再以此灰饼为准，垂直挂线做下外边角的灰饼；再上下拉水平通线做所有柱子正面上下两边灰饼，每个柱子正面上下左右共做四个。

根据正面的灰饼用套板套在两端柱子的反面，再做上边的两灰饼。

③做灰饼。根据已有灰饼，上下拉水平通线，做各柱反面灰饼。正面、反面灰饼做完后，用套板中心对准柱子正面或反面中心线，做柱两侧的灰饼。

④抹灰。柱子四面灰饼做好后，应先往侧面卡固八字靠尺，抹正反面；再把八字靠尺固正，抹两侧面。底、中层抹灰要用短木刮平，木抹子搓平，第二天抹面层压光。

（2）圆柱

①基层处理。同混凝土方柱基层处理。

②找规矩。独立圆柱找规矩，一般也应先找出纵横两个方向的中心线，并弹

上两个方向的四根中心线，按四面中心点，在地面分别弹出四个点的切线，就形成了圆柱的外切四边形。然后用缺口木板方法，由上四面中心线往下吊线锤，检查柱子的垂直度，如不超差，在地面再弹上圆柱抹灰后的外切四边形，按它制作圆柱的抹灰套板。

③做灰饼、冲筋。可根据地面上放好的线，在柱下部四面中心线处，先做四个灰饼，然后用缺口板挂线锤做柱上部四个灰饼。上下灰饼挂线，中间必须每隔1.2 m左右做几个灰饼，根据灰饼冲筋。

④抹灰。抹灰做法与方柱相同，抹时用长木杠随抹随找圆，随时用圆形套板核对，当抹面层灰时，应用圆形套板沿柱上下滑动，将抹灰层抹成圆形，最后再由上至下滑磨平整。

3. 梁

（1）清理基层

梁抹灰室内一般多用水泥混合砂浆抹底层、中层，再用纸筋石灰或麻刀石灰罩面、压光；室外梁常用水泥砂浆或混合砂浆。抹灰前应认真清理梁的两侧及底面，清除模板的隔离剂，用水湿润后刷水泥素浆或洒1∶1水泥砂浆一道。

（2）找规矩

顺梁的方向弹出梁的中心线，根据弹好的线，控制梁两侧面抹灰的厚度。梁底面两侧也应当挂水平线，水平线由梁往下1 cm左右，扯直后看梁底水平高低情况和阳角方正状况，以决定梁底抹灰厚度。

（3）做灰饼

可在梁的两端侧面下口做灰饼，以梁底抹灰厚度为依据，从梁一端侧面的下口往另一端拉一根水平线，使梁两端的两侧面灰饼保持在一个立面上。

（4）抹灰

抹灰时，可采用反贴八字靠尺板的方法，先将靠尺卡固在梁底面边口，先抹梁的两个侧面，抹完后再在梁两侧面下口卡固八字靠尺，再抹底面。抹灰方法与顶棚相同。抹完后，立即用阳角抹子把阳角捋光。

4. 楼梯

楼梯抹灰前，除将楼梯踏步、栏板等基体清理刷净外，还要将钢或木栏杆、扶手等预埋件用细石混凝土灌实。然后根据休息平台的水平线（标高）和楼面标高，按上下两头踏步口，在楼梯侧面墙上和栏板上弹一道踏级分步标准线。抹灰时，将踏步角对在斜线上，或者弹出踏步的宽度与高度再铺抹。

5. 灰线

灰线是室内装饰线，它可以多种多样，宽窄各不相同。灰线常见于高级室内装修的四周、灯的周围、舞台口、柱垛阳角等处。

抹灰线前，应先按设计的灰线形式和尺寸，制作木质灰线模具，模具里面宜包26号铁皮。模具应成型准确、模面平滑。灰线模具分死模、活模、圆形灰线活模和灰线接角尺等。一般灰线都采用分层做法。

第一层黏结层用1∶1∶1的水泥混合砂浆薄薄地抹一层。

第二层垫层用1∶1∶4的水泥混合砂浆并略掺一些麻刀（纸筋），其厚度要根据灰线尺寸来定。

第三层出灰线用1∶2石灰砂浆（砂子过3 mm筛孔），也可稍掺一些水泥，薄薄地抹一层。这层灰是为了灰线的成型、棱角基本整齐。

第四层是罩面灰，其厚度约为2 mm，应分遍连续涂抹，表面应赶平、修整、压花。第一遍用普通纸筋灰，第二遍用过窗纱筛子的细纸筋灰。

第四节　外墙抹灰施工技术

一、EPS简介

EPS是将聚苯乙烯球状珠粒通过预发，使泡体体积扩大形成封闭结构的大泡沫珠粒，再通过中间老化后经工模将大泡沫珠粒压制为成型板。泡沫珠粒各自独立，珠粒间有空隙或沟槽，热量、水汽、声波等通过这些空隙或沟槽从板的一边传递到板的另一边。各种物理性能取决于空隙大小或压实程度，通常由表观密度决定。几乎属半闭孔结构材料。

EPS板薄抹灰外墙外保温系统具有优越的保温隔热性能，良好的抗水性能及抗压、抗冲击性能，能有效解决墙体的龟裂和渗漏水问题。EPS板薄抹灰外墙保温系统是建设部（现住建部）推广应用的5种外墙外保温系统之一。该系统冬季能避免产生热桥，大大减少室内热能通过外墙损失，夏季能大大减少由阳光辐射外墙而传导至室内的热能，进而使暖气、空调的能耗下降。墙体重量轻、节能效果明显，可减少能源消耗、保护主结构，还能延长建筑物的寿命。给建筑物披上了一件温暖、可靠、耐久的外衣。它是广大房地产开发商、保温节能建筑设计和建筑施工单位首选的保温隔热体系。随着建筑节能技术的不断发展，其优异的性能逐渐被市场所接受，节能型建筑物将成为今后发展的方向。

二、外墙抹灰材料的主要性能

外墙抹灰主要材料性能指标，见表4–9。

表4–9　主要材料性能指标

EPS板	表观密度/（kg/m^3）	20±2	
	热导率/[w/（m·K）]	<0.041	
	吸水率（体积百分数）/（%）	–<6	
	抗拉强度/MPa	0.1（干燥状态和浸水48小时取出干燥7天）	
黏结胶浆	干燥状态和浸水48小时后≥0.1 MPa且破坏界面在EPS板内		
耐碱玻璃纤维网格布	单位面积重量/（g/m^2）	150±9	
	耐碱抗拉强度/（N/cm）	经向	>170
		纬向	>250
	耐碱断裂强力保留率/（%）	经向、纬向>90	

1. 聚苯乙烯泡沫塑料板

聚苯乙烯泡沫塑料板俗称EPS板、EPS聚苯板、聚苯板，应符合国家标准的要求。聚苯乙烯泡沫塑料板应为阻燃型600 mm×900 mm、600 mm×1 200 mm。规格可根据墙体的平整度选择泡沫板尺寸的大小。聚苯乙烯泡沫塑料板允许偏差，见表4–10。

表4–10　聚苯乙烯泡沫塑料板允许偏差表

实验项目		允许偏差
厚度/mm	≤50	±1.5
	>50	±1.5
长度/mm		±1.5
宽度/mm		±1.5
对角线/mm		±1.5
板边平直/mm		±1.5
板面平整度/mm		±1.5

注：本表的允许偏差值以600 mm×1 200 mm的膨胀聚苯板为基准。

EPS聚苯板上墙前应在自然条件下陈化42天或在60℃蒸汽中陈化5天。

2. 锚固胀钉

金属螺钉应采用不锈钢或经过表面防腐处理的金属制成，塑料钉和带圆盘的塑料膨胀套管应采用聚酰胺、聚乙烯或聚丙烯制成，制作塑料钉和塑料套管的材料不得使用回收的再生材料。锚栓有效锚固深不小于25 mm，塑料圆盘直径不小于50 mm。其技术性能指标见表4-11。

表4-11　锚固胀钉性能指标

实验项目	技术指标
单个锚栓抗拉承载力标准值/kN	≥0.30
单个锚栓对系统传热增加值/[w（m^2·K）]	≤0.004

3. 耐碱玻璃纤维网格布

耐碱玻璃纤维网格布由表面涂覆耐碱防水材料的玻璃纤维网格布制成，埋入抹面胶浆中，形成薄抹灰增强防护层，用以提高防护层的机械强度和抗裂性。

注：如采用不合格网格布会对建筑质量造成极大隐患。网孔中心距4 mm×4 mm，单位面积质量130 g/m^2。

4. 涂料

涂料必须与薄抹灰外保温系统相容，其性能指标应符合外墙建筑涂料的相关标准。

三、外墙抹灰工艺要点

1. 抹水泥混合砂浆

（1）外墙的抹灰层要求有一定的防水性能。

（2）一般采用水泥混合砂浆（水泥∶石子∶砂子=1∶1∶6）打底和罩面，或用1∶1∶6打底，1∶0.5∶4罩面。

（3）在基层处理、四大角（即山墙角）、门窗洞口护角线、墙面的标志块、标筋等工序完成后即可进行。其底层、中层抹灰方法与内墙面一般抹灰方法基本相同。在刮尺赶平、砂浆收水后，应用木抹子以圆圈形打磨。

（4）如面层太干，应一手用茅柴帚洒水，一手用木抹子打磨，不得干磨，否则会造成颜色不一致。

（5）经打磨的饰面务必要表面平整、密实，抹纹顺直，色泽均匀。

2. 抹水泥砂浆

（1）外墙抹水泥砂浆一般配合比为水泥：砂=1：3。

（2）抹底层时，必须把砂浆压入灰缝内，并用木抹子压实刮平，然后用笤帚在底层上扫毛，并要浇水养护。

（3）底层砂浆抹后第二天，先弹分格线，粘分格条。抹时先用1：2.5水泥砂浆薄薄刮一遍，再抹第二遍，先抹平分格条，而后根据分格条厚度用木杠刮平，再用木抹子搓平，用钢皮抹子揉实压光，最后用刷子蘸水按同一方向轻刷一遍，目的是要达到颜色一致，然后起出分格条，并用水泥浆把缝勾齐。分格条需在水泥砂浆达到强度之后再起出来。

（4）如底子灰较干，罩面灰纹不易压光，用劲过大又会造成罩面灰与底层分离空鼓，所以应洒水后再压。

（5）当底层较湿，罩面灰收水较慢，当天不能压光成活时，可撒干水泥砂粘在罩面灰上吸水，待干水泥砂吸水后，把这层水泥砂刮掉再压光。水泥砂浆罩面成活24小时后，要浇水养护3天。

3. 加气混凝土墙体的抹灰饰面

（1）基层处理。基层表面处理的方法是多样的，设计和施工者可根据本地材料及施工方法的特点加以选择。如采用浇水润湿墙面，如前所述，浇水量以渗入砌块内深8~10 mm为宜，每遍浇水之间的时间应有间歇，在常温下不得少于15分钟。浇水面要均匀，不得漏面（做室内粉刷时应以喷水为宜）。抹灰前最后一遍浇水（或喷水），宜在抹灰前1h进行，浇水后可立即刷素水泥浆，之后应立即抹灰，不得在素水泥浆干燥后再进行抹灰。如采用在基层刷胶，应注意刷胶均匀、全面、不得漏刷。所使用的胶料可根据当地情况在质量有保障的前提下采用价廉而对水泥砂浆没有不良反应的胶料即可。如若采用将基体表面刮糙的方法，可用铁抹子在墙面刮成鱼鳞状，表面粗糙，与底面黏结良好，厚度3~5 mm。在基层表面处理完毕后，应立即进行抹底灰。

（2）底灰材料应选用与加气混凝土材料性能相适应的抹灰材料，如强度、弹性模量和收缩值等应与加气混凝土材料性能接近。一般是用1：3：9水泥混合砂浆薄抹一层，接着用1：3石灰砂浆抹第二遍。底层厚度为3~5 mm，中层厚度为8~10 mm，按照标筋，用大杠刮平，用木抹子搓平。

（3）每层每次抹灰厚度应小于10 mm，如找平有困难而需增加厚度，则应分层、分次逐步加厚，每次间隔时间，应待第一次抹灰层终凝后进行，切忌连续流水作业。

（4）大面抹灰前的“冲筋”砂浆，埋设管线、暗线外的修补找平砂浆，应与大面抹灰材料一致，切忌采用高标号砂浆。

（5）外墙抹灰应进行养护。

（6）外墙抹灰，在寒冷地区不宜冬期施工。

（7）底灰与基层表面应黏结良好，不得空鼓、开裂。

（8）对各种砂浆与墙面黏结力的要求如下：

①1：3石灰砂浆≥0.8 kg/cm^2；

②1：1：6水泥石灰砂浆≥2.0 kg/cm^2；

③1：3：9水泥石灰砂浆≥1.5 kg/cm^2。

（9）在加气混凝土表面上抹灰，防止空鼓开裂的措施目前有三种：一是在基层上涂刷一层“界面处理剂”，封闭基层；二是在砂浆中掺入胶结材料，以改善砂浆的黏结性能；三是涂刷“防裂剂”。

涂刷防裂剂的方法是：将基层表面清理干净，提前用水湿润，即可抹底灰，待底层灰修整、压光并收水时，在底灰表面及时刷或喷一道专用的防裂剂，接着抹中层灰；同样方法，在中层表面刷或喷一道专用防裂剂再抹面层灰；如果在其面层上再罩一道防裂剂，见湿而不流，则效果更佳。

四、EPS板薄抹灰外墙外保温系统施工

1. 施工准备

（1）基层预处理。先去除墙面油污、浮尘、污垢、脱模剂、风化物、涂料、砂浆碎块等杂物，然后进行墙面找平。EPS板薄抹灰外墙保温系统对基层面平整度要求较高，因本工程外墙面为理化板，伸缩性大，加之局部混凝土爆模，导致其表面平整度较差，因而在基层处理上投入工作量较大。基层有两种情况：外层钢丝网嵌入EPS板内的和未嵌入板内的。起初，施工单位对这两种情况不加区分都简单地通过调整黏结EPS板与基层的胶浆厚度来调整平整，后来发现局部胶浆过厚反而降低了胶浆的黏结强度，于是调整方案，改用砂浆分段灰找平。钢丝网未嵌入板内的基层直接在钢丝网上抹灰找平，嵌入板内的需另补挂一层钢丝

网，再抹灰找平。各找平段间高差用。EPS板厚度来调整，既保证了黏结强度和保温效果，又保证了EPS板外表面整体平整度。

经过工程验收达到质量标准的承重墙面或非承重墙面即可进行外墙保温施工，对既有建筑墙体进行保温改造时，需对外墙表面进行检查，空鼓处要彻底清除，开裂处应认真修补，墙面平整度超差部分应剔凿或修补。基层尺寸偏差还应符合表4–12的规定。见表4–12。

表4–12　基层尺寸允许偏差

<table>
<tr><th>工程做法</th><th colspan="3">项目</th><th colspan="2">允许偏差/mm≤</th></tr>
<tr><td rowspan="4">砌体工程</td><td rowspan="4">墙面垂直度</td><td colspan="2">每层</td><td colspan="2">5（2 m托线板检查）</td></tr>
<tr><td rowspan="2">全高</td><td>≤10 m</td><td>10</td><td rowspan="2">经纬仪或吊线检查</td></tr>
<tr><td>>10 m</td><td>20</td></tr>
<tr><td colspan="2">表面平整度</td><td>5</td><td>2 m直尺和楔形塞尺检查</td></tr>
<tr><td rowspan="4">混凝土工程</td><td rowspan="3">垂直度</td><td rowspan="2">层高</td><td>≤5 mm</td><td colspan="2">8</td></tr>
<tr><td>>5 mm</td><td colspan="2">10</td></tr>
<tr><td colspan="2">全高</td><td colspan="2">H/1 000且≤30</td></tr>
<tr><td>表面平整度</td><td colspan="2">2 m长度</td><td colspan="2">8</td></tr>
</table>

注：新建建筑建议混凝土基层至少养护28天，每10 mm厚的水泥砂浆基层至少养护7天。

如果基层墙体的附着力不能满足要求，应对基层墙体外表面做彻底清理，或增加黏结面积率，或考虑加设机械锚固件。

（2）门窗洞口尺寸位置达到设计和质量要求，门窗框或辅框应已立完。

（3）工作条件：工作温度应高于5℃，而且施工完后，至少24小时内应维持环境温度高于5℃。

（4）当施工现场温度高于30℃时，应在施工脚手架上搭设防晒布，避免阳光直射。雨天不能施工。

2. *施工方法*

（1）放线排版。按建筑物的阳角挂垂线或用经纬仪放出垂直线，作为基准线，控制阳角上下竖直的依据，同时每层弹出水平线，以控制保温板铺贴的水平度，整块墙面的边角处应用最小尺寸≥300 mm的聚苯板。

（2）配制专用胶粘剂。浆料用手持式电动搅拌器搅拌约5分钟，直到拌匀稠度适中为止。保证聚合物砂浆有一定黏度。

（3）涂界面剂。界面剂是一种与基层和黏结胶浆都相容的胶粘剂。将界面剂均匀涂抹在基面上，待界面剂不粘手时，开始粘贴EPS板。先在EPS板上用不锈钢抹子涂上胶浆，或条粘或点粘均可，但要保证胶浆面积大于1/3EPS板面积，胶浆厚度控制在5~8 mm。EPS板就位后，稍作挤压，使胶浆与基层充分黏结，并随时用靠尺靠板面平整度，保证平整度偏差在3 mm以内。EPS板粘贴应自下而上，沿水平方向横向铺设，上下板缝应错开。

（4）粘贴翻包网格布。在伸缩缝、沉降缝、门窗洞口等聚苯板侧边外露处，都应做网格布翻包处理。

①玻纤网格布的铺贴。

a．用不锈钢抹刀，在聚苯板表面均匀涂抹一层面积略大于一块玻纤网格布的天F-02抹面胶浆，厚度在2~3 mm，之后立即将玻纤网压入湿的抹面胶浆中，丝网弯曲的一面朝里，用抹刀从中央向四周压抹（可先压一个“T”字笔画），将网全部埋入湿的胶浆，不得有网线外露。

b．应自上而下沿外墙一圈一圈铺贴网格布；网格布左右之间必须有100 mm的重叠搭界，上下接宽不小于80 mm。待贴网胶浆稍干硬至可以碰触时，再立即用抹刀涂抹第二道天F-02胶浆找平，厚度在1.5~2 mm，仅以覆盖网格布、微见网格布轮廓为宜（总厚度3~5 mm）。养护期间严禁撞击振动。

②网格布的翻包步骤。

a．裁剪窄幅网格布。

b．在基层墙上所有洞口周边及系统终端处，涂抹上黏结浆，宽度为65 mm。

c．将窄幅网格布的一边65 mm宽压入黏结胶浆中，余下部分甩出备用，并保持其清洁；聚苯板经粘贴打磨好后，在其翻包部位的正面和侧面，均涂抹上抹面胶浆，将预先甩出的窄幅标准网沿板厚翻转，并压入抹面胶浆。

d．当需要铺设加强网时，则应先铺设加强网，再将翻包压在加强网上。

e．在门窗洞口四角处45°方向补贴一块200 mm × 300 mm的网格布，以防开裂。

③压入网格布。抹聚合物砂浆后立即压入网格布。将大面网格布沿水平方向绷直绷平，并将弯曲的一面朝里，用抹子由中间向上下两边将网格布抹平，使其紧贴底层聚合物砂浆。网格布搭接宽度不小于100 mm，不得使网格布褶皱、空

鼓、翘边。在阴阳角处还需从每边双向绕角且相互搭接宽度不小于200 mm。对于窗口、门口及其他洞口四周的聚苯板端头应用网格布和黏结砂浆将其包住封边。

（5）采用条点法粘贴聚苯板。用铁抹子在每块聚苯板已涂刷过界面剂的一面周边涂抹宽50 mm的砂浆，从边缘向中间逐渐加厚专用聚合物砂浆，最厚处达10 mm，然后再在聚苯板上抹9个点梅花布置，确保聚苯板黏结面积在30%~50%。

（6）涂好灰后立即将聚苯板贴到墙上，并用2 m靠尺将其挤压找平，保证其垂直度、平整度和黏结面积符合要求。碰头处不得抹黏结砂浆，每贴完一块，应及时清除挤出的砂浆。板与板之间要挤紧，不得有缝，板缝超出1.5 mm时用聚苯板片填塞。拼缝高差不大于1.5 mm，否则应用打磨器打磨平整。

（7）施工聚苯板应水平粘贴，上下两排聚苯板应竖向错缝1/2板长，保证最小错缝尺寸不小于200 mm。在墙拐角处，应先排好尺寸，裁切聚苯板，使其粘贴时垂直交错连接，保证拐角处顺直且垂直。

如墙体符合要求，应采用点框黏结法，在板面四周涂抹一圈搅拌好的胶泥，其宽度为50 mm，板面中央均匀涂抹5个点，应保证粘贴面积不小于30%，然后将聚苯板直接贴在墙面上左右轻揉即可。聚苯板铺贴应平整。板材的排列自下向上，竖向错缝，阳角处交错相接，板与板之间要靠紧靠实，不得有“碰头灰”，超出1.5 mm的缝隙应用相应宽度的聚苯板薄片填塞，不得用砂浆填塞。

（8）装锚栓。锚栓仅起固定EPS板和辅助拉接作用，其材料必须保证热导率低，不生锈，采用尼龙或塑料，1 m^2装6个，在阳角、洞口周边、檐下口适当加密，用钻孔机在EPS板和基层上钻孔，然后钉入塑料膨胀锚栓。选用的锚栓抗拔力必须大于设计拉拔力。

待聚苯板粘贴牢固，一般在24小时后安装固定件，按设计要求的位置用冲击钻钻孔，锚固深度为50 mm，钻孔深度60 mm。锚固件间距应均匀，一般7层楼以下每平方米约5个；8至18层（含18层）每平方米约6个；19至28（含28层）层每平方米约9个；29层以上每平方米约11个。当墙面上饰面层为面砖时，固定件需提高一个等级。任何面积大于0.1 m^2的单块板必须加固定件，数量视形状及现场情况而定。固定件加密：阳角、檐口下、门窗洞口四周应加密，距基层边缘不小于60 mm，间距不大于300 mm。

（9）划分格凹线条。根据已弹好的水平线、竖直线和分格尺寸用墨斗弹出分格线的位置。按照已弹好的线，使用专用开槽机将聚苯板切成凹口，凹口处聚苯板的厚度不能少于15 mm。

（10）打磨找平。在固定件施工完毕后，对聚苯板接缝不平处应用打磨机打磨平整，打磨后应用刷子将打磨操作产生的碎屑、其他浮灰清理干净。

（11）抹聚合物砂浆底层。在聚苯板表面薄薄地涂刷一道界面剂，待晾干后，将聚合物砂浆均匀地抹在聚苯板上，厚度约2 mm。

施工前应先检查底涂层上是否有抹子压痕，网格布是否完全没入胶浆，并用靠尺检查，在凹凸不平处，用专用砂纸打磨一遍，用滚筒均匀涂刷涂料。施工应自上而下进行。

五、细部抹灰控制要点

1. 阳台

（1）找规矩

由最上层阳台突出阳角及靠墙阴角处往下挂垂线，找出上下各层阳台进出误差及左右垂直误差，以大多数阳台进出及左右边线为依据，误差小的，可以上下左右顺一下，误差太大的，要进行必要的结构处理。

对于各相邻阳台要拉水平通线，对于进出及高低差太大的也要进行处理。

（2）抹灰

根据找好的规矩，确定各部位大致抹灰厚度，再逐层逐个找好规矩，做灰饼抹灰。最上层两头和最外边两个抹好后，以下都以这两个挂线为准做灰饼。抹灰还应注意排水坡度方向，要顺向阳台两侧的排水孔，不要形成倒流水。

阳台底面抹灰与顶棚抹灰相同。清理湿润基体（层），刷素水泥浆，分层抹底层、中层水泥砂浆，面层有抹纸筋灰的，也有刷白灰水的。阳台上面用1∶3水泥砂浆做面层抹灰。

阳台挑梁和阳台梁，也要按规矩抹灰，高低进出要整齐一致，棱角清晰。

2. 窗台

（1）外窗台

外窗台一般用1∶2.5水泥砂浆打底，1∶2水泥砂浆罩面。窗台的操作难度较大，一个窗台有五个面、八个角，一条凹档，一条滴水线或滴水槽，对其的施工质量要求较高，表面应平整光洁，棱角清晰，与相邻窗台的高度进出要一致，横竖都要成一条线，排水流畅，不渗水，不湿墙。正确做法见图4-11和图4-12，错误做法见图4-13。

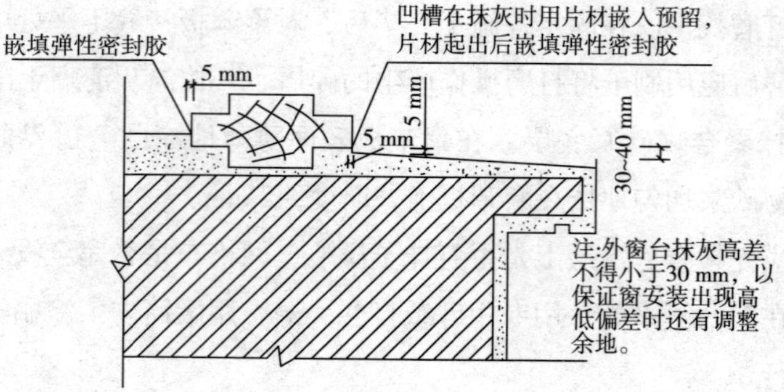

图4-11　外窗台（阳台）剖面图

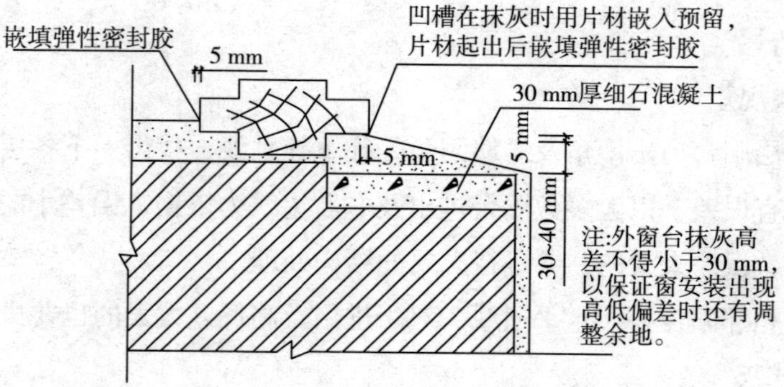

图4-12　外窗台（阳台）剖面图

①找规矩。抹灰前，要先检查窗台的平整度，以及与左右上下相邻窗台的关系。窗台与窗框下坎的距离是否满足要求等。再将基体清理干净，浇水湿润，用水泥砂浆将下槛间隙填塞密实。

②抹灰。应先打底，厚度为10 mm，再抹立面、平面和底面，最后是侧面。将八字尺卡住，上灰用抹子搓平，第二天用1：2水泥砂浆罩面。

③滴水槽（线）。外窗台抹灰，一般应做滴水槽（线），以阻止雨水沿窗台往墙面上流淌，做法是在底面距滴水槽（线）2 cm处粘分格条，成活后取掉即成。滴水线做法是将窗台下边口的直角改成锐角，并将角往下伸约10 mm，形成滴水线。

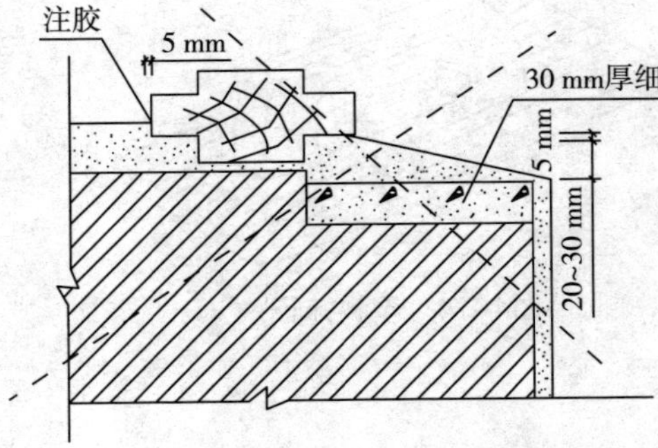

图4–13　外窗台错误做法剖面图

（2）内窗台

内窗台的施工方法同外窗台一样，要求抹灰平整，窗台两端抹灰要超过窗口6 cm，由窗台上皮往下抹4 cm。

3. 压顶

压顶一般为女儿墙顶现浇的混凝土板带（也有用砖砌的）。压顶要求表面平整光洁，棱角清晰，水平成线，突出一致。因此抹灰前一定要拉水平通线，对于高低出进不上线的要凿掉或补齐。但因其两面有檐口，在抹灰时一面要做流水坡度，两面都要设滴水线。

第五节　顶棚抹灰施工技术

一、白乳胶

白乳胶是由44%的醋酸乙烯、4%的乙烯醇（分散剂）、增韧剂、消泡剂、乳化剂等聚合而成，为乳白色稠液体，可用水兑稀，但稀释率不宜超过100%，不能用10℃以下的水兑稀。

二、塑料抹子和压子

1. 塑料抹子

塑料抹子外形同普通抹子。可制成尖头或方头。一般尺寸比铁抹子大些。主要是抹纸筋等罩面时使用（见图4–14）。

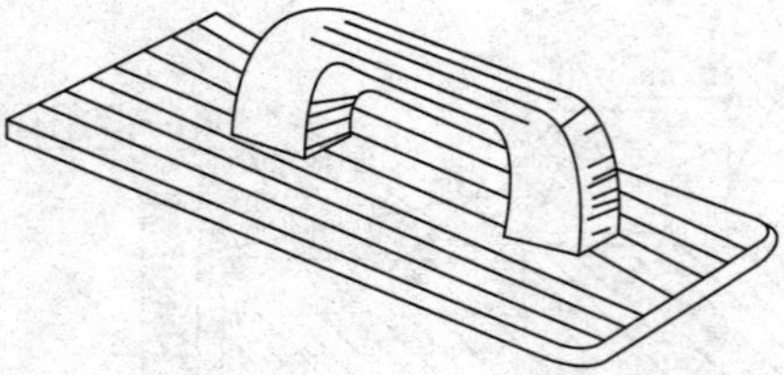

图4-14 塑料抹子

2. 塑料压子

塑料压子用于纸筋灰面层的压光，作用与钢压子相同，但在墙面稍干时用塑料压子压光，不会把墙压糊（变黑）。这一点优于钢压子，但弹性较差，不及钢压子灵活。

三、砂浆搅拌机

砂浆搅拌机是用来搅拌各种砂浆的。

一般常见的为200 L和325 L容量搅拌机（见图4-15）。

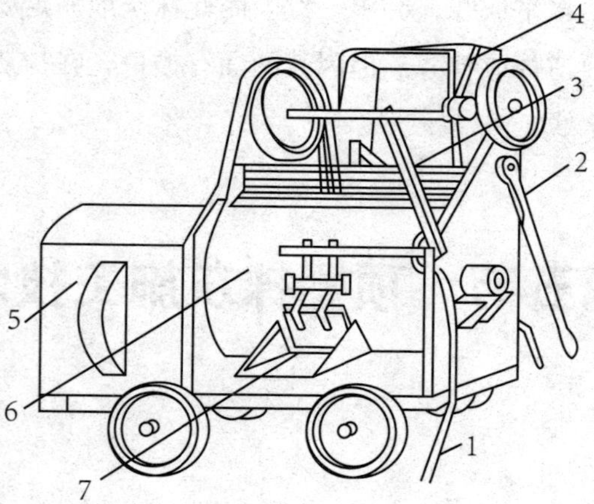

图4-15 砂浆搅拌机

1—水管；2—上料操纵手柄；3—出料操纵手柄；4—上料斗；5—变速箱；6—搅拌斗；7—出灰门

四、顶棚抹灰

1. 工艺流程

基层处理→找规矩→底、中层抹灰→面层抹灰。

2. 分层抹灰

（1）对于要求大面积平滑的顶棚，或要求拱形、折板和某种特殊形式的顶棚，往往非抹灰工艺莫属。另外，厚度大于15 mm的钢丝网水泥砂浆抹灰层，还可作为钢结构或建筑物某些部位的防火保护层，但它们不能与木质部分接触。

（2）除了直接在钢筋混凝土梁板底抹灰的顶棚外，吊顶顶棚多数为悬挂式。传统的抹灰基层有木板条、苇箔、木丝板和钢丝网等。国外有一种带肋的钢板网，增强了纵向的刚度，因而可以直接固定在主龙骨上，省去了次龙骨。

（3）抹灰基层的首要条件是绷紧在龙骨上，防止挤压时发生弯曲。为了能咬住抹灰层，钢丝网的网眼直径不可大于10 mm。带肋钢板网所固定的金属龙、骨可以是倒T型的定型龙骨，用轧头轧牢；也可以采用6~8 mm直径的圆钢筋作为龙骨，用镀锌铁丝绑扎。两种龙骨的间距均不得大于350 mm。采用木丝板或专用的板材作为抹灰的基层，也可用倒T型的定型龙骨，并用卡具连接。

（4）抹灰吊顶的主龙骨可用钢筋作吊杆，悬吊在上层结构上，下面直接吊钩在定型龙骨的孔洞中，或者与钢筋主龙骨勾牢。一般情况下，每平方米抹灰吊顶顶棚至少要安装三根吊筋。钢丝网抹灰吊顶还可做成一种从顶棚垂下来的垂直条式或格子式顶棚，以满足造型或声学、照明等某些特殊要求。

（5）顶棚抹灰一般分3~4遍（层）成活，根据抹灰等级（普通、中级、高级），确定每遍抹灰厚度和使用灰浆材料及配合比，见表4–13可供参考。抹灰层平均总厚度不得大于下列规定：当为板条抹灰及在现浇混凝土基体下直接抹灰时为15 mm；当在预制混凝土基体下直接抹灰时为18 mm；当为钢板网抹灰时（包括板条钢板网）为20 mm，以越薄越好。

表4–13 顶棚分层抹灰做法及配合比

基体名称	类型	分层	做法	配合比（体积比）	厚度/mm	施工要点
现浇混凝土楼板顶棚抹灰	1	底层 中层 面层	水泥石灰砂浆 水泥石灰砂浆 纸筋（麻刀）石灰	1：0.5：1 1：3：9	2 6 2~3	纸筋石灰配合比为白灰膏：纸筋=100：1.2（质量比）；麻刀石灰配合比为白灰膏：细麻刀=100：1.7（质量比）
	2	底层 中层 面层	水泥纸筋灰砂浆 水泥纸筋灰砂浆纸筋石灰	1：0.2：4 1：0.2：4	2~3 10 2	

续表

基体名称	类型	分层	做法	配合比（体积比）	厚度/mm	施工要点
预制混凝土楼板顶棚抹灰	1	底层 中层 面层	水泥石灰砂浆 水泥石灰砂浆 纸筋（或麻刀）石灰	1∶0.5∶1 1∶3∶9	2 6 2~3	抹灰前，要填实抹平预制板缝
	2	底层 中层 面层	水泥石灰砂浆 水泥石灰砂浆 纸筋灰	1∶0.5∶4 1∶0.5∶4	4 4 2	抹灰前，应处理好预制板缝底层、中层抹灰，要连续操作
	3	底层 中层 面层	水泥纸筋灰砂浆 水泥纸筋灰砂浆 水泥细纸筋灰	1∶0.3∶6 1∶0.3∶6 1∶0.2∶6	7 7 5	适用于机械喷涂抹灰
	4	底层 中层 面层	水泥砂浆（加2%水泥重聚醋酸乙烯乳液） 水泥石灰砂浆 纸筋灰	1∶1 1∶3∶9	2 6 2	适用于高级装饰工程底层抹灰应养护2~3天后，再抹中层灰
板条金属吊顶抹灰		底层 中层 找平层 面层	纸筋（麻刀）石灰砂浆 纸筋（麻刀）石灰砂浆 石灰砂浆（略掺麻刀） 纸筋（麻刀）石灰砂浆	1∶2.5	3~6 3~6 2~3 2~3	底层砂浆应压入板条缝和网眼内，形成转角；加钉长350~450 mm的麻丝束，间距为≤300 mm的梅花形布置，按扇形抹进中层砂浆中
钢板网吊顶抹灰		底层 中层 面层	石灰水泥砂浆（略掺麻刀） 麻刀石灰砂浆 细纸筋灰罩面	1∶0.2∶2	10~14 4~6 2~3	在龙骨上用U形钉钉麻丝束，麻束长350~400 mm，间隔400 mm；底层灰分三遍抹，每遍将1/3麻丝抹入灰浆中 在木龙骨筋上加钉6 mm直径钢筋，将钢板网绑扎在钢筋上，增加钢板网刚度，防止变形收缩，减少裂缝、起壳和脱落

五、现浇混凝土楼板顶棚（天花）抹灰、抹纸筋灰

1. 基层检查

（1）检查其基体有无裂缝或其他缺陷，表面有无油污、不洁或附着杂物（塞模板缝的纸、油毡及铁丝、钉头等），如为预制混凝土板，则应检查其灌缝砂浆是否密实。

（2）检查暗埋电线之接线盒或其他一些设施安装件是否已安装和保护完善。如均无问题，即应在基体表面满刷水灰比为0.37~0.40的纯水泥浆一道。

如基体表面光滑（模板采用胶合板或钢模板并涂刷脱模剂者，混凝土表面均比较光滑），应涂刷“界面处理剂”，或凿毛，或用聚合物水泥砂浆（参考质量配合比为白乳胶：水泥：水=1：5：1）形成一个一个小疙瘩，以增加抹灰层与基体的黏结强度，防止抹灰层剥落、空鼓现象发生。

需要强调的是石灰膏应提前熟化透，并经细筛网过滤，未经熟化透的石灰膏不得使用；纸筋应提前除去尘土、泡透、捣烂，按比例掺入石灰膏中使用，罩面灰浆用的纸筋宜机碾磨细后使用；麻刀（丝）要求坚韧、干燥、不含杂质，剪成20~30 mm长并敲打松散，按比例掺入石灰膏中使用。

2. 工艺流程

基层处理→弹水平基准线→润湿基层→刷水泥浆→抹底层砂浆→抹纸筋灰面层。

3. 操作工艺

（1）基层处理

对采用钢模板施工的板底凿毛，并用钢丝刷满刷一遍，再浇水湿润。

（2）弹线

视设计要求抹灰档次及抹灰面积大小等情况，在墙、柱面顶部弹出抹灰层控制线。小面积普通抹灰顶棚一般用目测控制其抹灰面平整度及阴阳角顺直即可。大面积高级抹灰顶棚则应找规矩、找水平、做灰饼及冲筋等。

根据墙柱上弹出的标高基准墨线，用粉线在顶板下100 mm的四周墙面上弹出一条水平线，作为顶板抹灰的水平控制线。对于面积较大的楼盖顶或质量要求较高的顶棚，宜通线设置灰饼。

（3）抹底灰

抹灰前应对混凝土基体提前洒（喷）水润湿，抹时应一次用力抹灰到位，并

初平，不宜翻来覆去扰动，否则会引起掉灰，待稍干后再用搓板刮尺等刮平，最后一遍需压光，阴阳角应用角模拉顺直。

在顶板混凝土湿润的情况下，先刷素水泥浆一道，随刷随打底，打底采用1：1：6水泥混合砂浆。对顶板凹度较大的部位，先大致找平并压实，待其干后，再抹大面底层灰，其厚度每遍不宜超过8 mm。操作时需用力抹压，然后用压尺刮抹顺平，再用木磨板磨平，要求平整稍毛，不必光滑，但不得过于粗糙，不许有凹陷深痕。

抹面层灰时可在中层灰六七成干时进行，预制板抹灰时必须朝板缝方向垂直进行，抹水泥类灰浆后需注意洒（喷）水养护（石灰类灰浆自然养护）。

（4）抹罩面灰

待底灰六七成干时，即可抹面层纸筋灰。如停歇时间长，底层过分干燥则应用水润湿。涂抹时先分两遍抹平、压实，其厚度不应大于2 mm。

待面层稍干，“收身”时（即经过铁抹子压磨灰浆表层不会变为糊状时）要及时压光，不得有匙痕、气泡、接缝不平等现象。天花板与墙边或梁边相交的阴角应成一条水平直线，梁端与墙面、梁边相交处应成垂直线。

六、灰板条吊顶抹灰

1. 施工工序

板条吊顶顶棚抹灰施工工序：清理基层→弹水平线→抹底层灰→抹中层灰→抹面层灰。

2. 施工准备

（1）在正式抹灰之前，首先检查钢木骨架，要求必须符合设计要求。

（2）然后再检查板条顶棚，如有以下缺陷者，必须进行修理。

①吊杆螺帽松动或吊杆伸出板条底面。

②板缝应为7~10 mm，接头缝应为3~5 mm，缝隙过大或过小。

③灰板条厚度不够，过薄或过软。

④少钉导致不牢，有松动现象。

⑤板条没有按规定错开接缝。

以上缺陷经修理后检查合格者，方可开始抹灰。

3. 施工要点

（1）清理基层

将基层表面的浮灰等杂物清理干净。

（2）弹水平线

在与顶棚相交的四周墙面上，弹出水平线，作为抹灰厚度的标志。

（3）抹底层灰

抹底灰时，应顺着板条方向，从顶棚墙角由前向后抹，用铁抹子刮上麻刀石灰浆或纸筋石灰浆，用力来回压抹，将底灰挤入板条缝隙中，使转角结合牢固，厚度为3~6 mm。

（4）抹中层灰

①待底灰约七成干、用铁抹子轻敲有整体声时，即可抹中层灰。

②用铁抹子横着灰板条方向涂抹，然后用软刮尺横着板条方向找平。

（5）抹面层灰

①待中层灰七成干后，用钢抹子顺着板条方向罩面，再用软刮尺找平，最后用钢板抹子压光。

②为了防止抹灰裂缝和起壳，所用石灰砂浆不宜掺水泥，抹灰层不宜过厚，总厚度应控制在15 mm以内。

③抹灰层在凝固前，要注意成品保护。如为屋架下吊顶的，凝固前不得有人进顶棚内走动；如为钢筋混凝土楼板下吊顶的，凝固前上层楼面禁止锤击或震动，不得渗水，以保证抹灰质量。

七、混凝土顶棚抹白灰砂浆

（1）基层处理、弹线找规矩操作方法同前。

（2）抹底层灰宜采用1：0.5：1水泥石灰膏砂浆或1：2：4水泥纸筋灰砂浆。

其他操作方法同现浇混凝土楼板顶棚（天花）抹灰、抹纸筋灰。

（3）抹中层灰。底层灰抹完后，紧跟着抹1：3：9水泥混合砂浆，如底灰吸水较快应及时洒水。

先抹顶棚四周，圈边找平，再抹大面，灰层厚度为7~9 mm。抹完后，用刮尺刮平，木抹子搓平。

（4）现浇混凝土顶棚抹白灰砂浆。

面层用纸筋灰罩面，其做法是：待中层灰六七成干时，即用手按，不软但有指印时，就可抹罩面灰，如中层灰过干时，应洒水润湿后再抹。罩面灰的厚度应控制在2 mm左右，分两遍抹成。第一遍越薄越好，接着抹第二遍，抹子要稍平，第二遍与第一遍压的方向互相垂直。待罩面灰稍干再用塑料抹子或压子顺抹纹压实、压光。

八、钢板网顶棚抹灰

1. 工艺流程

基层处理→挂吊麻根束（一般抹灰可免）→抹压第一遍灰→抹第二遍灰→抹第三遍灰→抹罩面灰。

2. 操作工艺

（1）挂麻根束（一般小型或普通装修的工程不需此工序）

对于大面积厅堂或高级装修的工程，由于其抹灰厚度增加，需在抹灰前在钢板网上挂吊麻根束，做法是先将小束麻根按纵横间距30~40 cm绑在网眼下，两端纤维垂直向下，以便在打底的三遍砂浆抹灰过程中，梳理呈放射状，分两遍均匀抹埋进底层砂浆内。

（2）抹底层灰

首先将基体表面清扫干净并湿润，然后用1：1：6水泥麻根灰砂抹压第一遍灰，厚度约3 mm，应将砂浆压入网眼内，形成转脚并达到结合牢固。随即抹第二遍灰，厚度约为5 mm（均匀抹埋第一次长麻根），待第二遍灰六七成干时，再抹第三遍找平层灰（完成均匀抹埋第二次长麻根），厚度为3~5 mm，要求刮平压实。

①底层灰用麻刀灰砂浆，体积比为麻刀灰：砂=1：2。

②用铁抹子将麻刀灰砂浆压入金属网眼内，形成转角。

③底层灰第一遍厚度4~6 mm，将每个麻束的1/3分成燕尾形，均匀嵌入砂浆内。

④在第一遍底层灰凝结而尚未完全收水时，拉线贴灰饼，灰饼的间距为800 mm。

⑤用同样方法刮抹第二遍，厚度同第一遍，再将麻束的1/3粘在砂浆上。

⑥用同样方法抹第三遍底层灰，将剩余的麻丝均匀地粘在砂浆上。

⑦底层抹灰分三遍成活，总厚度控制在15 mm左右。

（3）抹中层灰

①抹中层灰用1∶2麻刀灰浆。

②在底层灰已经凝结而尚未完全收水时，拉线贴灰饼，按灰饼用木抹子抹平，其厚度为4~6 mm。

（4）抹面层灰

待找平层有六七成干时，用纸筋灰抹罩面层，厚度约2 mm，用灰匙抹平压光。

①在中层灰干燥后，用沥浆灰或者细纸筋灰罩面，厚度2~3 mm，用钢板抹子溜光，平整洁净；也可用石膏罩面，在石膏浆中掺入石灰浆后，一般控制在15~20分钟内凝固。

②涂抹时，分两遍连续操作，最后用钢板抹子溜光，各层总厚度控制在2.0~2.5 cm。

③金属网吊顶顶棚抹灰，为了防止裂缝、起壳等缺陷，在砂浆中不宜掺水泥。如果想掺水泥时，掺量应经试验后慎重确定。

九、钢板网顶棚抹灰的主要安全技术措施

（1）室内抹灰时使用的木凳、金属脚手架等架设应平稳牢固，脚手板跨度不得大于2 m，架上堆放材料不得过于集中，在同一跨度的脚手板内不应超过两人同时作业。

（2）不准在门窗、洗脸池等器物上搭设脚手板。阳台部位粉刷，外侧没有脚手架时，必须挂设安全网。

（3）使用砂浆搅拌机搅拌砂浆，往拌筒内投料时，如果拌叶转动不得用脚踩或用铁铲、木棒等工具拨刮筒口的砂浆或材料。

（4）机械喷灰、喷涂应戴防护用品，压力表、安全阀应灵敏可靠、输浆管各部接口应拧紧卡牢。管路摆放顺直，避免折弯。

（5）输浆应严格按照规定压力进行，超压和管道堵塞，应卸压检修。

第六节　机械喷涂抹灰施工技术

一、设备选择与配置

（1）喷涂设备及其配套设备的选择应根据施工组织设计的要求确定。

（2）喷涂设备应由砂浆搅拌机、振动筛、灰浆泵、空气压缩机或灰浆联合机，与输送管道总成和喷枪等组成，见图4–16。

（3）砂浆搅拌机宜选择强制式砂浆搅拌机，其容量不宜小于0.3 L。

（4）振动筛宜选择平板振动筛或偏心杆式振动筛，两者亦可并列使用，其筛网孔径宜取10~12.5 mm。

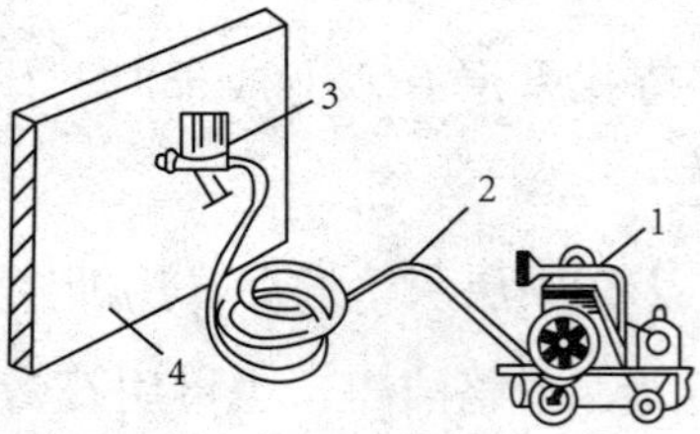

图4–16　机械抹灰

1—空气压缩机；2—输气胶管；3—喷枪；4—墙体

（5）喷涂设备的选择应根据泵送高度和输送量确定，宜选择双缸活塞式灰浆联合机。其主要技术性能可按表4–14和表4–15选用。

表4–14　灰浆联合机主要技术性能

名称	单位	基本参数				
灰浆输送量	m^3/h	2.0	3.0	4.5	6.0	9.0
泵送高度	m	50	60	70	80	90
工作压力	MPa	<4		4~6		>6
搅拌公称容量	J	120	130	150	200	250
出料斗容量	L	160	170	200	250	300
电动机功率	kW	≤7.5		≤11.0		≤22.0
整机容量	kg	1 000	≤1 100	≤1 200	≤1 400	≤1 600

表4-15　灰浆泵的主要技术性能

形式型号			灰浆输送量(m³/h)	最大垂直输送距离(m)	工作压力/MPa	供气压力/MPa	耗气量(m²/h)	螺杆泵(h)	挤压软管寿命(h)	电动机功率(kW)	整机质量(kg)
柱塞式	UBM	输送用	2.0 3.0 4.5 6.0 9.0	40						≥1.5 ≥1.5 ≥2.5 ≥4.0 ≤2.2 ≤3.0 ≤4.0 ≤5.5 ≤7.5	≤200 ≤250 ≤300 ≤350 ≤400
柱塞式	UBM	抹灰用	2.0 3.0 4.5 6.0 9.0	40 55 70 75 90						≤3.0 ≤4.0 ≤5.5 ≤7.5 ≤11.0	≤350 ≤400 ≤550 ≤700 ≤900
螺杆式	1	40	≥1.5					500		≤1.5	≤250
螺杆式	2	40	≥1.5					500		≤2.2	≤300
螺杆式	3	40	≥2.0					400		≤3.0	≤350
螺杆式	4	40	≥2.0					400		≤4.0	≤400
挤压式	0.8 1.2	20 25	≥1.0						100	≤1.5	≤175 ≤185
挤压式	1.8 2.0	30 35	≥1.5						100	≤2.2	≤300 ≤320
挤压式	3.0	40	≥2.0						100	≤4.0	≤380
气动式	0.8 1.5	15	≥0.45	≤0.6	≤18 ≤24						≤13 ≤18
气动式	2.4 4.0		≥0.66	≤0.6	≤35 ≤40						≤34 ≤38
气动式	8.0		≥0.60	≤0.8	≤42						≤48

（6）空气压缩机的容量宜为300 L/min，其工作压力宜选用0.5 MPa。

（7）输送管道总成应由输浆管、输气管和自锁快速接头等组成，输浆管的管径应取50 mm，其工作压力应取4~6 MPa；输气管的管径应取13 mm。

（8）喷枪应根据工程的部位、材料和装饰要求选择喷枪形式及相匹配的喷嘴类型与口径，对内外墙、顶棚表面、砂浆垫层、地面层喷涂应选择口径18 mm的标准喷枪和20 mm的角度喷枪。对装饰性喷涂，则应选择口径10 mm、12 mm、14 mm的装饰喷枪。

（9）当远距离输送砂浆或高处喷涂作业时，应备有无线对讲机等通信联络设备。

二、砂浆外加剂质量要求

为了改善建筑砂浆的性能，可参加适量的引气剂、早强剂、缓凝剂及防冻剂等外加剂。砂浆外加剂，应具有法定检测机构出具的该产品砌体强度形式检验报告，并经砂浆性能试验合格后，方可使用。其掺量应通过试验确定。

三、砂浆制备材料要求

（1）材料品种、规格的选用应符合设计要求和现行材料标准。

（2）水泥宜采用硅酸盐水泥、普通硅酸盐水泥和矿渣硅酸盐水泥，其标号应不低于325号。过期或受潮水泥不得使用。

（3）砂子应清洁无杂质，含泥量应小于3%，宜采用中砂，使用前必须过筛。

砂子最大粒径：当用于底层灰时应不大于2.5 mm；用于面层时应不大于1.2 mm，不得使用特细砂。

（4）石灰膏应细腻洁白，不得含未熟化颗粒及杂质，不得使用干燥、风化、冻结的石灰膏。石灰膏使用块状生石灰淋制时，应用孔径不大于3 mm × 3 mm筛过滤，石灰熟化时间在常温下不应少于15天，用于面层抹灰，熟化期不应少于30天。用磨细石灰粉代替石灰膏时，应使用装修石灰粉，其细度应通过4 900孔/cm^2筛子，熟化时间不应少于3天。

（5）掺加粉煤灰时，其技术指标应符合国家现行标准《粉煤灰在混凝土与砂浆中应用技术规程》中Ⅲ级灰的要求。

（6）砂浆中掺用的外加剂，应具有产品合格证，并应符合有关现行外加剂标准的规定。

（7）砂浆搅拌用水宜采用饮用水。当采用其他水源时，水质应符合国家现行标准《混凝土拌和用水标准》的规定。

（8）喷涂白灰浆时，掺用的麻刀应坚韧、干燥、不含杂质。使用前应均匀弹松，其纤维长度不得大于30 mm。当使用纸筋灰时，纸筋应浸透、捣烂、洁净；罩面纸筋宜机碾磨细。

四、机械设备

1. 设备安装与使用

（1）设备的布置应根据施工总平面图合理确定，应缩短原材料和砂浆的输送半径，减少设备的移动次数。

（2）砂浆搅拌机与平板振动筛的安装应牢固，操作应方便，上料与出料应通畅。

（3）安装灰浆联合机的场地应坚实平整，并宜置于水泥地面上。车轮应楔牢，安放应平稳。

（4）灰浆联合机应安装在砂浆搅拌机和振动筛的下部，其进料口应置于砂浆搅拌机卸料口下方，互相衔接。卸料高度宜为350~400 mm。

（5）喷涂应采用双气阀控制开关，其安装后应进行调试，启闭应方便，遥控性能应可靠。

（6）喷涂设备应设有专人操作和管理，明确职责，应与喷涂作业人员密合，满足施工的要求。

（7）喷涂设备正式工作前应进行空负荷试运转，其连续空运转时间应为5分钟，并应检查电机旋转方向，各工作系统与安全装置，其运转应正常可靠。

（8）当喷涂设备工作时应经常观察输浆泵的压力变化，当表压力超过最大压力值时，应立即打开回流卸载阀卸压，并停机检查。灰浆联合机的常见故障与排除方法见表4–16。

表4-16　灰浆联合机的常见故障与排除方法

常见故障	发生原因	排除方法
泵吸不上砂浆或出浆不足	吸浆管道密封失效	拆检吸浆管，更换密封件
	阀球变形、撕裂及严重磨损	打开回流卸载阀，卸下泵头，更换阀球
	阀室内有砂浆凝块，阀座与阀球密封不良	拆下泵头，清洗阀室，调整阀座与阀球间的密封
	离合器打滑	调整离合器摩擦片的间隙，摩擦片过度磨损咬伤，及时更换
	料斗内砂浆用完	打开回流卸载阀，加满料后，关闭回流卸载阀，泵送
泵体有异常撞击声	弹簧断裂或活塞脱落	打开回流卸载阀，卸压后，拆下泵头，检查弹簧和活塞，损坏更换
搅拌轴转速下降或停止转动	（1）搅拌叶片，被异物卡住，砂浆过稠，量过多 （2）传动皮带打滑、松弛	砂浆应做过筛处理，砂浆稠度适当，加入料量不超载 调节收紧皮带，不松弛
振动筛不振	振动杆头与筛侧壁振动手柄位量不适当	高速振动手柄位置
灰浆输浆管堵塞	砂浆稠度不合适或砂浆搅拌不匀	砂浆按级配比要求，稠度合适，搅拌均匀，必要时可 加入适量的添加剂
	泵机停歇时间长	泵机每次间歇时间：石灰 砂浆不宜超过30分钟，混合 砂浆不应超过20分钟，水泥 砂浆不应超过10分钟
	输浆管内有残留砂浆、凝结物块	打开回流卸载阀，吸回管 内砂浆，清洗管道
	没有用白灰膏浆润滑管道	泵浆前，必须先加入白灰 膏浆润滑管道
压力表突然上升或下降	表压上升，输浆管道堵塞	停机，打开回流卸载阀，按输浆管堵塞的排除方法处理
	表压下降： （1）离合器打滑 （2）输浆管连接松脱，密封失效，泄漏严重或胶管损坏	（1）检查摩擦片磨损情况 （2）检查输浆管道密封圈，拧紧松脱管接，更换损坏的部分

续表

常见故障	发生原因	排除方法
喷枪无气	气管、气嘴管堵塞	（1）清理疏通 （2）气管距离超过40 m长，双气阀压力提高0.03~0.05 MPa
	泵送超载安全阀打开	超载安全阀打开，按输浆管堵塞排除方法处理
气嘴喷气，喷枪突然停止喷浆	料斗料用完	按泵吸不上砂浆或出浆不足中第⑤点方法处理
喷枪喷浆断断续续不平稳	泵体阀门球或阀座磨损	拆下泵头，检查阀座和阀门球磨损情况，损坏更换

（9）根据抹灰工程量和作业高度，可变换泵送速度，选择合适的砂浆输送量。当砂浆输送量大时，可选用高速挡；对于泵送压力高或难以输送的砂浆时，可选用低速挡；一般情况下，选用中速挡。

（10）当喷涂不同材料或不同稠度的砂浆时，应调节喷气嘴位置、双气阀开启量和输气流量，以使砂浆喷速均匀，与基层黏结牢固和减少反弹落地灰。

2. 设备维修与保养

（1）喷涂设备工作结束后，应及时清洗，并做好维护、保养和修理工作，使设备保持良好状态。

（2）设备的日保养应按其使用要求添加润滑油，保持活塞泵油管畅通，检查超载安全阀和拆装处的密封性。

（3）作业一周或50小时后，应检查灰浆联合机泵体、缸筒、皮碗等密封是否完好，传动处皮带的松紧程度，管接头牢固程度以及密封性。清洗泵机外表，刷涂稀机油，以防止脏物黏结。

（4）离合器、回流卸载阀、减速器、空气压缩机等主要部件，应按其使用要求进行定期检查。如有磨损、损坏，应及时调整更换。

（5）砂浆搅拌机和灰浆联合机加油前应擦净注油油嘴与油孔的脏物。

3. 管道

（1）输浆管应坚固耐磨，安全可靠，压力输送过程中不应发生破损断裂。水平输浆管道宜选用耐压耐磨橡胶管；垂直输浆管可选用耐压耐磨橡胶管或钢管。

（2）输浆管的布置与安装应平顺理直，不得有折弯、盘绕和受压。输浆管的连接应采用自锁快速接头锁紧扣牢，锁紧杆用铁丝绑紧。管的连接处应密封，不得漏浆滴水。输浆管道布管时，应有利于平行交叉流水作业，减少施工过程中管的拆卸次数。

（3）水平输浆管距离过长时，管道铺设宜有一定的上仰坡度。垂直输浆管必须牢固地固定在墙面或脚手架上，水平输浆管和垂直输浆管之间的连接应不小于90°，弯管半径不得小于1.2 m。

（4）输送管采用钢管时，其内壁要保持清洁无黏结物。钢管两端与橡胶管应连接牢固，密封可靠，无漏浆现象。

（5）喷涂时，拖动管道的弯曲半径不得小于1.2 m。输浆管出口不得插入砂浆内。

（6）输气管应选择软橡胶气管，输气管与喷枪的连接位置应正确、密封、不漏气。

（7）输气管路应畅通，气管上的双气阀密封性应良好，无漏气现象。

五、已完工程与设施的防护

1. 喷涂前的防护措施

（1）为防止喷涂抹灰过程中污染和损坏已完工的工程，应采用材料遮挡、包裹保护设施。

（2）钢木门窗框应采用材料遮挡，防止喷、粘砂浆。

（3）铝合金、塑料、彩色镀锌钢板的门窗应粘贴塑料胶纸防护。

（4）对给排水、采暖、煤气等各种管道，应采用塑料布等材料包裹。

（5）暗装的防火箱、电气开关箱和线盒，就位的设备等应采取遮盖防护，防止沾污。

（6）各种管道、线管应保持通畅，敞口处应临时封闭、防止进入砂浆。

（7）已安装的不锈钢、铜质扶手栏杆、塑料扶手栏板、高级木扶手等，应采取保护，防止沾污。

（8）在已做好的楼地面、屋面防水层上铺设输浆管时，为防止接头铁件损坏楼地面、层面应在接头铁件下铺垫木板或厚橡胶垫。在顶棚、墙面喷涂前，先做好的楼地面应用塑料布等材料遮盖。水泥砂浆楼地面强度不高时，不应用砂子遮盖。清除落地灰时，应防止损坏、冲撞楼地面。

（9）喷涂找平层砂浆时，雨水口处应先做好防护，避免砂浆堵塞雨水管道。

（10）地漏及预留孔处应预先封闭，防止喷入砂浆，并做出标志。

（11）楼地面、墙面、顶棚设有的变形缝，喷涂前应用木板等材料做好变形缝的挡护，防止砂浆喷入缝内。

2. 喷涂中的保护

（1）输浆管布设和移动时，应对墙面、柱面和门窗口等阳角处的抹灰层加以保护，防止损坏。

（2）采暖、热水管和其他管道的穿墙和楼板的套管位置，应符合设计要求，并防止砂浆堵管。

（3）已安装的非金属管道、承插管道、悬吊式管道和楼地面铺设的暗线管道，不得碰撞、撳位和损坏。

（4）明装设备的预埋件位置，喷灰时应留有明显标志，以利后道工序施工。

（5）地面喷灰时，对已做好的水泥踢脚板和墙裙应采用遮挡等防护措施。

（6）在松散保温层上喷灰时，为保证保温层厚度均匀一致，输浆管下应垫木垫板，避免输浆管道直接在保温层上拉动。

（7）防水层上做抹灰保护层时，应防止输浆管接头铁件划破防水层；排气管上的出口处应临时封闭，避免砂浆堵塞，排气管不得碰撞、损坏。

六、砂浆制备

1. 配合比要求

（1）喷涂抹灰砂浆的配合比应符合设计要求。当设计无要求时，可按表4–17机械喷涂抹灰砂浆配合比选用，其用量偏差不得超过5%。

表4–17　机械喷涂抹灰砂浆配合比

结构名称	材料名称				
	水泥	石灰膏	砂子	粉煤灰	稠度/cm
顶棚	1.0	1.0	6.0	—	8~10
	1.0	1.0	6.0	0.5	
	1.0	1.0	4.0	2.0	
	1.0	1.0	7.0	1.0	
地面	1.0	—	3.0	—	8~10
	1.0	—	2.5	—	

续表

结构名称		材料名称				
		水泥	石灰膏	砂子	粉煤灰	稠度/cm
墙面	外墙	1.0	0.1	3.0	0.2	9~10
		1.0	—	3.0	—	
		1.0	0.25	3.0	—	
	内墙	1.0	1.0	4.0	—	10~12
		1.0	0.25	2.5	—	
		—	1.0	3.0	0.5	
		—	1.0	3.0	1.0	

注：1. 由于地区温度、湿度不同，用水量有较大差别，故省略未列。

2. 采用其他砂浆添加剂应根据地区条件、作业对象，经试验确定。

（2）砂浆的稠度，应满足可泵性和抹灰操作的要求，宜取8~12 cm。当用于混凝土和混凝土砌块基层时，砂浆的稠度宜取9~10 cm；用于黏土砖墙面时，砂浆的稠度宜取10~11 cm；用于粉煤灰砖墙时，砂浆的稠度宜取11~12 cm。

（3）为提高砂浆的和易性和可泵性，满足稠度要求，喷涂抹灰砂浆宜掺加外加剂，其品种与掺入量应由试验确定。

（4）当砂浆的材料和配合比有变化时应重新测定其稠度。

2. 砂浆搅拌

（1）砂浆搅拌应按照配合比和稠度要求，严格计量，宜一次投料。在搅拌过程中不得再随意增加投料，当进行白灰砂浆搅拌或砂浆中掺外加剂时，宜先搅拌白灰或外加剂，而后再加足其他材料搅拌。

（2）砂浆搅拌应选用强制式搅拌机，搅拌时间不应小于2分钟。

（3）搅拌好的砂浆应进行过筛，并立即转入输送料斗内进行泵送。

七、喷涂工艺

1. 施工准备

（1）施工前，应根据施工现场情况和进度要求，确定施工程序，见图4–17机械喷涂抹灰施工工艺流程编制作业计划。

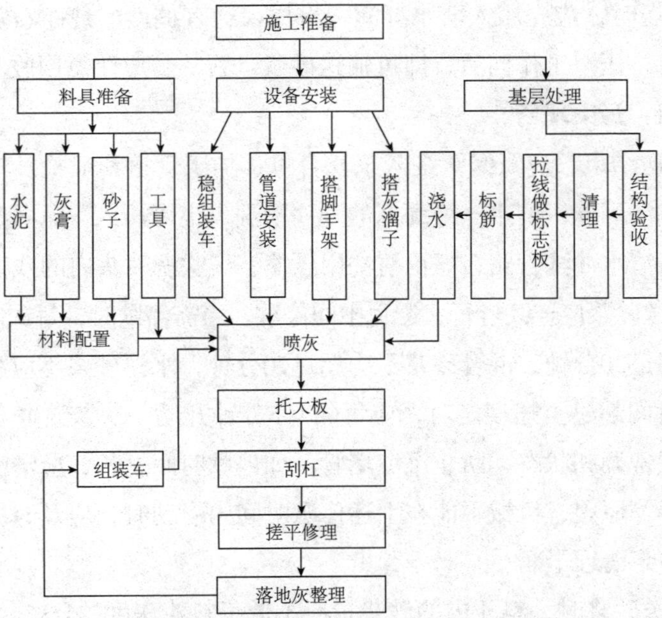

图4–17　机械喷涂抹灰施工工艺流程

（2）墙体所有预埋件、门窗及各种管道安装应准确无误，楼板、墙面上孔洞应堵塞密实，凸凹部分应剔补平整。

（3）基层处理。应按机械喷涂抹灰工艺要求并符合下列规定。

①基层表面灰尘、污垢、油渍等应清除干净。

②宜先做好踢脚板、墙裙、窗台板、柱子和门窗口的水泥砂浆护角线，混凝土过梁的基层抹灰。

③有分格缝时，应先装好分格条。

④根据实际情况提前适量浇水湿润。

（4）根据墙面基体平整度、装饰要求，找出规矩，设置标志、标筋；层高3 m以下时，横标筋宜设两道，筋距2 m左右；层高3 m及其以上时，再增加一道横筋。设竖标筋时，标筋距离宜为1.2~1.5 m，标筋宽度3~5 cm。

（5）不同材料的结构相接处，基体表面的抹灰应做好铺钉金属网，并绷紧牢固。金属网与各基体的搭接宽度不应小于100 mm。

（6）不同类型的门窗框与墙边缝隙应按规定材料分批嵌塞密实。

2. 泵送

（1）泵送前应做好检查，正常后才能进行泵送作业。

（2）泵送时，应先压入清水湿润，再压入适宜稠度的纯净石灰膏或水泥浆进行润滑管道，压至工作面后，即可输送砂浆。石灰膏应注意回收利用，避免喷溅地面、墙面，污染现场。

（3）泵送结束，应及时清洗灰浆联合机、输浆管道和喷枪。输浆管道可采用压入清水—海绵球—清水—海绵球的顺序清洗，也可压入少量石灰膏，塞入海绵球，再压入清水冲洗管路；喷枪清洗用压缩空气吹洗喷头内的残余砂浆。

（4）泵送砂浆应连续进行，避免中间停歇。当需停歇时，每次间歇时间：石灰砂浆不宜超过30分钟，混合砂浆不应超过20分钟，水泥砂浆不应超过10分钟。

若间歇时间超过上述规定时，应每隔4~5分钟开动一次灰浆联合机搅拌器，使砂浆处于正常调和状态，防止沉淀堵管。如停歇时间过长，应清洗管道。因停电、机械故障等原因，机械不能在上述停歇时间内启动时，应及时用人工将管道和泵体内的砂浆清理干净。

（5）泵送砂浆时，料斗内的砂浆量应不低于料斗深度的1/3，否则，应停止泵送，以防止空气进入泵送系统内造成气阻。

（6）当向高层建筑泵送砂浆，设备不能满足建筑总高度要求时，应配备接力泵进行泵送。

3. 喷涂

（1）根据所喷涂部位、材料确定喷涂顺序和路线，一般可按先顶棚、后墙面，先室内、后过道、再楼梯间的顺序进行喷涂。

（2）喷涂厚度一次不宜超过8 mm。当超过时应分遍进行，一般底灰喷涂两遍：第一遍根据抹灰厚度将基体平整或喷拉毛灰；第二遍待头遍灰凝结后再喷，并应略高于标筋。

（3）顶棚喷涂宜先在周边喷涂出一个边框，再按“S”形路线由内向外巡回喷涂，最后从门口退出。当顶棚宽度过大时，应分段进行，每段喷涂宽度不宜大于2.5 m。

（4）室内地面喷涂宜从门口一侧开始，另一侧退出。同一房间喷涂，当墙体材料不同时，应先喷涂吸水性小的墙面，后喷涂吸水性大的墙面。

（5）室外墙面的喷涂，应由上向下按“S”形路线巡回喷涂。底层灰应分段进行，每段宽度为1.5~2.0 m，高度为1.2~1.8 m。面层灰应按分格条进行分块，每块内的喷涂应一次完成。

（6）喷射的压力应适当，喷嘴的正常工作压力宜控制在1.5~2.0 MPa。

（7）持喷枪姿势应当正确，喷嘴与基层的距离、角度和气量，应视墙体基层材料性能和喷涂部位按表4–18选用。

表4–18　喷涂距离、角度与气量

工程部位	距离/cm	角度	气量
对吸水性强的干燥墙面	10~35	90°	气量应调小些
对吸水性弱的潮湿墙面	15~45	65°	气量应调小些
顶棚喷灰	15~30	60°~70°	气量应调小些
踢脚板以上部位喷灰	10~30	喷嘴向上仰30°左右	气量应调小些
门窗口相接墙面喷灰	10~30	喷嘴偏右向墙面30°~40°	气量应调小些
地面喷灰	30	90°	气量应调小些

注：1. 由于喷涂机械不同，其性能差异较大，因此喷涂距离取值面较宽，应视具体机械选择其中合适距离。

2. 一般机械的压力大，则距墙面距离亦应增大。

（8）喷涂从一个房间向另一房间转移时，应关闭气管。

（9）面层灰喷涂前20~40分钟应将头遍底层灰湿水，待表面晾干至无明水时再喷涂。

（10）在屋面地面松散填充料上喷涂找平层时，应连续喷涂多遍，喷灰量宜少，以保证填充层厚度均匀一致。

（11）喷涂砂浆时，对已保护的成品应注意勿污染，对喷溅黏附的砂浆应及时清除干净。

4. 抹平压光

（1）喷涂后应及时清理标筋，用大板沿标筋从下向上反复去高补低。喷灰量不足时，应及时补平。当后做护角线、踢脚板及地面时，喷涂后应及时清理，留出护角线、踢脚板位置。

（2）喷涂后，应适时用刮杠紧贴标筋上下左右刮平，把多余砂浆刮掉，并搓揉压实，保证墙面的平整。

（3）最后用木抹子将墙面搓平与修补。当需要压光时，面层灰刮平后，应及时压实压光。

（4）喷涂过程中的落地灰应及时清理回收。

（5）面层灰应随喷随刮随压，各工序应密切配合。

八、质量检查与验收

（1）喷涂抹灰工程的质量等级应符合国家现行规范和设计的有关要求。

（2）喷涂抹灰工程的面层不得有爆灰和裂缝；各抹灰层之间及抹灰层与基体之间应黏结牢固，不得有脱层、空鼓等缺陷。

（3）喷涂抹灰分格条（缝）的宽度和深度应均匀一致，棱角整齐平直；孔洞、槽、盒的位置尺寸应正确，抹灰面边缘应整齐；阴阳角方正光滑平顺；门窗框与墙体间缝隙应填塞密实，表面平整。

（4）喷涂抹灰面层应表面光滑、洁净，接槎平整，线角顺直清晰，毛面纹路均匀一致。

（5）喷涂抹灰基层质量的允许偏差，应符合表4-19的规定。

表4-19　喷涂抹灰基层质量的允许偏差

项目	允许偏差/mm			检验方法
	墙、顶面	楼地面	屋面	
表面平整	4	4	5	用2 m直尺和楔形塞尺检查
阴阳角垂直	4	—	—	用2 m托线板和尺检查
立面垂直	5	—	—	
阴阳角方正	4	—	—	用200 mm方尺检查
分格条（缝）平直	3	3		拉5 m线和尺检查

九、冬期抹灰施工

（1）喷涂前，墙面必须清理干净，不得积存冰、霜、雪。不得用热水冲刷冻结的墙面或用热水消除墙面的冰霜。

（2）室内喷涂前，宜先做好门窗口等的封闭保温围护，必要时可采取供热措施。

（3）室内喷涂砂浆上墙与养护温度不应低于5℃。水泥砂浆层应在湿润条件下养护。

（4）在施工过程中，每天应按时对大气、原材料、出机砂浆、砂浆上墙温度和室温进行测试，并做好记录。

（5）喷涂抹灰结束后，7天以内的室内温度不应低于5℃。

十、安全施工措施

1. 喷涂作业

（1）喷涂前喷枪手必须穿好工作服、胶皮鞋，戴好安全帽、手套和安全防护眼镜等人身保护装置。

（2）供料与喷涂人员之间的联络信号，应清晰易辨，准确无误。

（3）喷涂作业时，严禁将喷枪口对人。当喷枪管道堵塞时，应先停机释放压力，避开人群进行拆卸排除，未卸压前严禁敲打晃动管道。

（4）喷涂作业前，先试喷并检查喷嘴是否堵塞，应避免喷枪口突发喷射伤人。在喷涂过程中，应有专人配合，协助喷枪手拖管，以防移管时失控伤人。

（5）清洗输浆管时，应先卸压，后进行清洗。

（6）输浆过程中，应随时检查输浆管道连接处是否松动，以免管子接头脱落，喷浆伤人。

2. 机械操作

（1）灰浆联合机和喷枪必须由专人操作、管理与保养。工作前，应作好安全检查。

（2）设备运转时，不得检修。

（3）喷涂前应检查超载安全装置，喷涂时应随时观察压力表升降变化，以防超载危及安全。

（4）电动机、电气控制箱及电气装置，应遵守现行《施工现场临时用电安全技术规范》的有关规定。

（5）设备检修清理时，应拉闸断电，并挂牌示意或设专人看护。

（6）非检修人员，不得拆卸安全装置。

第七节　抹灰线施工技术

一、灰线的用途和分类

1. 灰线用途

灰线是室内装饰线，在某些建造标准较高的公共建筑和民用建筑的墙面、顶棚、梁底、檐口、方（圆）柱上端、门窗口阳角、门头、灯座、舞台口周围等部位，适当地设置一些装饰线，可以给人们舒适和美的感受。

2. 灰线种类

灰线的式样很多，线条有繁有简，形状有大有小。

依灰线线条的多少，分为简单灰线和多线条灰线，见图4-18~图4-20。

图4-18　抹灰线示意图

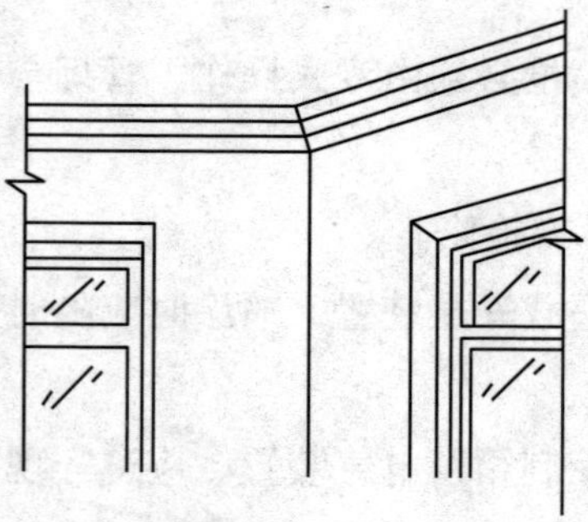

图4-19　墙面与顶棚交接处的简单灰线

图4-20　多线条灰线

二、灰线工具简介

抹灰线须根据灰线尺寸制成木模施工。

（1）饰线脚抹灰工具，通常要根据灰线的繁简情况、尺寸大小及其形状，做出木制足尺灰线模型。这种模型分死模、活模和圆形线条活模三种，见图4-21~图4-23。

（2）在顶棚四角阴角处用木模无法捋到的灰线，需用灰线接角尺，使之在阴角处合龙，见图4–24。

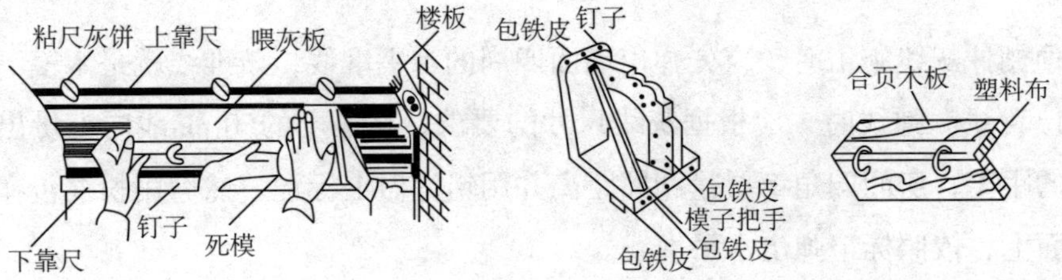

(a) 死模操作示意 (b) 死模 (c) 合页式喂灰板

图4–21 灰线死模示意图

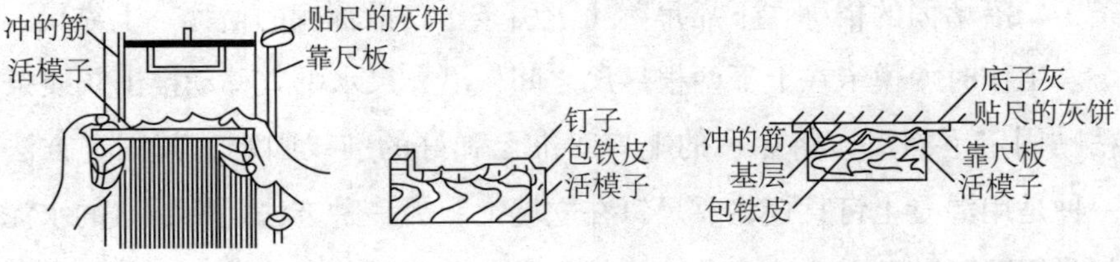

(a) 活模操作示意 (b) 活模 (c) 活模、冲筋、靠尺板的关系

图4–22 灰线活模示意图

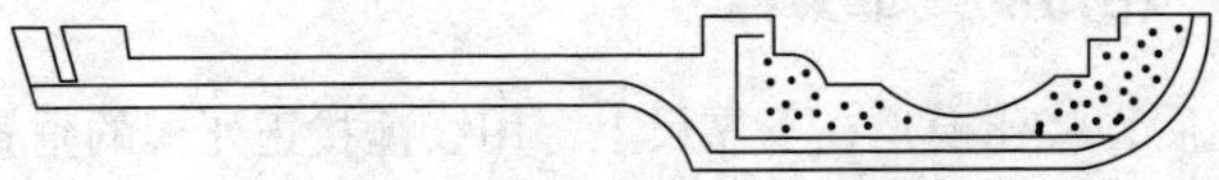

图4–23 圆形线条活模示意图

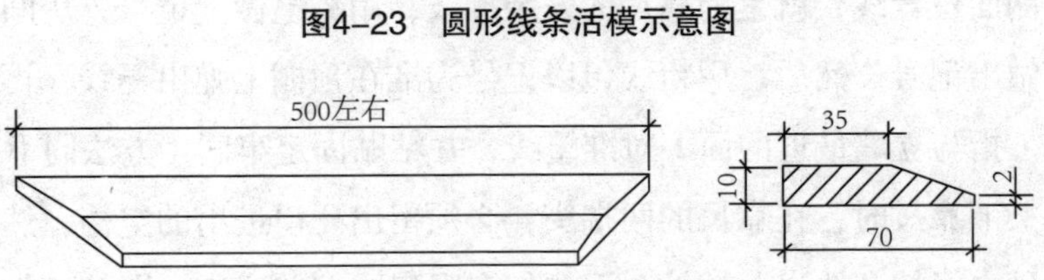

图4–24 灰线接角直尺（mm）

三、分层做法

（1）黏结层：可薄涂一层1∶1∶1水泥石灰砂浆。

（2）垫灰层：涂1∶1∶4水泥石灰砂浆略掺麻刀，其厚度根据灰线尺寸而定。

（3）出线灰需涂1∶2石灰砂浆，砂子过ϕ3 mm筛孔。

（4）2 mm厚纸筋灰（或麻刀灰）罩面，纸筋灰过窗纱，分两次抹成。第一次用普通纸筋灰，第二次用过窗纱筛子的细纸筋灰。

四、弹线找规矩

顶棚抹灰线施工时，应先弹出墙面四周的水平准线，该准线就是木模下沿的尺寸位置线。弹线时，应根据灰线尺寸的要求，将墙上的50 cm线向上量出弹线位置的距离，房间四角都要量相同距离并用铅笔做上标记，然后用粉线包在四周立墙面上，依照标记弹出水平准线。

五、粘贴固定下靠尺

用木模扯灰线时，在室内顶棚与墙面交接的两侧须各粘贴上下各两根靠尺（引条），沿堵面的俗称“下靠尺”（下引条），沿顶棚的俗称“上靠尺”（上引条）。工作时木模卡在上下两根靠尺之间，沿靠尺水平方移动推出灰线条。

粘贴固定下靠尺，将靠尺的上口对准已弹好的准线固定。其固定方法有两种：一种是用混凝土钉直接将靠尺钉在立墙上，另一种方法是用1：1的水泥纸筋混合灰或用石膏粘贴在立墙上。四周都粘贴或固定后，应检查一遍。不合适处应进行修整，要求靠尺平直、牢固。

六、弹线、粘贴固定上靠尺

下靠尺稳固后，将死模坐在下靠尺上，用线锤找正死模的垂直平正角度，靠模头上外侧面位置线，就是上靠尺的安装准线，用铅笔做上记号，房间的四角依此法分别做出记号。然后，用粉线包以记号为准在顶棚上弹出墨线，再将上靠尺的内侧面（指与立墙最近的面）对准墨线，并粘贴固定牢固（方法同下靠尺）。

固定上下靠尺时，在靠尺的两端头，必须留出死模进出的空档，然后把死模放进两靠尺之间的“轨道”试扯一下。如有阻碍或偏差，应立即校正靠尺，要求模子推、拉时，以不紧不松为宜。

七、抹灰线

待粘贴靠尺的灰饼硬化后，就可进行抹灰线，灰线必须分层抹制，避免砂浆一次过厚而造成起壳、开裂。

1. 抹头道黏结层灰

用1：1：1水泥石灰混合砂浆，先薄薄地抹一层，以便与顶棚和墙面黏结牢固。

2. 抹第二道垫层灰

用1：1：4水泥石灰混合砂浆略摇一些麻刀，其厚度根据灰线尺寸来定，如厚度超过10 mm，应分层抹制。抹灰时，两人要密切配合协同进行，要随时推、拉死模，使表面砂浆饱满平直，粉脚清晰，在灰线成型后要把死模倒拉一次，清理运行轨道，以便抹下道灰时不卡模子。

3. 抹第三道出线灰

在第二道垫层灰抹好后，第二天抹第三道出线灰，用1：2石灰砂浆（砂子过3 mm筛）稍掺一点水泥，薄薄抹一层，使灰线成型，棱角要求基本整齐。

4. 抹第四道罩面灰

待第三道出线灰三四成干时，用2 mm厚纸筋灰分两次抹成。第一次用普通纸筋灰，第二次用窗纱筛子筛过的细纸筋灰，这一次罩面要一次成活，使棱角整齐光滑，不得留有接茬。抹罩面灰的操作要点：抹灰时，一人在前用合页式喂灰板按在死模口喂灰，一人在后推死模抹灰线，要求两人动作密切配合，做到协调一致，步子要稳，喂灰板只能依靠死模的推动力匀速前进。死模只能往前推，不准向后拉，否则，灰线会留有痕迹，影响美观。为了保证扯制灰线尺寸的准确无误，操作中应时常注意检查，使模头及模板下面起定位作用的小方木条，始终紧靠在上下靠尺板上，只有这样，才能使灰线尺寸满足设计要求。顶棚抹灰常在灰线抹完后进行。

待三四成干时再用细纸筋灰（或麻刀灰）把棱角抹齐、抹光。如有蜂窝，可用萦灰修补，再赶平压光。灰线接搓处，应用小靠尺刮平，并用排笔蘸水轻刷接口，使接搓平顺、均匀一致，不留痕迹。灰线稍干后，再小心起下靠尺，注意不要碰坏灰线。最后刮掉墙上及顶棚上的残灰，保持墙面和顶棚清洁。

如果用石膏抹罩面灰线，需待底层灰六七成干后，经表面洒水润湿，用石灰膏：石膏=4：6配合好的石膏罩面，在6~7分钟内，推抹至棱角整齐光滑。

八、灰线接头做法

在房间四角处，用死模无法扯到顶棚灰线，须用特制的硬木“合角尺”（也叫“接角尺”）镶接。要求接头阴角的交线与立墙阴角的交线在同一平面之内。

1. 接阴角

抹完房屋四周的灰线，切齐甩搓。然后开始连接每两条灰线的接头，使之在阴角处合龙。操作时先用抹子抹好垫层，待抹完出线灰及罩面灰后，以原有灰线为规矩，分别用灰线接角尺刮出接角灰线，使之成形。成形之后再用铁皮或竹皮修理，不显接槎，最后用排笔清刷。要求接头阴角的交线与立墙阴角的交线在一个平面之内。

2. 接阳角

首先确定垛、柱阳角灰线的位置。操作时先将垛、柱两边靠阳角处抹好，然后再接阳角。

具体方法是用方尺靠在已成形灰线的墙面上，用小线锤从顶棚灰线的外口（要与线口齐）吊下，在方尺上做出标记，就得出垛柱靠顶棚上面灰线所需要的尺寸。再用方尺按所量出的尺寸在顶棚画线，一头至成形灰线，一头至垛、柱最外处。这样就得出所需要的灰线上口线。过下口线只需将方尺套在垛、柱上，与成形灰线最下面画齐即可。在操作时要严格按线施工，不得越线。然后先将两边靠阴角处与垛、柱接合整齐，再接柱、垛阳角。抹时要与成形灰线相同，大小一致，抹后应仔细检查阴阳角方正，并要成一直线。

第八节　楼梯抹灰施工技术

一、底子灰和罩面要求

底子灰用1：3水泥砂浆，厚度1.5 cm；罩面用1：2水泥砂浆，厚度8 mm。

二、阴、阳角抹子简介

1. 阴角抹子

阴角抹子是抹阴角时用于阴角部位压光的工具，见图4–25。

2. 阳角抹子

阳角抹子是用于大墙阳角、柱、窗口、门口、梁等处阳角捋直捋光的工具，见图4–26。

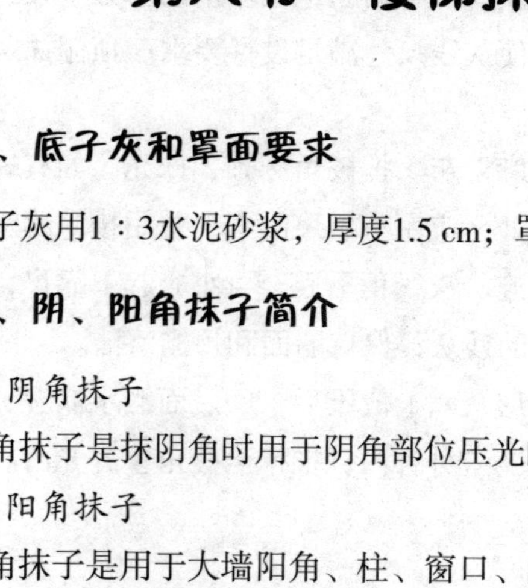

图4–25　阴角抹子

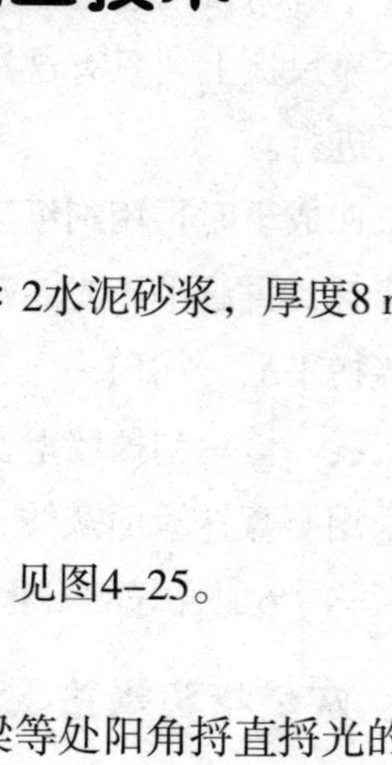

图4–26　阳角抹子

三、施工要求

（1）楼梯踏步的高度，应以楼梯间结构层的标高结合楼梯上下级踏步与平台、走道连接处面层的做法进行划分，以使铺设后每级踏步的高度与上一级踏步和下一级踏步的高度差不大于10 mm。

（2）楼梯踏步面施工前，应在楼梯一侧墙面上画出各个踏步做面层后的高宽尺寸及形状，或按每个梯段的上下两头踏步口画一斜线作为分步标准，见图4–27。

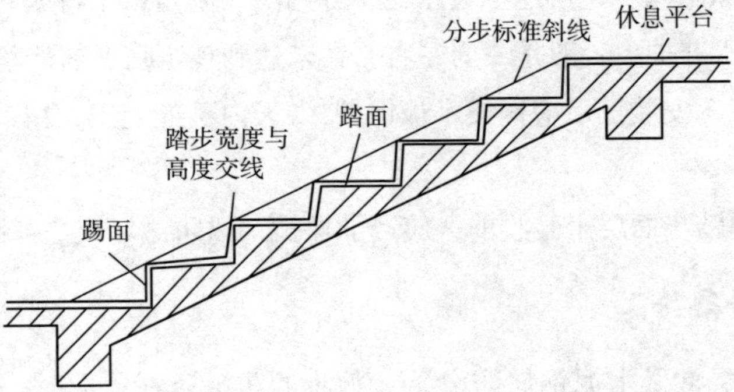

图4–27　画斜线作为分步标准示意图

（3）楼梯踏步面层的施工与相应的面层基本相同，每个踏步宜先抹立面（踢面）再抹平面（踏面）。楼梯踏步面层应自上而下进行施工。

四、水泥砂浆楼梯踏步施工

（1）清扫基层，洒水润湿，根据休息平台水平线按上下两头踏步口弹一斜线作为分步标准，操作时踏步角对在斜线上，最好弹出踏步的宽度和高度后再操作。

浇水湿润，扫水泥浆一道，随即抹1∶3水泥砂浆（体积比）底子灰，厚约15 mm。

（2）抹立面（踢面）时，先抹立面（踢板），再抹平面（踏板），由上往下抹。抹立面时用八字尺压在上面，按尺寸留出灰口，依八字尺用木抹子搓平，靠尺应先压在上面，并按尺寸留出灰口，依着靠尺用木抹搓平，见图4–28（a）所示；再把靠尺支在立面上抹平面，依着靠尺用木抹搓平，见图4–28（b）所示，并做出棱角，把底子灰划麻，次日罩面。

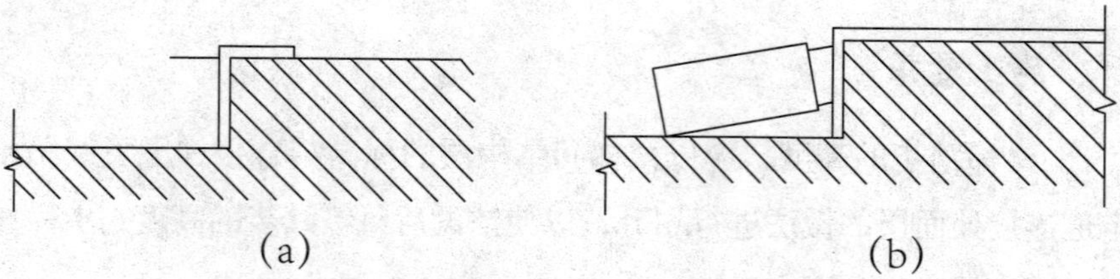

图4-28　楼梯踏步抹面步骤

（3）罩面灰宜采用（1：2~2.5）水泥砂浆（体积比），厚8 mm。应根据砂浆干湿情况先抹出几步，再返上去压光，并用阴、阳角抹子将阴、阳角抹光，24小时后开始浇水养护，一般是一周左右，在未达到规定强度前严禁上人。

（4）施工（安装）后应铺设木板保护，7天内不准上人，14天内不准运输材料等重物。

（5）楼梯踏步面层未验收前，应严加保护，以防碰坏或撞掉踏步边角。

五、防滑条施工

水磨石面层常做水泥钢屑防滑条。踏步的防滑条在罩面时一般在踏步口进出约4 cm处粘上宽2 cm、厚7 mm的米厘条。米厘条事先用水泡透，小口朝下用素灰贴上，把罩面灰与米厘条抹成一平面，达到强度后取出米厘条，再在槽内填1：1.5水泥金刚砂浆，高出踏脚4 mm，用圆角阳角抹子捋实，捋光，再用小刷子将金刚砂粒刷出。

防滑条的另一种做法是在抹完罩面灰后，立即用一刻槽尺板把防滑条位置的罩面灰挖掉来代替黏米条。还可用预制的水泥钢屑防滑条，用素水泥浆黏结埋入槽内。

第五章　装饰抹灰施工技术

第一节　施工准备

抹灰工程所需用的材料、成品、半成品等应按照材料的质量标准要求，具备材料合格证书并进行现场抽样检测。

（1）水泥应采用硅酸盐水泥、普通硅酸盐水泥，其质量必须符合现行国家标准，强度等级不小于32.5级，水泥应有出厂质量保证书，使用前必须对水泥的凝结时间和安定性进行复验。不同品种、不同等级的水泥不得混用。

（2）砂应采用中砂，质量符合《普通混凝土用砂质量标准及检验方法》，含泥量不应大于3%，使用前应过筛。

（3）彩色石粒多用作水磨石、水刷石及斩假石的骨料，是由天然大理石破碎而成，其规格、品种和质量应符合设计要求。

（4）石灰膏使用前应经熟化，时间一般不少于15天，用于罩面的磨细石灰粉熟化时间不应少于3天。石灰膏应细腻洁白，不得含有未熟化颗粒，已冻结风化的石灰膏不得使用。

（5）水宜用饮用水，当采用其他水源时，水质应符合国家饮用水标准。

（6）掺入砂浆中的粉煤灰、颜料、外加剂等，应符合质量标准和设计要求。

一、施工现场要求

（1）主体结构已完成，脚手架眼已堵完，主体结构工程验收合格；墙体内预埋管线已完成并已验收合格。

（2）所有材料进场检验完成，达到质量要求；机械设备就位并运行正常。

（3）按施工要求准备好双排外架子或吊篮、桥式架子。架子的立杆应离开墙面20 cm以保证操作。墙上最好不留脚手眼，防止二次修补，造成墙面有花感。

（4）外墙预留孔洞及预埋管等处理完毕。外墙空腔防水做完，并经淋水试验无渗漏，检验合格。门窗框安装固定好，并用1：3水泥砂浆将缝隙堵塞严实。

（5）墙面清理干净，墙面上凸起的混凝土应剔平。凹处用1：3水泥砂浆分层补平。

（6）水刷石大面积施工前应先做样板，确定配合比和施工工艺，责成专人统一配料，并把控好配合比。

二、施工要求

（1）柱子、垛子、墙面、檐口、门窗口、勒脚等处，都要在抹灰前在水平和垂直两个方向拉通线，找好规矩（包括四角挂垂直线，大角找方，拉通线贴灰饼、冲筋等）。

（2）抹底子灰前基层要先浇水湿润，底子灰表面应扫毛或划出纹道，经养护1~2天后再罩面，次日浇水养护。夏季应避免在日光暴晒下抹灰。用于加气混凝土基层的底灰宜采用混合砂浆。一般不宜粘挂较重（如面砖、石料等）的饰面材料，除护角、勒脚等，不宜大面积采用水泥砂浆抹灰。其他见一般抹灰的有关要求。

（3）尽量做到同一墙面不接槎，必须接槎时，应注意把接槎位置留在阴阳角或水落管处。室外抹灰为了不显接槎，防止开裂，一般应按设计尺寸粘米厘条（分格条），均匀分格处理。

（4）墙面有分格要求时，底层应分格弹线，粘米厘条（分格条）时要四周交接严密、搜平竖直，拉岔要齐，不得有扭曲现象。

（5）加气混凝土外墙面不平处，可先刷20%的108胶水泥浆，再用1：1：6混合砂浆修补。为了保证饰面层与基层黏结牢固，施工前宜先在基层喷刷1：3（胶：水）的108胶水溶液一遍。

（6）外墙抹灰应由屋檐开始自上而下进行，在檐口、窗台、碹脸、阳台、雨罩等部位，应做好泛水和滴水线槽。

（7）水刷石。在基层砂浆终凝后，按设计要求抹结合层灰浆（设计无要求时，刮水灰比为0.37~0.4的水泥浆），设好界条（缝）；把搅拌好的水刷石用料抹在结合层上，然后用木抹子找平、拍实；待面层初凝后，用刷子蘸水刷掉（或用喷雾器喷水冲掉）表面的水泥浆，至石子外露。

（8）斩假石。在基层初凝后，满刮水灰比为0.37~0.4的水泥浆，按设计要求设好界条（缝），用铁抹子根据图纸设计面层材料将面层分两次涂抹，用刮尺赶平，收水后用木抹子打磨压实；养护至5 N/mm^2左右（常温下一般养护2~3天），用剁斧进行剁纹。

（9）干粘石。在基层初凝后，按设计要求抹结合层灰浆，设好界条（缝）；将小石子直接用木抹子甩到墙面上并找平、拍实，待结合层灰浆初凝后，用笤帚将没粘住的小石子轻扫下来。

（10）假面砖。面层砂浆涂抹前要浇水湿润基层，然后抹1：1水泥砂浆垫层，厚度约3 mm；接着抹面层砂浆3~4 mm厚。面层稍收水后，用靠尺板使铁梳子或铁棍由上向下划纹，深度不超过1 mm，然后根据面砖的宽度用铁钩子沿靠尺横向划沟。

第二节　水刷石、干粘石、斩假石、水磨石

一、水刷石

水刷石主要用于室外的装饰抹灰。对于高层建筑大面积水刷石，为加强底层与混凝土基体的黏结，防止空鼓、开裂，墙面要加钢筋做拉结网。为防止大面积水刷石开裂需适当分格，施工时按设计要求在抹灰中层表面弹出分格线，粘贴分格条。

二、水泥质量要求

水泥：采用32.5级及以上的矿渣或普通硅酸盐水泥、白水泥和彩色水泥，所用水泥应是同一厂家，同一批号，一次进足用量。

三、石米质量要求

石米：颗粒坚实、洁净，1号石（大八厘）粒径为8 mm，2号石（中八厘）为6 mm，3号石（小八厘）为4 mm，同品种石米要颜色一致，不含草屑、泥砂，最好是同一批出厂产品。

四、界面处理剂和胶粘剂的选用

随着建筑业的发展，建筑市场也涌现出许多新技术、新材料，各种界面处理剂和胶粘剂在抹灰工程中广泛应用，常用产品见表5–1。

表5–1　界面处理剂、胶粘剂选用参考

产品名称		产品简介
品名	型号	
混凝土界面处理剂	YJ–302	用于混凝土层抹灰处理，砖板粘贴，新老混凝土连接等，具有防水、防油、隔潮及屋内隔气层的作用
	YJ–303	用于内外墙面（混凝土、加气混凝土等）抹灰拉毛处理
建筑黏结剂	YJ–1	用于墙地面耐酸砖板砌筑、勾缝
	YJ–3	用于悬壁等要求的部位粘贴大块砖板
	YJ–9	用于面砖、大理石粘贴、聚合物砂浆加固、修补
	金鹰粉（粉状）	用于游泳池内外墙等粘贴面砖、地下防水专业抹面保护
	邦德胶（膏状）	用于瓷砖、矿棉板、木地板、PVC地板、石膏板、泡沫塑料等各类室内材料的粘贴
聚合物砂浆	EC	混凝土墙面修补找平保温板用聚合物砂浆胶料：粉料=1：4（质量比）

注：此表摘录自建筑构造通用图集88JXl。

五、石粒

在抹灰工程中，除了常用砂子作为骨料外，还经常用石粒作装饰抹灰骨料。色石粒是由天然大理石及其他石料破碎筛分而成的。它具有各种色泽（包括白色），多用作水磨石、水刷石、斩假石、干粘石及其他饰面抹灰骨料。彩色石粒的规格品种及质量要求见表5–2。

表5-2　彩色石粒的规格、品种及质量要求

规格与粒径的关系		常用品种	质量要求
规格俗称	粒径/mm		
大二分	约20	东北红、丹东戏、盖平红、粉黄绿、玉泉灰、旺青、晚霞、白云石、云彩绿、红王花、奶油白、竹根霞、苏州黑、黄花玉、南京红、雪浪、松香石、墨玉等	颗粒坚韧、有棱角、洁净，不得含有被风化的石粒、黏土、碱质及其他有机物等有害杂质，使用时应冲洗干净
一分半	红15		
大八厘	约8		
中八厘	约6		
小八厘	约4		
米粒石	0.3~1.2		

六、粉煤灰的质量要求

（1）拌料水泥混凝土和砂浆用粉煤灰的质量指标见表5-3。

表5-3　拌制水泥混凝土和砂浆用粉煤灰的质量指标

序号	指标	级别		
		Ⅰ	Ⅱ	Ⅲ
1	细度（0.045 mm方孔筛筛余）/（%）≤	12	20	45
2	需水量比/（%）≤	95	105	115
3	烧失量/（%）≤	5	8	15
4	含水量/（%）≤	1	1	不规定
5	三氧化硫/（%）≤	3	3	3

（2）必须获取供料单位关于粉煤灰化学成分测试报告及与其他材料、混合料的强度试验报告，出厂合格证（内容：厂名和批号；合格证编号及日期；粉煤灰的级别及数量）。

（3）应严格控制混凝土中的粉煤灰掺量，并抽检相关试块强度，确保强度指标符合设计要求。

（4）粉煤灰砂浆宜采用机械搅拌，保证拌和物均匀。砂浆各组分的计量允许误差（按重量计）为：水泥±2%，粉煤灰、石灰膏和细骨料±5%，总搅拌时间≥2分钟。

（5）粉煤灰散装运输时，必须采取措施，防止污染环境。

（6）干粉煤灰应储存在有顶盖的料仓中，湿粉煤灰可堆放在带有围墙的场地上。

（7）袋装粉煤灰的包装袋上应清楚表明粉煤灰、厂名等级、批号及包装日期。

七、水磨石

水磨石具有整体性好、耐磨不起灰、光滑美观的优点。可根据设计要求制成各种图案，装饰效果较好。按装饰效果可分为普通水磨石和美术水磨石，按施工方法分有预制和现浇两种，白色或浅色的水磨石面层应采用白水泥，深色的水磨石面层宜采用硅酸盐水泥、普通水泥或矿渣水泥，同颜色的面层应使用同一批水泥，以保证面层色泽一致。

水磨石面层所用的石粒应采用质地密实磨面光亮但硬度不太高的大理石、白云石、方解石加工而成，硬度过高的石英岩、长石、刚玉等不宜采用，石粒粒径规格习惯上用大八厘、中八厘、小八厘、米粒石来表示。

颜料对水磨石面层的装饰效果有很大影响，应采用耐光、耐碱和着色力强的矿物颜料，颜料的掺入量对面层的强度影响也很大，面层中颜料的掺入量宜为水泥质量的3%~6%。同时不得使用酸性颜料，因其与水泥中的水化产物$Ca(OH)_2$起作用，使面层易产生变色、褪色现象。常用的矿物颜料有氧化铁红（红色）、氧化铁黄（黄色）、氧化铁绿（绿色）、氧化铁棕（棕色）、群青（蓝色）等。

八、斩假石特点

斩假石是在水泥砂浆基层上涂抹水泥石子浆，待凝结硬化具有一定强度后，用斧子及各种凿子等工具，在面层上剁斩出类似雕琢效果的一种人造石料装饰方法。它具有貌似真石的质感，又具有精工细作的特征。适用于外墙面、勒脚、室外台阶和地坪等建筑装饰工艺。

九、辊子

辊子是用来滚压各种抹灰地面面层的工具，又称滚筒。经滚压后的地面可以增加密实度，也可把较干的灰浆碾压至表面出浆便于面层平整和压光（见图5–1）。

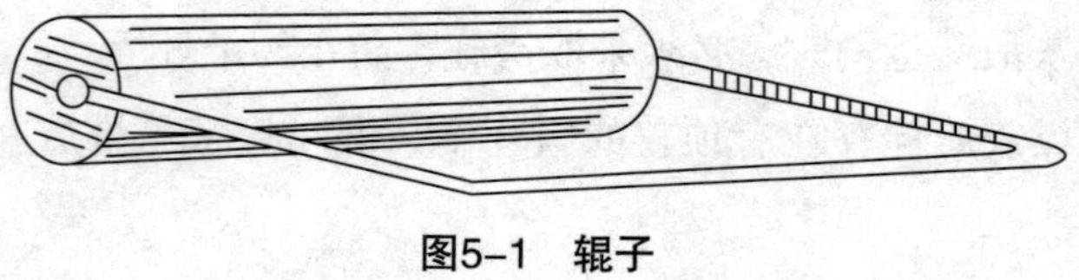

图5–1　辊子

十、水刷石施工

1. 工艺流程

基层处理→吊直、套方、做灰饼及冲筋→做护角→抹底层和中层砂浆→弹线粘贴分格条→抹面层石子浆→修整洗刷→起条勾缝。

2. 混凝土外墙基层水刷石施工

（1）基层处理。将混凝土表面凿毛，板面酥皮剔净，用钢丝刷将粉尘刷掉，清水冲洗干净，浇水湿润；用10%火碱水将混凝土表面的油污及污垢刷净，并用清水冲洗晾干，喷或甩1：1掺用水量20%的108胶水泥细砂浆一道。终凝后浇水养护，直至砂浆与混凝土板粘牢（用手掰砂浆不脱落），方可进行打底；或采用YJ302混凝土界面处理剂对基层进行处理，其操作方法有两种。第一种，在清洗干净的混凝土基体上，涂刷“处理剂”一道，随即紧跟着抹水泥砂浆，要求抹灰时处理剂不能干。第二种，刷完处理剂后撒一层粒径为2~3 mm的砂子，以增加混凝土表面的粗糙度，待其干硬后再进行打底。

（2）吊垂直、套方、做灰饼。外墙面抹灰前要注意找出规矩。要在各大角先挂好自上而下的垂直通线（高层建筑应用铁丝或在大角及门窗口边用经纬仪打垂线吊得重锤垂下），然后在各大角两侧分层打标准灰饼。再接水平通线后对墙面其余部位做灰饼。对于门窗洞口、阳台、腰线等部位也应注意进行吊垂直，拉水平线做灰饼，使墙面部位做到横平竖直。

（3）冲筋、抹底（中层）灰，与内墙一般抹灰相同，但应注意因面层是含粗骨料的灰浆，故应做成平整但较粗糙的表面，并应划毛。

（4）贴分格条。贴分格条时要注意按照设计要求或窗台（楣）、饰线等具体情况分格。分格条横竖线要布置恰当，应分别与门窗立边和上下边缘平齐，并不得有掉棱、缺角、扭曲等现象。镶贴时要先在中层砂浆上弹出分格墨线，然后用素水泥浆按照墨线粘贴分格条。分格条粘贴后要求达到横平竖直、交接通顺。

（5）抹面层石子浆。抹面层前，先将底层洒水湿润，然后扫纯泥浆一遍，接着抹上1：0.3：（1~1.5）水泥浮粉石子浆，厚度约为10 mm。每一块分格内从上而下抹实与分格条持平，抹完一块检查其平整度，不平处及时修补后压实抹平，并把露出的石米尖棱轻轻拍打进去。同一方格的面层要求一次抹完，不宜留施工缝。需要留施工缝时，应留在分格缝的位置上。

（6）修整、洗刷。待水分稍干，墙面无水时，先用铁抹子对已抹好的石米灰浆表面抹平揉压，使石料分布均匀，并使小孔洞压密，挤实。然后用横扫蘸水将压出的水泥浆刷去，再用铁抹子压实抹平一遍，如此反复进行几次，使石米大面朝外，达到石粒均匀、密实。等面层开始初凝（约六七成干，用手指压上去没有指痕，用刷子刷不掉石粒时），用水杯装水由上往下轻轻浇水冲洗，将表面及石料之间的水泥浆冲掉，使石米露出表面1/3~1/2，达到清晰可见的效果。冲刷时做好排水工作，可分段抹上阻水的水泥浆挡水，并在水泥浆上粘贴油毡让水外排，使水不直接顺着下部墙体底层砂浆面往下淌。待墙面干燥后，从各分格条的端头开始，小心起出分格条，并及时用素水泥浆勾缝。

（7）施工程序。门窗碹脸、窗台、阳台、雨罩等部位刷石应先做小面，后做大面，以保证大面的清洁美观。刷石阳角部位，喷头应从外往里喷洗，最后用小水壶浇水冲净。檐口、窗台碹脸、阳台、雨罩等底面应做滴水槽，上宽7 mm，下宽10 mm，深10 mm，距外皮不少于30 mm。大面积墙面刷石如一天完不成，在继续施工冲刷新活前，应将前一天做的刷石用水淋透，以备喷刷时粘上水泥浆后便于清洗，防止污染墙面。岔子应留在分格缝上。

3. 基层为砖墙水刷石施工

（1）基层处理。抹灰前将基层上的尘土、污垢清扫干净，堵脚手眼，浇水湿润。

（2）吊垂直、套方找规矩。从顶层开始用特制线坠。绷铁丝吊直，然后分层抹灰饼，在阴阳角、窗口两侧、柱、垛等处均应吊线找直，绷铁丝，抹好灰饼并充筋。

（3）抹底层砂浆。常温时采用1：0.5：4混合砂浆或1：0.3：0.2：4粉煤灰混合砂浆打底，抹灰时以充筋为准控制抹灰的厚度，应分层分遍装档，直至与筋抹平。要求抹头遍灰时用力抹，将砂浆挤入灰缝中使其黏结牢固，表面找平搓毛，终凝后浇水养护。

（4）弹线、分格、粘分格条、滴水条。按图纸尺寸弹线分格，粘分格条。分格条要横平竖直交圈，滴水条应按规范和图纸要求部位粘贴，并应顺直。

（5）抹水泥石渣浆。先刮一道掺用水量10%的108胶水泥素浆，随即抹1：0.5：3水泥石渣浆，抹时应由下至上一次抹到分格条的厚度，并用靠尺随抹随找平，凸凹处及时处理，找平后压实、压平、拍平至石渣大面朝上为止。

（6）修整、喷刷。将已抹好的石渣面层拍平压实，将其内水泥浆挤出，用水刷蘸水将水泥浆刷去，重新压实溜光，反复进行3~4遍，待面层开始初凝（以用手指压上去没有指痕，用刷子刷不掉石渣为度），一人用刷子蘸水刷去水泥浆，一人紧跟着用水压泵喷头由上往下顺序喷水刷洗，喷头一般距墙10~20 cm，把表面水泥浆冲洗干净露出石渣，最后用小水壶浇水将石渣冲净，待墙面水分控干后，起出分格条，并及时用水泥膏勾缝。

（7）操作程序。门窗碹脸、窗台、阳台、雨罩等部位刷石先做小面，后做大面，以保证墙面清洁美观。刷石阳角部位喷头应由外往里冲洗，最后用小水壶浇水冲净。檐口、窗台、碹脸、阳台、雨罩底面应做滴水槽，上宽7 mm，下宽10 mm，深10 mm，距外皮不少于30 mm。大面积墙面刷石一天完不成时，如需继续施工，在冲刷新活前应将前一天做的刷石用水淋湿，以备喷刷时粘上水泥浆后便于清洗，防止污染墙面。

4. 冬、雨期施工

（1）冬期施工为防止灰层受冻，砂浆内不宜掺石灰膏，为保证砂浆的和易性，可采用同体积的粉煤灰代替。比如打底灰配合比可采用1：0.5：4（水泥：粉煤灰：砂）或1：3水泥砂浆；水泥石渣浆配合比可采用1：0.5：3（水泥：粉煤灰：石渣）或改为1：2水泥石渣浆使用。

（2）抹灰砂浆应使用热水拌和，并采取保温措施，涂抹时砂浆温度不宜低于5℃。

（3）抹灰层硬化初期不得受冻。

（4）进入冬期施工，砂浆中应掺入能降低冰点的外加剂，加氯化钙或氯化钠，其掺量应按早7点半大气温度高低来调整其砂浆内外加剂的掺量。

（5）用冻结法砌筑的墙，室外抹灰应待其完全解冻后再抹，不得用热水冲刷冻结的墙面或用热水消除墙面的冰霜。

（6）严冬阶段不得施工。

（7）雨期施工时注意采取防雨措施，刚完成的刷石墙面如遇暴雨冲刷时，应注意遮挡，防止损坏。

十一、水磨石施工

现浇水磨石施工时，在1：3水泥砂浆底层上洒水湿润，刮水泥浆一层（厚1~1.5 mm）作为黏结层，找平后按设计要求布置并固定分格嵌条（铜条、铝条、玻璃条），随后将不同色彩的水泥石子浆（水泥：石子=1：1~1.25）填入分格中，厚为8 mm（比嵌条高出1~2 mm），抹平压实。待罩面灰有一定强度（1~2天）后，用磨石机浇水开磨至光滑发亮为止。

每次磨光后，用同色水泥浆填补砂眼，视环境温度不同每隔一定时间再磨第二遍、第三遍，要求磨光遍数不少于三遍，补浆两次，此即所谓“二浆三磨”法。

最后，有的工程还要求用草酸擦洗和进行打蜡。

十二、斩假石

施工时先用1：2~2.5水泥砂浆打底，待24小时后浇水养护，硬化后在表面洒水湿润，刮素水泥浆一道，随即用1：1.25水泥石子浆（内掺30%石屑）罩面，厚为10 mm；抹完后要注意防止日晒或冰冻，并养护2~3天（强度达60%~70%）即可试剁，如石子颗粒不发生脱落便可正式斩假加工；加工时用剁斧将面层斩毛，剁的方向要一致，剁纹深浅要均匀，一般两遍成活，分格缝周边、墙角、柱子的棱角周边留15~20 mm不剁，即可做出似用石料砌成的装饰面。

1. 操作流程

中层砂浆验收→弹线、贴分格条→抹面层水泥石子浆→斩剁面层（或抓耙面层）→养护。

2. 操作要点

（1）基层处理

首先将突出墙面的混凝土或砖剔平，应对大钢模施工的混凝土墙面凿毛，并用钢丝刷满刷一遍，再浇水湿润。如果基层混凝土表面很光滑，亦可采取如下的毛化处理办法，即先将表面尘土、污垢清扫干净，用10%的火碱水将板面的油污刷掉，随即用净水将碱液冲净、晾干。然后用1：1水泥细砂浆内掺用水量20%的108胶，喷或用笤帚将半砂浆甩到墙上，其甩点要均匀，终凝后浇水养护，直至水泥砂浆疙瘩全部粘到混凝土光面上，并有较高的强度（用手掰不动）为止。

（2）吊垂直、套方、找规矩、贴灰饼

根据设计图纸的要求，把设计需要做斩假石的墙面、柱面中心线和四周大角及门窗口角，用线坠吊垂直线，贴灰饼找直。横线则以楼层为水平基线或+50 cm标高线交圈控制。每层打底时则以此灰饼作为基准点进行冲筋、套方、找规矩、贴灰饼，以便控制底层灰，做到横平竖直。同时要注意找好突出檐口、腰线、窗台、雨篷及台阶等饰面的流水坡度。

（3）抹底层砂浆

结构面提前浇水湿润，先刷一道掺用水量10%的108胶的水泥素浆，紧跟着按事先冲好的筋分层分遍抹1∶3水泥砂浆，第一遍厚度宜为5 mm，抹后用笤帚扫毛；待第一遍六七成干时，即可抹第二遍，厚度约6~8 mm，并与筋抹平，用抹子压实，刮杠找平、搓毛，墙面阴阳角要垂直方正。终凝后浇水养护。台阶底层要根据踏步的宽和高垫好靠尺抹水泥砂浆，抹平压实，每步的宽和高要符合图纸的要求，台阶面向外坡1%。

（4）抹面层石渣

根据设计图纸的要求在底子灰上弹好分格线，当设计无要求时，也要适当分格。首先将墙、柱、台阶等底子灰浇水湿润，然后用素水泥膏把分格米厘条贴好。

待分格条有一定强度后，便可抹面层石渣，先抹一层素水泥浆随即抹面层，面层用1∶1.25（体积比）水泥石渣浆，厚度为10 mm左右。然后用铁抹子横竖反复压几遍直至赶平压实，边角无空隙。随即用软毛刷蘸水把表面水泥浆刷掉，使露出的石渣均匀一致。面层抹完后约隔24小时浇水养护。

（5）剁石

抹好后，常温（15~30℃）隔2~3天可开始试剁，在气温较低时（5~15℃）抹好后隔4~5天可开始试剁，如经试剁石子不胶落便可正式剁石。为了保证棱角完整无缺，使斩假石有真石感，可在墙胆、柱子等边楞处，宜横剁出边条或留出15~20 mm的边条不剁。

为保证剁纹垂直和平行，可在分格内画垂直控制线，或在台阶上画平行垂直线，控制剁纹，保持与边线平行。

剁石时用力要一致，垂直于大面，顺着一个方向剁，以保持剁纹均匀。一般剁石的深度以石渣剁掉1/3比较适宜，使剁成的假石成品美观大方。

3. 施工注意问题

（1）空鼓裂缝

①因冬期施工气温低，砂浆受冻，到来年春天化冻后，容易使面层与底层或基层黏结不好而出现空鼓情况，严重时有粉化现象。因此在进行室外斩假石时应保持常温，不宜冬期施工。

②一层地面与台阶基层回填土应分步分层夯打密实，否则容易造成混凝土垫层与基层空鼓和沉陷裂缝。台阶混凝土垫层厚度不应小于8 cm。

③基层材料下同时应加钢板网。不同做法的基础地面与台阶，应留置沉降缝或分格条；预防产生不均匀的沉降与裂缝。

④基层表面偏差较大，基层处理或施工不当。如每层抹灰跟得太紧，又没有洒水养护，各层之间的黏结强度很差，面层和基层就容易产生空鼓裂缝。

⑤基层清理不净又没作认真地处理，往往是造成面层与基层空鼓裂缝的主要原因。因此，必须严格按工艺标准操作，重视基层处理和养护工作。

（2）剁纹不匀

主要是没掌握好开剁时间，剁纹不规矩，操作时用力不一致和斧刃不快等造成。应加强技术培训、辅导和抓样板，以样板指导操作和施工。

（3）剁石面有坑

大面积剁前未试剁，面层强度低所致。

十三、干粘石施工

1. 工艺流程

检查外架子→基层处理→吊垂直、找规矩→抹灰饼、充筋→打底→弹线分格→粘条→抹粘石砂浆→粘石→拍平、修整→起条、勾缝→养护。

2. 基层为混凝土外墙板的施工

（1）基层处理

对用钢模施工的混凝土光板应进行剔毛处理，板面上有酥皮的应将酥皮剔去，或用浓度为10%的火碱水将板面的油污刷掉，随之用净水将其碱液冲洗干净，晾干后用1∶1水泥细砂浆（其内的砂子应过纱绷筛）用掺水重20%的108胶水搅拌均匀，用空压机及喷斗将砂浆喷到墙上，或用笤帚将砂浆甩到墙上，要求喷、甩均匀，终凝后浇水养护，常温3~5天，直至水泥砂浆疙瘩全部固化到混凝土光板上，用手掰不动为止。

（2）吊垂直、套方、找规矩

若建筑物为高层时，则在大角及门窗口两边，用经纬仪打直线找垂直。若为多层建筑，可从顶层开始用大线坠吊垂直，绷铁丝找规矩，然后分层抹灰饼。横线则以楼层标高为水平基准交圈控制，每层打底时则以此灰饼做基准冲筋，使其打底灰做到横平竖直。

（3）抹底层砂浆

抹前刷一道掺用水量10%的108胶水泥素浆，紧跟着分层分遍抹底层砂浆，常温时可采用1：0.5：4（水泥：白灰膏：砂），冬期施工时应用1：3水泥砂浆打底，抹至与冲的筋相平时，用大杠刮平，木抹子搓毛，终凝后浇水养护。

（4）弹线、分格、粘分格条、滴水线

按图纸要求的尺寸弹线、分格，并按要求宽度设置分格条，分格条表面应做到横平竖直、平整一致，并按部位要求粘设滴水槽，其宽、深应符合设计要求。

（5）抹粘石砂浆、粘石

粘石砂浆主要有两种，一种是素水泥浆内掺水泥重20%的108胶配制而成的聚合物水泥浆；另一种是聚合物水泥砂浆，其配合比为水泥：石灰膏：砂：108胶=1：1.2：2.5：0.2。其抹灰层厚度，根据石渣的粒径选择，一般抹粘石砂浆应低于分格条1~2 mm。粘石砂浆表面应抹平，然后粘石，采用甩石子粘石，其方法是一手拿底钉窗纱的小筛子，筛内装石渣，另一手拿小木拍，铲上石渣后在小木拍上晃一下，使石渣均匀地撒布在小木拍上，再往粘石砂浆上甩，要求一拍接一拍地甩，要将石渣甩严、甩匀，甩时应用小筛子接着掉下来的石渣，粘石后及时用干净的抹子轻轻地将石渣压入灰层之中，要求将石渣粒径的2/3压入灰中，外露1/3，并以不露浆且黏结牢固为原则。待其水分稍蒸发后，用抹子从下往上垂直溜一遍，以消除拍石时的抹痕。

对大面积粘石墙面，可采用机械喷石法施工，喷石后应及时用橡胶辊子滚压，将石渣压入灰层2/3，使其黏结牢固。

（6）施工程序

门窗碹脸、阳台、雨罩等按要求应设置滴水槽，其宽度、深度应符合设计要求。粘石时应先粘小面后粘大面，大面、小面交角处抹粘石灰时应采用八字靠尺，起尺后及时用筛底小米粒石修补黑边，使其石粒黏结密实。

（7）修整、处理黑边

粘完石后应及时检查有无粘上或石粒粘得不密实的地方，如有应用水刷蘸水甩在其上，并及时补粘石粒，使其石渣黏结密实、均匀。发现灰层有坠裂现象，也应在灰层终凝以前甩水将裂缝压实。如阳角出现黑边，应待起尺后及时补粘米粒石并拍实。

（8）起条、勾缝

粘完石后应及时用抹子将石渣压入灰层2/3，并用铁抹子轻轻地往上溜一遍以减少抹痕。随后即可起出分格条、滴水槽，起条后应用抹子将起条后的灰层轻轻地按一下，防止在起条时将粘石灰的底灰拉开，干后形成空鼓。起条后可以用素水泥膏将缝内勾平、勾严。也可待灰层全部干燥后再勾缝。

（9）浇水养护

常温施工粘石后24小时，即可用喷壶浇水养护。

3. 基层为砖墙的施工

（1）基层处理

将墙面清扫干净，将突出墙面的混凝土剔去，浇水湿润墙面。

（2）吊垂直、套方、找规矩

墙面及四角弹线找规矩，必须从顶层用特制的大线坠吊全高垂直线，并在墙面的阴阳角及窗台两侧、柱、垛等部位根据垂直线做灰饼，在窗口的上下弹水平线，横竖灰饼要求垂直交圈。

（3）抹底层砂浆

常温施工配合比为1：0.5：4的混合砂浆或1：0.2：0.3：4的粉煤灰混合砂浆，冬期施工采用配合比为1：3的水泥砂浆，并掺入一定比例的抗冻剂。

打底时必须用力将砂浆挤入灰缝中，并分两遍与筋抹平，用大杠横竖刮平，木抹子搓毛，第二天浇水养护。

（4）粘分格条

根据图纸要求的宽度及深度粘分格条，条的两侧用素水泥膏勾成八字将条固定，弹线、分格应设专人负责；使其分格尺寸符合图纸要求。此项工作应在粘分格条以前进行。

（5）抹粘石砂浆、粘石

为保证粘石质量，粘石砂浆配合比略有不同，目前一般采用抹6 mm厚1：3水泥砂浆，紧跟着抹2 mm厚聚合水泥膏（水泥：108胶=1：0.3）一道。随即粘石并将粘石拍入灰层2/3，达到拍实、拍平。抹粘石砂浆时，应先抹中间部分后抹分格条两侧，以防止木制分格条吸水快，条两侧灰层早干，影响粘石效果。

粘石时应先粘分格条两侧后粘中间部分，粘的时候应一板接一板地连续操作，要求石粒粘得均匀密实，拍牢，待无明水后，用抹子轻轻地溜一遍。

（6）施工程序

自上而下施工，门窗暄脸、阳台、雨罩等要留置滴水槽，其宽、深应符合设计要求。粘石时应先粘小面，后粘大面。

（7）修整、处理黑边

粘石灰未终凝以前，应对已粘石面层进行检查，发现问题及时修理；对阴角及阳角应检查平整及垂直，检查角的部位有无黑边，发现后及时处理。

（8）起条、勾缝

待修理后即可起条，分格条、滴水槽同时起出，起条后用抹子轻轻地按一下，防止起条时将粘石层拉起，干后形成空鼓。第二天，浇水湿润后用水泥膏勾缝。

（9）浇水养护

常温24小时后，用喷壶浇水养护粘石面层。

4. 基层为加气混凝土板的施工

（1）基层处理

将加气混凝土板拼缝处的砂浆抹平，用笤帚将表面粉尘浇水洇透，勾板缝，用10%（水重）的108胶水泥浆刷一遍，紧跟着用1∶1∶6混合砂浆分层勾缝，并对缺棱掉角的板，分层补平，每层厚度7~9 mm。

（2）抹底层砂浆

抹底层砂浆可采用下列两种方法之一。

①在润湿的加气混凝土板上刷一道掺有水重20%的108胶水泥浆，紧跟着薄薄地刮一道1∶1∶6混合砂浆，用笤帚扫出垂直纹路，终凝后浇水养护，待所抹砂浆与加气混凝土黏结一起，以手掰不动为度。方可吊垂直，套方，找规矩，冲筋，抹底层砂浆。

②在润湿的加气混凝土板上，喷或甩一道掺有水重20%的108胶水拌和成的1∶1∶6混合砂浆，要求疙瘩要喷、甩均匀，终凝后浇水养护。待所喷、甩的砂浆与加气混凝土黏结牢固后，方可吊垂直，套方，找规矩，抹底层砂浆。

抹底层砂浆配合比为1∶1∶6混合砂浆，分层施抹，每层厚度宜控制在7~9 mm，打底灰与所冲筋抹平，用大杠横竖刮平，木抹子搓毛，终凝后浇水养护。

（3）粘分格条、滴水槽

按图纸上的要求弹线分格、粘条，要求分格条表面横平竖直。

（4）抹粘石砂浆，甩石渣粘石，方法与前相同

（5）施工程序

自上而下施工，门窗碹脸、阳台、雨罩等应先粘小面后粘大面，先粘分格条

两侧再粘中心部位。大、小面交角处粘石应采用八字靠尺。滴水槽留置的宽度、深度应符合设计要求。

（6）修整、处理黑边

粘石灰未终凝前应检查所粘的墙有无缺陷，发现问题应及时修整，如出现黑边，应掸水补粘米粒石处理。

（7）起条、勾缝

粘石修好后，及时将分格条、滴水槽取出，并用抹子轻轻地按一下，第二天用素水泥膏勾缝。

（8）浇水养护

常温24小时后，用喷壶浇水养护。

5. 冬期施工

（1）抹灰砂浆应采取保温措施，砂浆上墙温度不应低于+5℃。

（2）抹灰砂浆层硬化初期不得受冻。气温低于+5℃时，室外抹灰应掺入能降低冻结温度的外加剂，其掺量通过试验确定。

（3）用冻结法砌筑的墙，室外抹灰应待其完全解冻后施工，不得用热水冲刷冻结的墙面或消除墙面上的冰霜。

（4）抹灰内不能掺白灰膏，为保证操作可以用同体积粉煤灰代替，以增加和易性。

6. 施工注意问题

（1）粘石面层不平，颜色不均：粘石灰抹得不平，粘石时用力不均；拍按粘石时抹灰厚的地方按后易出浆，抹灰薄，灰层处出现坑，粘石后按不到。石渣浮在表面颜色较重，而出浆处反白，造成粘石面层有花感，颜色不一致。

（2）阳角及分格条两侧出现黑边：分格条两侧灰干得快，粘不上石渣；抹阳角时没采用八字靠尺，起尺后又不及时修补。价格条处应先粘小而后再粘大面，阳角粘石应采用八字靠尺，起尺后及时用米粒石修补和处理黑边。

（3）石渣浮动，平触即掉：灰层干得太快，粘石后已拍不动，或拍得劲不够；粘石前底灰上应浇水湿润，粘石后要轻拍，将石渣拍入灰层2/3。

（4）坠裂：底灰浇水饱和。粘石灰太稀，灰层抹的过厚，粘石时由于石渣的甩打将灰层砸裂下滑产生坠裂。故浇水要适度，且要保证粘石灰的稠度。

（5）空鼓开裂：一种是底灰与基层之间的空裂；另一种是面层粘石层与底灰之间的空裂。底灰与基体的空裂原因是基体清理不净；浇水不透；灰层过厚，抹灰时没分层施抹。底灰与粘石层空裂主要是以坠裂引起为多。为防止空裂产生，一是注意清理，二是注意浇水适度，三要注意灰层厚度及砂浆的稠度。同时应加强施工过程的检查把关。

（6）分格条、滴水槽内不光滑、不清晰：主要是起条后不匀缝，应按施工要求认真勾缝。

第三节　假面砖、仿假石、拉假石抹灰施工技术

一、分层做法

假面砖饰面是在墙体表面的基层上先抹一层1：3水泥砂浆打底，其厚度为10~12 mm，见图5-2和图5-3所示。如果是混凝土基层，应先刮一道素水泥浆，厚度为2 mm。抹底层之前，对基层的处理同水刷石、干粘石，操作前检查墙面的平整、垂直程度、贴饼、挂线，确定抹灰厚度。待底子灰抹完，用木抹子搓平，然后抹彩色饰面砂浆3~4 mm厚，再仿瓷面砖划纹而成。彩色砂浆根据设计要求配出各种颜色。常用彩色饰面砂浆如表5-4所示。

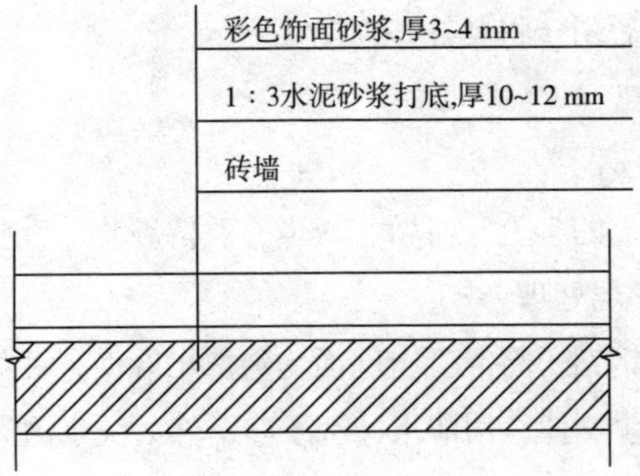

图5-2　假面砖饰面构造

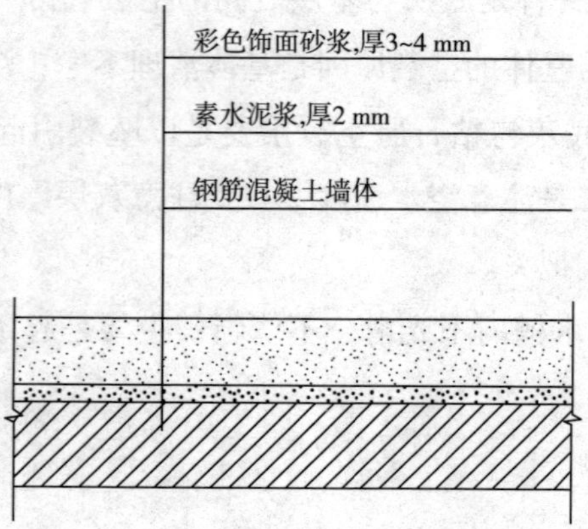

图5-3　假面砖饰面构造

表5-4　彩色砂浆的配合比（体积比）

设计颜色	水泥	白灰	色料（按水泥量）/（%）	细砂
土黄色	（青）5	1	氧化铁红：氧化铁黄=（0.3~0.4）：0.006	9
咖啡色	（青）5	1	氧化铁红0.5	9
淡黄色	（白）5		铬黄0.9	9
浅桃色	（白）5		铬黄：红珠=0.5：0.4	白细砂9
淡绿色	（白）5		氧化铬绿2	白细砂9
灰绿色	（青）5	1	氧化铬绿2	白细砂9
白色	（白）5			白细砂9

二、操作工艺

1. 堵门窗口缝及脚手眼、孔洞等

堵缝工作要作为一道工序安排专人负责，门窗框安装位置准确牢固，用1：3水泥砂浆将缝隙塞严。堵脚手眼和废弃的孔洞时，应将洞内杂物、灰尘等物清理干净，浇水湿润，然后用砖将其补齐砌严。

2. 墙面基层处理

（1）砖墙基层处理。

抹灰前需将基层上的尘土、污垢、灰尘、残留砂浆、舌头灰等清除干净。

（2）混凝土墙基层处理。

①凿毛处理。用钢钻子将混凝土墙面均匀凿出麻面，并将板面酥松部分剔除干净，用钢丝刷将粉尘刷掉，用清水冲洗干净，然后浇水湿润。

②清洗处理。用10%的火碱水将混凝土表面油污及污垢清除刷净，然后用清水冲洗晾干，采用涂刷素水泥浆或混凝土界面剂等处理方法均可。如采用混凝土

界面剂施工时，应按所使用产品要求使用。

（3）抹底灰前应将基层浇水均匀湿润。

3. 吊线、找方、做灰饼、充筋

根据建筑高度确定放线方法，高层建筑可利用墙大角、门窗口两边，用经纬仪打直线找垂直。多层建筑时，可从顶层用大线坠吊垂直，绷铁丝找规矩，横向水平线可依据楼层标高或施工+50 cm线为水平基准线进行交圈控制，然后按抹灰操作层抹灰饼，做灰饼时应注意横竖交圈，以便操作。每层抹灰时则以灰饼做基准充筋，使其保证横平竖直。

4. 抹底层、中层灰

根据不同的基体，抹底层灰前可刷一道胶粘性水泥浆，然后抹1∶3水泥砂浆，每层厚度控制在5~7 mm为宜。分层抹灰抹到与充筋平时，用木杠刮平找直，木抹搓毛，每层抹灰不宜跟得太紧，以防收缩影响质量。

5. 涂抹面层灰、做面砖

（1）涂抹面层灰前应先将中层灰浇水均匀湿润，再弹水平线，按每步架子为一个水平作业段，然后上中下弹三条水平通线，以便控制面层划沟平直度，再抹1∶1水泥结合层砂浆，厚度为3 mm，接着抹面层砂浆，厚度为3~4 mm。

（2）待面层砂浆稍收水后，先用铁梳子沿木靠尺由上向下划纹，深度控制在1~2 mm为宜，然后再根据标准砖的宽度用铁皮刨子沿木靠尺横向划沟，沟深为3~4 mm，深度以露出层底灰为准，见图5–4。

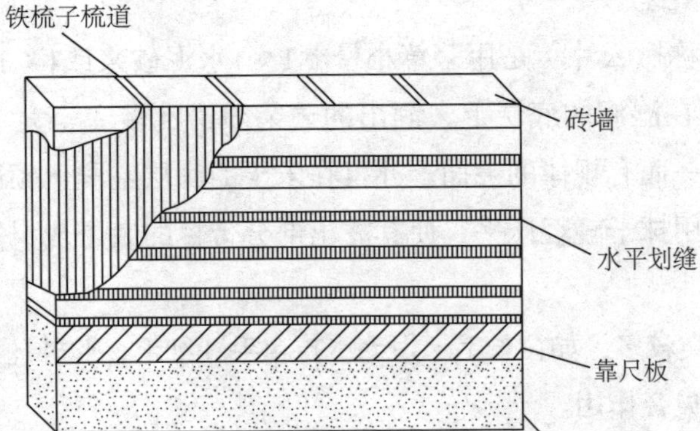

图5–4　假面砖操作示意图

6. 清扫墙面

面砖面完成后，及时将飞边砂粒清扫干净，不得留有飞棱卷边现象。

第四节　拉毛、拉条、扫毛、仿石抹灰施工技术

一、水泥和砂的要求

1. 水泥

采用32.5级普通硅酸盐水泥及矿渣硅酸盐水泥，应用同一批号的水泥。

2. 砂

中砂，过5 mm孔径的筛子，其内不得含有草根、杂质等有机物质。

二、拉毛灰与洒毛灰

拉毛灰是将底层用水湿透，抹上1：（0.05~0.3）：（0.5~1）水泥石灰罩面砂浆，随即用硬棕刷或铁抹子进行拉毛。棕刷拉毛时，用刷蘸砂浆往墙上连续垂直拍拉，拉出毛头。铁抹子拉毛时，则不蘸砂浆，只用抹子黏结在墙面随即抽回，要做到拉得快慢一致、均匀整齐、色泽一致、不露底，在一个平面上要一次成活，避免中断留槎。

洒毛灰（又称撒云片）是用茅草小帚蘸1：1水泥砂浆或1：1：4水泥石灰砂浆，由上往下洒在湿润的底层上，洒出的云朵须错乱多变、大小相称、空隙均匀，形成大小不一而有规律的毛面。亦可在未干的底层上刷上颜色，再不均匀地撒上罩面灰，并用抹子轻轻压平，使其露出部分带色的底子灰，使洒出的云朵具有浮动感。

拉毛灰的种类较多，如拉长毛、短毛，拉粗毛和细毛，此外还有条筋拉毛等。

特点是具有吸音作用。

拉毛装饰抹灰的基体处理，与一般抹灰相同。中层砂浆涂抹后，先刮平，再用木抹子刮毛，待中层六七成干时，根据其干湿程度，浇水湿润墙面，然后涂抹面层（罩面）拉毛。

三、工艺流程

根据灰饼充筋→装档抹底层砂浆→养护→弹线、分格→粘分格条→抹拉毛灰→拉毛→起分格条→勾缝→养护→质量检查。

四、砖墙面抹灰

（1）根据已抹好的灰饼充筋，要保证墙面的平整。底灰配合比常温施工为1：0.5：4或1：0.2：0.3：4（混合砂浆或水泥粉煤灰混合砂浆）。

（2）分格、弹线，并按图纸要求粘分格条，特殊节点如窗台、阳台、碹脸等下面，应粘贴滴水条。

（3）抹拉毛灰，其配合比为水泥：石灰膏：砂=1：0.5：0.5。抹拉毛灰以前应对底灰进行浇水，且水量应适宜，墙面太湿，拉毛灰易发生往下坠流的现象；若底灰太干，不容易操作，毛也拉不均匀。

（4）拉毛灰施工时，最好两人配合进行，一人在前面抹拉毛灰，另一人紧跟着用木抹子平稳地压在拉毛灰上，接着就顺势轻轻地拉起来，拉毛时用力要均匀，速度要一致，使毛大小均匀。

（5）修补完善。个别地方拉的毛不符合要求，可以补拉1~2次，一直到符合要求为止。

（6）按以上操作拉出的毛有棱角，且很分明，待稍干时，再用抹子轻轻地将毛头压下去，使整个面层呈不连续的花纹。

（7）要求拉毛有棱角，呈不连续的花纹，应通过样板，并经设计、甲方、监理等方验收后，方可大面积施工。

五、混凝土墙抹灰

打底要求同外墙抹水泥砂浆；面层拉毛方法同前。

六、加气混凝土墙抹灰

打底要求同外墙抹水泥砂浆；面层拉毛方法同前。

七、内墙面拉毛

1. 纸罩灰拉毛的操作方法

（1）分层抹灰：根据不同的基体，采用不同的配合比，分层分步抹好底层砂浆。

（2）罩面灰采用纸筋灰拉毛操作时，一人在前面抹纸筋灰（其厚度根据拉毛的长短而定），另一人紧跟在后边用硬猪鬃刷往墙上垂直拍拉，拉起毛头，操作时用力要均匀，使拉出的毛大小均匀，如个别地方拉出的毛不符合要求，可以补拉。

2. 水泥石灰砂浆拉毛的操作方法

水泥石灰砂浆拉毛有水泥石灰砂浆和水泥石灰加纸筋砂浆两种。

（1）底层砂浆操作方法同前。

（2）水泥石灰砂浆拉毛时的罩面灰配合比应为1：0.5：1（水泥：石灰膏：砂），施工时两人配合进行，一人在前抹水泥石灰砂浆，另一人在后进行拉毛，拉毛时用麻刷子（直径根据拉毛疙瘩大小而定），在墙面上一点一带，拉出毛疙瘩，操作时要求用力一致。

3. 水泥石灰加纸筋砂浆拉毛

罩面拉毛灰的配合比是：水泥掺入适量石灰膏，拉粗毛时接石灰膏重量3%的纸筋；拉细毛时掺25%~30%石灰膏和适量的砂子。拉粗毛时，在底层灰上抹4~5 mm厚的砂浆，用铁抹子轻触表面用力拉回。拉中、细毛时可用铁抹子，也可用硬鬃刷拉起，要求色调一致不露底。

八、冬、雨期施工

（1）外墙面拉毛抹灰在严冬期应停止施工，初冬施工时应掺入能降低冰点的抗冻剂，如面层涂刷涂料时，应使其所掺入的外加剂与涂料材质相匹配。

（2）冬期室内进行拉毛施工时，其操作地点温度应在+10℃以上，以利施工。

（3）雨期施工应搞好防雨设施，下雨时，严禁在外墙进行拉毛施工。

第五节　聚合物水泥砂浆喷涂、滚涂、弹涂施工技术

一、砂浆配合比要求

砂浆配合比因各地区条件、气候不同，配合比也不同。一般用白水泥：砂=1：2或普通水泥：石灰膏：砂=1：1：4，再掺入水泥量10%~20%的108胶和适量

的各种矿物颜料。砂浆稠度一般要求在11~12 cm。

二、装饰砂浆常用颜料要求

掺入装饰砂浆中的颜料，应用耐碱和耐晒（光）的矿物颜料，装饰砂浆常用颜料见表5-5。

表5-5　装饰砂浆常用颜料和说明

色彩	颜色名称	说明
黄色	氧化铁黄	遮盖力、着色力一般，颜色不鲜，耐光性、耐大气影响、耐污浊气体以及耐碱性等都比较强，是装饰中既好又经济的黄色颜料之一
	铬黄（铅铬黄）	铬黄系含有铬酸铅的黄色颜料（$PbCrO_4$），着色力高，遮盖力强，较氧化铁黄鲜艳，耐光、耐酸、耐碱，但不耐强碱
红色	氧化铁红	有天然和人造两种，遮盖力和着色力较强，有优越的耐光、耐高温、耐大气影响、耐污浊气体及耐碱性能，是较好较经济的红色颜料之一
	甲苯胺红	为鲜艳红色粉末，遮盖力、着色力较高，耐光、耐热、耐酸碱，在大气中无敏感性，一般用于高级装饰工程
蓝色	群青	为半透明鲜艳的蓝色颜料，耐光、耐风雨、耐热、耐碱，但不耐酸，是既好又经济的蓝色颜料之一
	铬蓝	着色力强，耐气候、耐酸，但不耐碱
	酞菁蓝	颜色鲜艳，遮盖力高，着色力比铁蓝高2~3倍，比群青高20倍，耐光、耐热、耐酸，但不溶于水和有机溶剂，故不褪色
	钴蓝	为带绿光的蓝色颜料，耐热、耐光、耐酸碱性能较好
绿色	铬绿	是铅铬黄和普鲁士蓝的混合物，颜色变动较大，决定于两种成分比例的组合。遮盖力强，耐气候、耐光、耐热性均好，但不耐酸碱
	群青及氧化铁黄配用	
棕色	氧化铁棕	氧化铁红和氧化铁黑的机械混合物，有的产品还掺有少量氧化铁黄
紫色	氧化铁紫	可用氧化铁红和群青配用代替
黑色	氧化铁黑	遮盖力、着色力很强，耐光、耐一切碱类，对大气作用也很稳定，是一种既好又经济的黑色颜料之一
	炭黑	根据制造方法不同分为槽黑（俗称硬质炭黑）和炉黑（俗称软质炭黑）两种，装饰工程常用炉黑，性能与氧化铁黑基本相同，仅密度稍轻，不易操作
	锰黑	遮盖力颇强
	松烟	采用松材、松根、松枝等在窑内进行不完全燃烧而熏得的黑色烟炱，遮盖力及着色力均好
白色	钛白粉	钛白粉的化学性质相当稳定，遮盖力及着色力都很强，折射率很高，为最好的白色颜料之一

三、操作注意事项

（1）灰浆管道产生堵塞而又不能马上排除故障时，要迅速改用喷斗上料继续喷涂，不留接搓，直到喷完一块为止，以免影响质量。

（2）要掌握好石灰膏的稠度和细度。应将所用的石灰膏一次上齐，储存在不漏水的池子里和匀，做样板和做大面均用含水率一样的石膏，否则会产生颜色不一的现象，使得装饰效果不够理想。

（3）基层干湿程度不一致，表面不平整。因此造成喷涂后干的部分吸收色浆多，湿的部分吸收色浆少；突出部分附着色浆少，凹陷的部分附着色浆多，故墙面颜色不一。

（4）喷涂时要注意把门窗遮挡好，以免沾污。

（5）注意打开加压罐时，应先放气，以免灰浆喷出造成伤人事故。

（6）拌料的数量不要一次拌得太多，若用不完变稠后又加水重拌，这样不仅使喷料强度降低，且影响涂层颜色的深浅。

（7）操作时，要注意风向、气候、喷射条件等。在大风天或下雨天施工，易喷涂不匀。喷射条件、操作工艺掌握不好，如粒状喷涂，喷斗内最后剩的砂浆喷出时，速度太快，会形成局部出浆，颜色即变浅，出现波面、花点。

四、弹涂饰面施工材料与配合比要求

1. 材料

（1）甲基硅树脂。是生产硅的下脚料，通过水解与醇解制成。

（2）水泥。普通硅酸盐水泥或白水泥，108胶作胶粘剂。

（3）颜料。采用无机颜料，掺入水泥内调制成各种色浆，掺入量不超过水泥重量的5%。

2. 配合比：弹涂砂浆配合比见表5-6

表5-6 弹涂砂浆配合比（重量比）

项目	水泥	颜料	水	108胶
刷底色浆	普通硅酸盐水泥100	适量	90	20
刷底色浆	白水泥100	适量	80	13
弹花点	普通硅酸盐水泥100	适量	55	14
弹花点	白水泥100	适量	45	10

五、弹力器简介

弹力器分手动与电动两种，手动弹力器较为灵活方便，适宜于在墙面需要连续弹撒少量深色色点时使用，构造如图5–5所示。电动弹力器适用于大面积墙弹底色色点和中间色点时使用，弹时速度快，效率高，弹点均匀。电动弹力器构造主要由传动装置和弹力筒两部分组成。

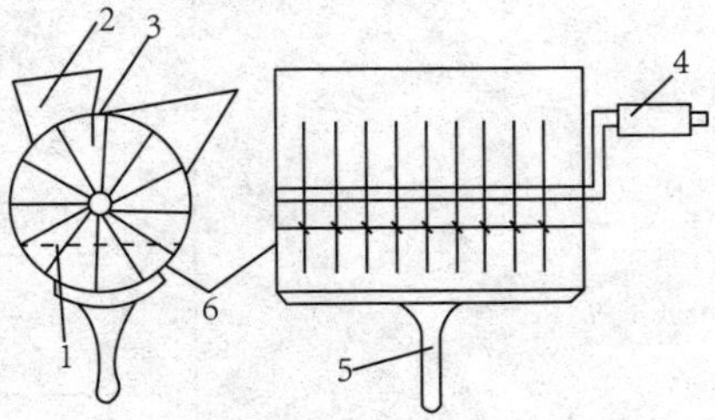

图5–5　手动弹力器

1—弹棒；2—进料口；3—档棍；4—摇把；5—手柄；6—容器

六、弹涂饰面施工注意事项

（1）水泥中不能加颜料太多，因颜料是很细的颗粒，过多会缺乏足够厚的水泥浆薄膜包裹颜料颗粒，影响水泥色浆的强度，易出现起粉、掉色等问题。

（2）如基层太干燥，色浆弹上后，水分被基层吸收，基层在吸水时，色浆与基层之间的水缓缓移动，色浆和基层黏结不牢；色浆中的水被基层吸收快，水泥水化时缺乏足够的水，会影响强度的发展。

（3）弹涂时的色点未干，就用聚乙烯醇缩丁醛或甲基硅树脂罩面，会将湿气封闭在内，诱发水泥水化时析出白色的氢氧化钙，即为析白。而析白是不规则的，所以，弹涂的局部会变色发白。

七、滚涂墙面施工

滚涂饰面是将带颜色的聚合物砂浆均匀涂抹在底层上，随即用平面或带有拉毛、刻有花纹的橡胶、泡沫塑料辊子，滚出所需的图案和花纹。其构造如图5–6所示。

1. 分层做法

（1）10~13 mm厚水泥砂浆打底，木抹搓平。

（2）粘贴分格条（施工前在分格处先刮一层聚合物水泥浆，滚涂前将涂有聚合物胶水溶液的电工胶布贴上，等饰面砂浆收水后揭下胶布）。

（3）3 mm厚色浆罩面，随抹随用辊子滚出各种花纹。

（4）待面层干燥后，喷涂有机硅水溶液。

2. 操作要点

有垂直滚涂（用于立墙墙面）和水平滚涂（用于顶棚楼板）两种操作方法。

滚涂前，应按设计的配合比配料，滚出样板，然后再进行滚涂。

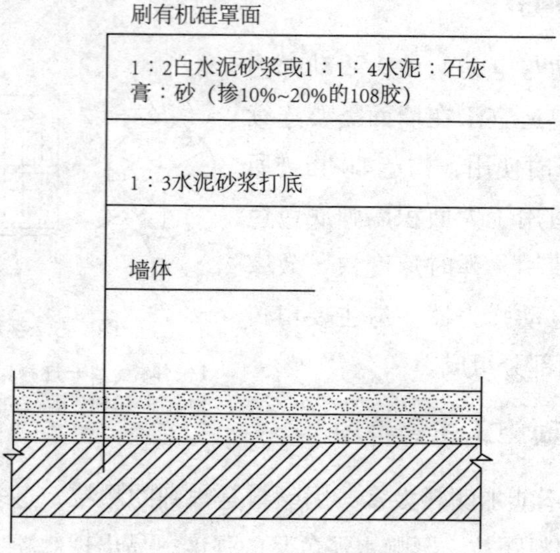

图5-6　滚涂墙面构造

（1）垂直滚涂的操作

①打底。用1：3的水泥砂浆，操作方法与一般墙面的打底一样，表面搓平搓细即可。对预制阳台栏板，一般不打底，如果偏差太大，则须用1：3水泥砂浆找平。

②粘分格线。先在粘分格条的位置，用水泥砂浆压光，再弹好线，用胶布条或纸条涂抹108胶，沿弹好的线粘分格条。

③材料的拌和。按配合比将水泥、砂子干拌均匀，再按量加入108胶水溶液，边加边拌和均匀，拌成糊状，稠度为10~12 cm，拌好后的聚合物砂浆，拉出毛来以不流不坠为宜，且应再过筛一次后使用。

④滚涂。滚涂时要掌握底层的干湿度，吸水较快时，要适当浇水湿润，浇水量以涂抹时不流为宜。操作时需两人合作。一人在前面涂抹砂浆，抹子紧压刮一遍，再用抹子顺平；另一人拿辊子滚拉，要紧跟涂抹人，否则吸水快时会拉不出毛来。操作时，辊子运行不要过快，手势用力一致，上下左右滚匀，要随时对照样板调整花纹，使花纹一致。并要求最后成活时，滚动的方向一定要由上往下拉，使滚出的花纹，有一自然向下的流水坡度，以免日后积尘污染墙面。滚完后起下分格条，如果要求做阳角，一般在大面成活时再进行捋角。

为了提高滚涂层的耐久性和减缓污染变色，一般在滚完面层24小时后喷有机硅水溶液（憎水剂），喷量以其表面均匀润湿为原则，但不要雨天喷，如果喷完24小时内遇有小雨，会将喷在表面的有机硅冲掉，达不到应有的效果，须重喷一遍。

（2）水平滚涂的操作

水平滚涂基本上与垂直滚涂操作相同，由于楼板是水平的，辊子把短，不便操作。可将辊子把接长一些进行滚拉，在连续两次滚拉中间位置滚拉一遍，即可防止滚空或有棱埂等现象。

八、喷涂墙面施工

喷涂抹灰，是把聚合物水泥砂浆用挤压式砂浆泵或喷斗将砂浆喷涂于墙体外表面形成的装饰抹灰，其构造如图5–7所示。

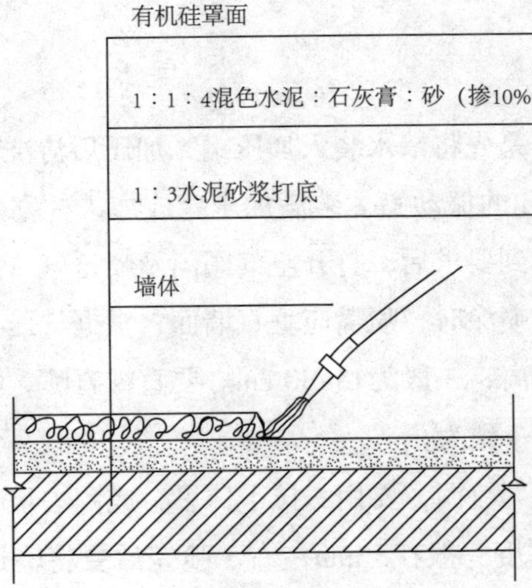

图5–7 喷涂墙面构造

喷涂做法按材料分，有白水泥喷涂和普通水泥掺石灰膏喷涂。按质感分，有表面灰浆饱满、呈波纹状的波面喷涂和表面布满点状颗粒的粒状喷涂。白水泥喷涂可以掺入少量着色颜料或靠骨料的颜色形成浅色饰面，一般装饰效果较好。普通水泥喷涂颜色暗，装饰效果差，所以用普通水泥喷涂应掺入石灰膏以改善其装饰效果。

喷涂装饰抹灰，虽然比各种普通水泥装饰面的性能有所改善，但它还是以普通水泥为主，故只能用于一般民用与工业建筑外墙。其中粒状喷涂只宜用于二层以上部位，首层及经常与人接触的部位不宜采用。

1. 砂浆拌和

拌料要由专人负责，搅拌时先将石灰膏加少量水化开，再加混色水泥、108

胶，拌到颜色均匀后再加砂子，逐渐加水到需要的稠度，一般以13 cm为宜。

花点砂浆（成活后为蛤蟆皮式的花点）用量少，每次搅拌量看面积而定，面积较少时少拌；面积大时，每次可多拌一些。

2. 操作方法

（1）打底

砖墙用1：3水泥砂浆打底；混凝土墙板，一般只做局部处理，做好窗口腰线，将现浇时流淌鼓出的水泥砂浆凿去，凹凸不平的表面用1：3水泥砂浆找平，将棱角找顺直，不甩活槎。喷涂时要掌握墙面的干湿度，因为喷涂的砂浆较稀，如果墙面太湿，会产生砂浆流淌，不吸水，不易成活；太干燥，也会造成黏结力差，影响质量。

（2）喷涂

单色底层喷涂的方法，是先将清水装入加压罐，加压后清洗输送系统。然后将搅拌好的砂浆通过3 mm孔的振动筛，装满加压罐或加入柱塞泵料斗，加压输运充满喷枪腔；砂浆压力达到要求后，打开空气阀门及喷枪气管扳机，这时压缩空气带动砂浆由喷嘴喷出。喷涂时，喷嘴应垂直墙面，根据气压大小和墙面的干湿度，决定喷嘴与墙面的距离，一般为15~30 cm。要直视直喷，喷涂遍数要以喷到与样板颜色相同，并均匀一致为止。

在各遍喷涂时，如有局部流淌，要用木抹子抹平，或刮去重喷。只能一次喷成，不能补喷。喷涂成活厚度一般在3 mm左右。喷完后要将输运系统全部用水压冲洗干净。如果中途停工时间超过了水泥的凝结时间，要将输送系统中的砂浆全部放净。

喷花点时，直接将砂浆倒入喷斗就可开气喷涂。根据花点粗细疏密要求的不同，砂浆稠度和空气压力也应有所区别。喷粗疏大点时，砂浆要稠，气压要小；喷细密小点时，砂浆要稀，气压要大。如空气压缩机的气压保持不变，可用喷气阀和开关大小来调节。同时要注意直视直喷，随时与样板对照，喷到均匀一致为止。

涂层的接槎分块，要事先计划安排好，根据作业时间和饰面分块情况，事先计算好作业面积和砂浆用量，做一块完一块，不要甩活槎，也不要多剩砂浆造成浪费。

饰面的分格缝可采用刮缝做法。待花点砂浆收水后，在分格缝的一侧用手压紧靠尺，另一手拿铁皮做刮子，刮掉已喷上去的砂浆，露出基层，将灰缝两侧砂浆略加修饰就成分格缝，宽度以2 cm为宜。成活24小时后，可喷一层有机硅，要求同滚涂。

九、弹涂饰面施工

1. 工艺流程

基层找平修正或做砂浆底灰→调配色浆刷底色→弹力器做头道色点→弹力器做二道色点→弹力器局部找均匀→树脂罩面防护层。

2. 操作方法

（1）打底

用1：3水泥砂浆打底，操作方法与一般墙面一样，表面用木抹子搓平。预制外墙板、加气板等墙面、表面较平整的，将边角找直，局部偏差较大处用1：2.5水泥砂浆局部找平，然后粘贴分格条。

（2）涂底色浆

将色浆配好后，用长木把毛刷在底层刷涂一遍，大面积墙面施工时，可采用喷浆器喷涂。

（3）弹色点面层

把色浆放在筒形弹力器内（不宜太多），弹点时，按色浆分色每人操作一种色浆，流水作业，即一人弹第一种色浆后，另一人紧跟弹另一种色浆。弹点时几种色点要弹得均匀，相互衬托一致，弹出的色浆应为近似圆粒状。弹点时，若出现色浆下流、拉丝现象，应停止操作，调整胶浆水灰比。一般出现拉丝现象，是由于胶液过多，应加水调制；出现下流时，应加适量水泥，以增加色浆的稠度。若已出现上述结果，可在弹第二道色点时遮盖分解。随着自然气候温度的变化，须随时将色浆的水灰比进行相应调整。可事先找一块墙面进行试弹，调至弹出圆状粒点为止。

（4）罩面

色点面层干燥后，随即喷一道甲基硅树脂溶液罩面。配制甲基硅树脂溶液，是先将甲基硅树脂中加入1/1 000（重量比）的乙醇胺搅拌均匀，再加入密闭容器中储存，操作时要加入一倍酒精，搅拌均匀后即可喷涂。

十、石灰浆刷喷

1. 工艺流程

基层处理→喷、刷胶水→填补缝隙、局部刮腻子→石膏墙面拼缝处理→满刮腻子→刷、喷第→遍浆→复找腻子→刷、喷第二遍浆→刷、喷交活浆。

2. 施工要点

（1）基层处理

混凝土墙表面的浮砂、灰尘、疙瘩等要清除干净，表面的隔离剂、油污等应用碱水（火碱：水=1：10）清刷干净，然后用清水冲洗掉墙面上的碱液等。

（2）喷、刷胶水

刮腻子之前在混凝土墙面上先喷、刷一道胶水（重量比为水：乳液=5：1），注意喷、刷要均匀，不得有遗漏。

（3）填补缝隙、局部刮腻子

用水石膏将墙面缝隙及坑洼不平处分遍找平，并将野腻子收净，待腻子干燥后用1号砂纸磨平，并把浮尘等扫净。

（4）石膏板墙面拼缝处理

拼缝处应用嵌缝腻子填塞满，上糊一层玻璃网格布或绸布条，用乳液将布条粘在拼缝上，粘条时应把布拉直、糊平，并刮石膏腻子一道。

（5）满刮腻子

根据墙体基层的不同和浆活等级要求的不同，刮腻子的遍数和材料也不同。一般情况为三遍，腻子的配合比为重量比，共有两种腻子，一是适用于室内的腻子，其配合比为聚酯酸乙烯乳液（即白乳胶）：滑石粉（或大白粉）：2%羧甲基纤维素溶液=1：5：3.5；二是适用于外墙、厨房、厕所、浴室的腻子，其配合比为聚酯酸乙烯乳液：水泥：水=1：5：1。刮腻子时应横竖刮，并注意接槎和收头处的腻子要刮净，每遍腻子干后应打磨砂纸，将腻子磨平磨完后将浮尘清理干净。

如面层要涂刷带颜色的浆料时，则腻子亦要掺入适量与面层带颜色相协调的颜料。

（6）刷、喷第一遍浆

刷、喷浆前应先将门窗口圈用排笔刷好，如墙面和顶棚为两种颜色时应在分色线处用排笔齐线并刷20 cm宽以利接槎，然后再大面积制喷浆。刷、喷顺序应按先顶棚后墙面，先上后下的顺序进行。如喷浆时喷头距墙面宜为20~30 cm，移动速度要平稳，使涂层厚度均匀。如顶板为槽型板时，应先喷凹面四周的内角再喷中间平面，浆活配合比与调制方法如下：

①调制石灰浆。

a．将生石灰块放入容器内加入适量清水，等块灰熟化后再按比例加入应加的清水。其配合比为生石灰：水=1：6（重量比）。

b．将食盐化成盐水，掺盐量为石灰浆重量的0.3%~0.5%，将盐水倒入石灰浆内搅拌均匀后，再用50~60目的铜丝箩过滤，所得的浆液即可施喷、刷。

c．采用生石灰粉时，将所需生石灰粉放入容器中直接加清水搅拌，掺盐量同上，拌匀后，过箩使用。

②调制大白浆。

a．将大白粉破碎后放入容器中，加清水拌和成浆，再用50~60目的铜丝箩过滤。

b．将羧甲基纤维素放入缸内，加水搅拌使之溶解。其拌和的配合比为羧甲基纤维素：水=1：40（重量比）。

c．聚酯酸乙烯乳液加水稀释与大白粉拌和，其掺量比例为大白粉：乳液=10：1。

d．将以上三种浆液按大白粉：乳液：纤维素=109：13：16混合搅拌后，过80目铜丝箩，拌匀后即成大白浆。

e．如配色浆，则先将颜料用水化开，过箩后放入大白浆中。

③配可赛银浆。

将可赛银粉末放入容器内，加清水溶解搅匀后即为可赛银浆。

（7）复找腻子

第一遍浆干后，对墙面上的麻点、坑洼、刮痕等用腻子重新复找刮平，干后用细砂纸轻磨，并把粉尘扫净，达到表面光滑平整。

（8）刷、喷第二遍浆

方法同上。

（9）刷、喷交活浆

待第二遍浆干后，用细砂纸将粉尘、溅沫、喷点等轻轻磨去，并打扫干净，即可刷、喷交活浆。交活浆应比第二遍浆的胶量适当增大一点，防止刷、喷浆的涂层掉粉，这是必须做到和满足的保证项目。

（10）刷、喷内墙涂料和耐擦洗涂料

其基层处理与喷刷浆相同，面层涂料使用建筑产品时，要注意外观检查，并参照产品使用说明书去处理和涂刷即可。

（11）室外刷、喷浆

①砖混结构的外窗台、碹脸、窗套、腰线等部位涂刷白水泥浆的施工方法。

a. 需要涂刷的窗台、碹脸、窗套、腰线等部位在抹罩面灰时，应趁湿刮一层白水泥膏，使之与面层压实并结合在一起，将滴水线（槽）按规矩预先埋设好，并趁灰层未干，紧跟着涂刷第一遍白水泥浆（配合比为白水泥加水重20%的108胶水溶液拌匀成浆液），涂刷时可用油刷或排笔，自上而下涂刷，要注意应少蘸勤刷，严防污染。

b. 第一天要涂刷两遍，达到涂层表面无花感且盖底为止。

②预制混凝土阳台底板、阳台分户板、阳台栏板涂刷。

a. 一般习惯做法：清理基层，刮水泥腻子1~2遍找平，打磨砂纸，再复找水泥腻子，刷外墙涂料，以涂刷均匀且盖底为交活。

b. 根据室外气候变化影响大的特点，应选用防潮及防水涂料施涂：清理基层，刮聚合物水泥腻子1~2遍（配合比为用水重20%的108胶水溶液拌和水泥，成为膏状物），干后磨平，对塌陷之处重新补平，干后打磨砂纸。涂刷聚合物水泥浆（用水重20%的108胶水溶液拌水泥，辅以颜料后成为浆液），或用防潮、防水涂料进行涂刷。应先刷边角，再刷大面，均匀地涂刷一遍，待干后再涂刷第二遍，直至交活为止。

3. *石灰浆刷喷施工注意事项*

（1）刷（喷）浆工程整体或基层的含水率，混凝土和抹灰表面施涂水性乳液浆时，含水率不得大于10%，以防止脱皮。

（2）刷（喷）装工程使用的腻子，应坚实牢固，不得出现粉化、起皮和裂纹。外墙、厨房、浴室及厕所等需要使用涂料的部位和木地（楼）板表面需使用涂料时，应使用具有耐水性能的腻子。

（3）刷（喷）浆表面粗糙，主要原因是基层处理不彻底，如打磨不平、刮腻子时没将腻子收净，干燥后打磨不平、清理不净，大白粉细度不够，喷头孔径大等，造成表面浆颗粒粗糙。

（4）利用冻结法抹灰的墙面不宜进行涂刷。

（5）涂刷聚合物水泥浆应根据室外温度掺入外加剂，外加剂的材质应与涂料材质配套，外加剂的掺量应由试验决定。

（6）冬期施工所使用的外涂料，应根据材质使用说明和要求去组织施工及使用，严防受冻。

（7）浆皮开裂，主要原因是基层粉尘没清理干净，墙面凹凸不平，腻子超厚或前道腻子未干透紧接着刮二道腻子，这是腻子干后收缩形成裂缝把浆皮拉裂。

（8）透底，主要原因是基层表面太光滑或表面有油污没清洗干净，浆刷（喷）上去固化不住，或配浆时稠度掌握不好，浆过稀，喷几遍也不盖底。要求喷浆前将混凝土表面油污清刷干净，浆料稠度要合适，刷（喷）浆时设专人负责，喷头距墙20~30 cm，移动速度均匀，不漏喷等。

（9）脱皮，刷（喷）浆层过厚，面层浆内胶量过大，基层胶量少、强度低，干后，面层浆形成硬壳使之开裂脱皮。因此，应掌握浆内胶的用量，为增加浆与基层的黏结强度，可在刷（喷）浆前先刷（喷）一道胶水。

（10）反碱、咬色，主要原因是墙面潮湿，或墙面干湿不一致。因赶工期浆活每遍跟得太紧，前道浆没干就喷刷下道浆；或因冬期施工室内生火炉后墙面泛黄；还可能由于室内跑水、漏水后形成的水痕。解决办法是，冬期施工取暖采用暖气或电炉，将墙面烘干，浆活遍数不能跟得太紧，应遵循合理的施工顺序。

（11）流坠，主要原因是路面潮湿，浆内胶多不易干燥，喷刷浆过厚等。应待墙面干后再刷（喷）浆，刷（喷）浆时最好设专人负责，喷头要均匀移动。配浆要设专人掌握，保证配合比正确。

（12）石膏板墙缝处开裂，主要原因是安装石膏板不按要求留置缝隙，对接缝处理马虎从事，不按规矩粘贴玻璃网格布，不认真用嵌缝腻子进行嵌缝，造成腻子干后收缩拉裂。

（13）室外刷（喷）浆与油漆或涂料接槎处分色线不清晰，主要原因是技术素质差，施工时不认真。

（14）掉粉，主要原因是面层浆液中胶的用量少，为解决掉粉的问题，可在原配好的浆液内多加一些乳液使其胶量增大，用新配之浆液在掉粉的面层上重新刷（喷）一道，此道胶俗语叫“来一道扫胶”。

（15）表面划痕或腻子痕迹明显，主要原因是刮腻子后没认真打磨砂纸找平，又不二次复找腻子所致。

第六节　清水砌体勾缝抹灰施工技术

一、清水砌体勾缝抹灰材料要求

（1）水泥：32.5级普通水泥或矿渣水泥，应使用同品种、同批号的水泥。

（2）砂：细砂，使用前过2 mm孔径的筛。

（3）粉煤灰：细度过0.08 mm方孔筛，基筛余量不大于5%，可取代部分水泥。

二、施工注意事项

（1）施工前，应检查脚手架是否安全。

①每班前应检查脚手架、高凳是否牢固稳定，如有不安全处应立即进行处理，并应经常清理脚手板上的杂物。

②任何情况下严禁搭设临时飞跳板。不得在暖气管、电路管、窗台、门口上钉横木等和搭设脚手板。

③脚手板上放置的工具材料应平稳。材料的堆放高度和荷重不得超过相关规范规定。

（2）施工前应对所用的机械设备进行检查，应满足施工能力要求并运行正常。

（3）所有用电设备必须有绝对可靠的绝缘装置和良好的接地。

（4）落地灰要及时回收使用，施工现场应工完料净。

（5）勾缝时溅落的灰浆要随时清扫干净，不准在架子上往下倒砂浆及其他杂物，以免溅脏墙面。

（6）填塞铝合金门窗时不要乱撕保护膜，勾缝时砂浆不要污染门窗框。

（7）垂直运料的高车架周围要用塑料薄膜或席子围挡，防止砂浆污染墙面。

（8）落架子以前，先将脚手板上的砂浆污物清理干净。

（9）冬期施工基层表面须在正温度以上方可进行。

三、工艺流程

基层处理→搅拌砂浆→砂浆（原浆）勾缝→养护。

四、施工工艺

1. 基层处理

清除墙面黏结的砂浆、泥浆和杂物等，并洒水湿润养护；开凿瞎缝，并对缺棱掉角的部位用与墙面相同颜色的砂浆修补齐整；将脚手眼内清理干净，洒水湿润养护，并用与原墙相同的砖补砌严密。用粉线弹出立缝垂直线，把游丁偏大的开补找齐；水平缝不平和瞎缝，也要弹线开缝，达到缝宽10 mm左右，宽窄一致。如果砌墙时划缝太浅，必须将缝划深，深度控制在10~12 mm以内，并将缝内的残灰、杂质等清除干净。对缺棱掉角的砖和游丁的立缝，应进行修补，修补前要浇水润湿，补缝砂浆的颜色必须与墙上砖面颜色近似。

2. 搅拌砂浆

勾缝所用砂浆宜采用机械搅拌，拌和均匀，颜色一致，搅拌时间不应小于2分钟。墙面勾缝宜用细砂拌制的1：1.5水泥砂浆，砖内墙也可采用原浆。

根据需要也可以在砂浆中掺加水泥用量10%~15%的磨细粉煤灰以调剂颜色，增加和易性。勾缝砂浆应随拌随用，下班前必须把砂浆用完，不能使用过夜砂浆。

3. 砂浆（原浆）勾缝

按照“先横后竖、从上往下”的原则，从砌体最上一皮开始，用小溜子将托灰板上的砂浆均匀塞进砌体灰（横）缝中，然后进行勾缝。塞入砂浆时应注意减少对墙壁面的污染。勾缝应保持手劲均匀。勾完横缝后再以同样的方法勾竖缝。

依此类推，直至砌体最底部。当砖内墙采用原浆勾缝时，必须随砌随勾，并使灰缝光滑密实。普通砖墙勾缝宜采用凹缝或平缝，凹缝深度为4~5 mm。空斗墙、空心砖墙、多孔砖墙等勾缝应采用平缝。

4. 细部处理

清水砖墙建筑的勒脚、檐口、门套、窗台的处理，可以用粉刷或天然石板进行装饰。但在门窗过梁的外表也可以用砖拱形式来装饰，问题在于某些建筑用的是钢筋混凝土过梁，这就需要将过梁往里收1/4砖左右，外表再镶砖饰。

5. 扫缝

每一操作段勾缝完成后，用笤帚顺缝清扫，先扫平缝，后扫立缝，并不断抖弹笤帚上的砂浆，减少墙面污染。

6. 找补漏缝

扫缝完成后，要认真检查一遍有无漏勾的墙缝，尤其检查易忽略、挡视线和不易操作的地方，发现漏勾的缝及时补勾。

7. 清扫墙面

勾缝工作全部完成后，应将墙面全面清扫，对施工中污染墙面的残留灰痕应用力扫净，如难以扫掉时用毛刷蘸水轻刷，然后仔细将灰痕擦洗掉，使墙面干净整洁。

五、质量标准

1. 一般规定

（1）相同材料、工艺和施工条件的室外勾缝工程每500~1 000 m^2应划分为一个检验批，不足500 m^2也应划分为一个检验批。

（2）相同材料、工艺和施工条件的室内勾缝工程每50个自然间（大面积房间和走廊按抹灰面积30 m^2为一间）应划分为一个检验批，不足50间也应划分为一个检验批。

（3）室内每个检验批应至少抽查10%，并不得少于3间，不足3间时应全数检查。

（4）室外每个检验批每100 m^2应至少抽查1处，每处不得小于10 m^2。

2. 主控项目

（1）清水砌体勾缝所用水泥的凝结时间和安定性复验应合格。砂浆的配合比应符合设计要求。

检验方法：检查复验报告和施工记录。

（2）清水砌体勾缝应无漏勾。勾缝材料应黏结牢固、无开裂。

检验方法：观察。

3. 一般项目

（1）清水砌体勾缝应横平竖直，交接处应平顺，宽度和深度应均匀，表面应压实抹平。

检验方法：观察，尺量检查。

（2）灰缝应颜色一致，砌体表面应洁净。

检验方法：观察。

第六章　饰面砖

第一节　常用材料

一、陶瓷、玻璃类

1. 陶瓷面砖

陶瓷面砖是指以陶瓷为原料制成的面砖，主要分为：釉面瓷砖、外墙面砖、陶瓷锦砖、大型陶瓷装饰面板、陶瓷壁画等。近年来，又出现不少新品种，如劈离砖等。

（1）釉面瓷砖

①品种规格：釉面瓷砖是用于室内墙面装饰的陶瓷面砖，有白色、彩色、印花、图案多种品种（表6-1）。其中白色釉面瓷砖见图6-1。

表6-1　釉面瓷砖的种类、特点

种类		特点
白色釉面砖		色纯白，釉面光亮，镶于墙面，清洁大方
彩色釉面砖	有光彩色釉面砖	釉面光亮晶莹，色彩丰富雅致
	无光彩色釉面砖	釉面半无光，不晃眼，色泽一致，色调柔和
装饰釉面砖	花釉砖	系在同一砖上，施以多种彩釉，经高温烧成。色釉互相渗透，花纹千姿百态，有良好的装饰效果
	结晶釉砖	晶花辉映，纹理多姿
	斑纹釉砖	斑纹釉面，丰富多彩
	大理石釉砖	具有天然大理石花纹，颜色丰富，美观大方
图案砖	白地图案砖	系在白色釉面砖上装饰各种彩色图案，经高温烧成。纹样清晰，色彩明朗，清洁优美
	色地图案砖	系在有光或无光彩色釉面砖上装饰各种图案，经高温烧成。产生浮雕、缎光、绒光、彩漆等效果。做内墙饰面，别具风格
瓷砖画及色釉陶瓷字	瓷砖画	以各种釉面砖拼成各种瓷砖画，或根据已有画稿烧制成釉面砖拼装成各种瓷砖画，清洁优美，永不褪色
	色釉陶瓷字	以各种色釉、瓷土烧制而成，色彩丰富，光亮美观，永不褪色

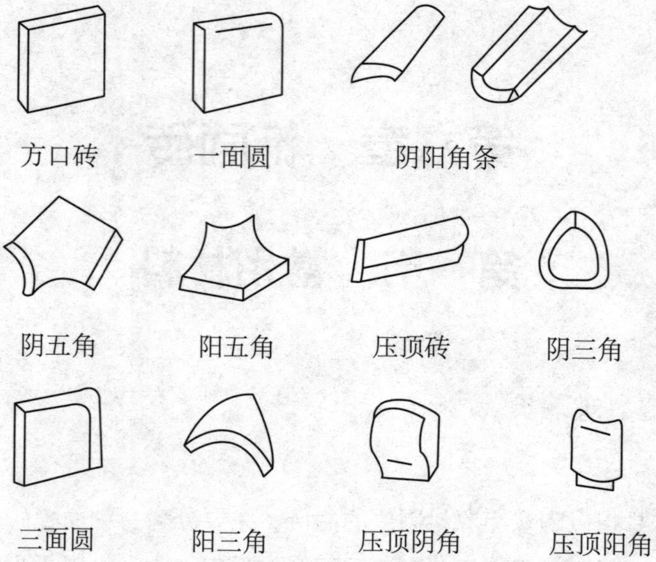

图6–1　白色釉面砖

②用途：厕所、厨房、游泳池等饰面材料。

③质量要求：

a．外观要求。釉面砖表面应平整光滑；几何尺寸规矩，圆边或平边应平直；不得缺角掉楞；白色釉面砖白度不得低于78；素色彩砖，色泽应一致；印花、图案面砖应先行拼拢，保证画面完整，线条平稳流畅，衔接自然。

b．内在质量：

·吸水率≤22%。

·耐急冷急热于（19±1）~105℃冷热交换一次，无裂纹。

·密度应在2.3~2.4 g/cm^3。

·硬度85~87 HB。

（2）外墙面砖

用于外墙饰面工程的干压陶瓷砖和陶瓷劈离砖简称面砖。

按外墙面砖质地可分为陶底及瓷底两种。按外墙面砖表面处理可分为有釉、无釉两种四大类，即：

①表面无釉外墙面砖（又称“墙面砖”），常用色泽为白、浅黄、深黄、红、绿等。

②表面有釉墙面砖（又称“彩釉砖”），常用色泽有粉红、蓝、绿、金砂釉、黄、白等。

③线砖：表面有凸起纹线，又名“泰山砖”。

④外墙立体贴面砖（又称“立体彩釉砖”），其特点是表面上釉做成各种立体图案。

另外还有以下主要产品：

彩釉砖——彩釉砖是采用炻质原料，配合多种氧化物经高温烧结而成。具有强度高、耐磨损、抗风化、化学稳定性好等优点。

劈离砖——劈离砖是以重黏土为主要原料，经自动混料、真空练泥、挤压成形、自动切割、烘干焙烧等工序制成。具有强度高、硬度大、耐磨、不滑、耐酸碱、不变色、色调柔和、古朴高雅等特点。

变色釉面砖——该产品可根据照射光源的不同，使釉面砖呈现不同的颜色。这是因为在釉料中加入了对不同波长的光线具有不同吸收作用的原料，从而使釉面砖产生了变色效果。

琉璃釉面砖——琉璃釉面砖是在陶质坯体上涂一层琉璃彩釉。经1 000℃左右烧制而成。其特点是光亮夺目、色彩鲜艳，具有民族特点。琉璃彩釉不易剥落，装饰耐久性好，而且比瓷质饰面材料容易加工。

黏土彩釉砖——黏土彩釉砖是以普通制砖黏土为原料，采用二次烧成工艺，素烧（1 000 ± 15）℃，釉烧（900 ± 20）℃。

外墙面砖规格繁多，有方形、条形多种，厚度多为9~15 mm。

（3）陶瓷锦砖

陶瓷锦砖旧称“马赛克”，又叫“纸皮砖”，是以优质瓷土烧制成片状小块瓷砖，拼成各种图案贴在纸上的饰面材料，有挂釉和不挂釉两种。它质地坚硬，耐酸碱、耐火、耐磨、不渗水，抗压力强、吸水率小（0.2%~1.2%），除可铺地外，还可用于内外墙饰面。由于陶瓷锦砖规格极小，不宜分块铺贴，工厂生产产品是将陶瓷锦砖按各种图案组合反贴在纸版上，编有统一货号，以供选用。每张大小约30 cm见方，称作一联，每40联为一箱，每箱约3.7 m^2。

①规格品种（表6–2）。

表6–2　陶瓷锦砖的基本形状与规格（mm）

基本形状	名称		a	b	c	天	厚度
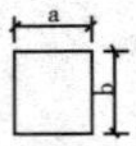	正方	大方	39.0	39.0	—	—	5.0
		仔大方	23.6	23.6	—	—	5.0
		中方	18.5	18.5	—	—	5.0
		小方	15.2	15.2	—	—	5.0
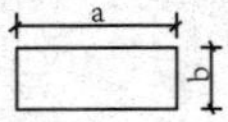	长方（长条）		39.0	18.5			50
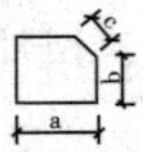	对角	大对角	39.0	19.2	27.9		5.0
		小对角	32.1	15.0	22.8		5.0
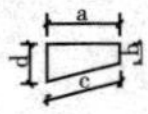	斜长条（斜条）		34.4	11.9	37.9	22.7	5.0
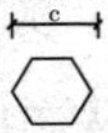	六角		25	—	—	—	5.0
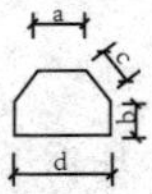	半八角		15	15	18	40	5.0
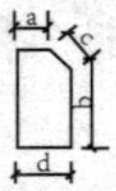	长条对角		7.5	15	18	20	5.0

②用途：可用于室内厕浴间、盥洗室、化验室、游泳池和外墙面。可拼出各种美丽的图案（表6–3）。

表6–3　陶瓷锦砖的几种基本拼花图案

拼花编号	拼花说明	拼花图像
拼–1 拼–2 拼–3 拼–4	各种正方形与正方形相拼 正方与长条相拼 大方、中方及长条相拼 中方及大对角相拼	 拼-1　拼-2　拼-3　拼-4
拼–5 拼–6 拼–7 拼–8	小方及小对角相拼 中方及大对角相拼 小方及小对角相拼 斜长条及斜长条相拼 斜长条与斜长条相拼	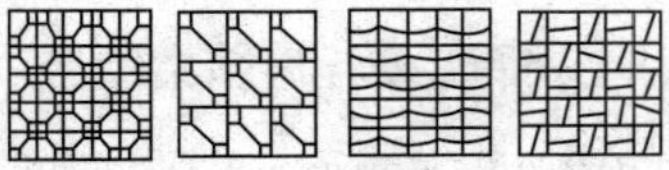 拼-5　拼-6　拼-7　拼-8

续表

拼花编号	拼花说明	拼花图像
拼–9 拼–10 拼–11 拼–12	长条对角与小方相拼 正方与五角相拼 半八角与正方相拼 各种六角相拼	 拼-9　拼-10　拼-11　拼-12
拼–13 拼–14 拼–15	大方、中方、长条相拼 小对角、中大方相拼 各种长条相拼	 拼-13　拼-14　拼-15

③质量要求：规格颜色一致，无受潮变色现象。拼接在纸版上的图案应符合设计要求，纸版完整，颗粒齐全，间距均匀。防振和严禁散装、散放，防止受潮。

（4）大型陶瓷饰面板

大型陶瓷饰面板是一种新型建筑饰面材料，产品单块面积大、厚度薄（最大规格为595 mm × 295 mm × 5.5 mm）、平整度好、线条清晰整齐。该饰面板的吸水率为0.1%，耐急冷急热为17~150℃复3次不裂，抗冻性–20℃常温10次循环不裂。其花色品种有黄、绿、棕、黑等色彩及仿大理石、花岗石等质感效果，表面有光面、条纹、网纹、波浪纹等。可用于旅游建筑、公共建筑的内外墙面、柱面等，也可用作大型彩绘壁画。

（5）陶瓷壁画

陶瓷壁画是以陶瓷锦砖、陶瓷面砖、陶板等为基础，经绘画技术与陶瓷技术相结合，通过放大、制版、刻画、配釉、施釉、烧成等工序加工而成的建筑艺术装饰材料。可用于外墙装饰，亦可用于室内装饰。如北京首都国际机场候机大厅的“科学的春天”大型陶板壁画、北京地铁建国门站的“天文纵横”大型花釉壁画、上海龙柏饭店“上海城隍庙湖心亭、九曲桥”陶瓷锦砖壁画等。

2. 玻璃面砖

（1）玻璃锦砖：玻璃锦砖又称玻璃“马赛克”、玻璃纸皮砖（石），是由各种颜色玻璃掺入其他原料经高温熔炼发泡后，压延制成的小块，按不同图案贴于牛皮纸上的外墙饰面材料，其色泽有金属透明色、乳白色以及灰、蓝、紫、肉、橘黄等多种花色，因此排列的图案可以多种多样。

①主要规格：小玻璃方饼为20 mm × 20 mm × 4 mm、25 mm × 25 mm × 4 mm、30 mm × 30 mm × 4 mm和40 mm × 40 mm × 4 mm等几种，整张玻璃锦砖标准尺寸为

325 mm × 325 mm。每箱40张。

②质量要求：质地坚硬，耐热耐冻性好，在大气与酸碱环境中性能稳定，不龟裂，表面光滑，色泽一致。尤应注意：背面凹坑与棱线条明显，拼缝应呈楔形（小饼四周圆滑、平直，有斜面）。铺贴纸必须满足以下要求：

a．铺贴纸尺寸必须一致，其纸周边应露出拼块小饼5~10 mm。

b．1 m^2铺贴纸重量应在80~100 g，以100 g最佳。

c．脱水性：洒水脱纸时间<40分钟。

d．拉力大，洒水脱纸时，整张撕下不得断裂、破损。

e．纸的纵向与横向收缩应一致。

（2）玻璃面砖新产品：另外玻璃面砖新产品还有以下几种：

①彩色玻璃面砖：彩色玻璃面砖是以废玻璃、粗砂为主要原料制成。这种面砖有各种颜色和图案，可用于装饰室内外墙面，粘贴施工也比较方便。

②釉面玻璃：在平板玻璃、压延玻璃、磨光玻璃或玻璃砖表面涂敷一层彩色易熔性色釉，加热到彩釉的熔融温度，使彩釉与玻璃牢固地结合在一起，经退火或钢化等不同的热处理方法制成。该产品有红、绿、黄、蓝、黑、灰等不同色调，适用于内外墙面和门窗的装饰。

③玻璃大理石：玻璃大理石是将优质平板玻璃洗净后，在一面均匀地涂布一层化合物溶液，经高温作用形成大理石花纹。粘贴在建筑物上具有较好的装饰效果。

④玻璃质石英饰面砖：玻璃质石英饰面砖是以石英砂为主要原料制成。具有耐腐蚀、易清洗、表面光洁、不易变色等优点。

⑤彩色玻璃熔珠饰面砖：该饰面砖表面呈熔珠状、多棱状，光泽柔和，颜色鲜艳，质感丰富。

⑥装饰泡沫玻璃：采用玻璃粉、发泡剂和外加剂，并掺入某些氧化物或盐类，可制成各种色彩的泡沫玻璃，用金刚砂锯片切割成不同形状。可用于室内外做艺术壁画等。

⑦水晶玻璃饰面板：以二氧化硅和其他添加剂为主要原料，经适当配合后用火焰烧熔结晶制成玻璃珠。再用此玻璃珠在耐火材料的模具中制成饰面板。其外表面光滑，并带有各种形式的细丝网状或仿天然石的花纹。具有良好的装饰质量，很高的机械强度和耐大气、耐化学稳定性能。其背面较粗糙，有利于粘贴施

工。适用于各种建筑物的内外墙饰面及制作壁画等。水晶玻璃饰面板的形状为方形或矩形，最大规格尺寸为597 mm × 795 mm，较小的规格为300 mm × 150 mm，厚度15~20 mm。

⑧镜面玻璃装饰板：建筑内墙装修所用的镜面玻璃，在构造上、材质上与一般玻璃镜均有所不同，它是以高纤浮法平板玻璃，经镀银、镀铜、镀漆等特殊工艺加工而成，与一般镀银玻璃镜、真空镀铝玻璃镜相比，具有镜面尺寸大、成像清晰逼真、抗盐雾及抗热性能好、使用寿命长等特点。

3. 饰面砖胶粘剂

（1）复合胶粉：以水泥熟料为主，配合高分子材料共同研磨制成。具有黏结强度高、耐候、抗裂、防水等优点。适用于建筑物内外墙、地面、浴室、水池等粘贴陶瓷面砖、陶瓷锦砖等。使用时3.5~4份胶粉加1份水（重量比），混拌后静停10分钟，再充分搅拌均匀即可粘贴施工。胶浆涂层厚度宜为2~3 mm（最厚不得超过8 mm）。

（2）TAM型通用瓷砖胶粘剂：以水泥为基材，聚合物改性的粉末。胶与水混合均匀，静置10分钟后即可使用，30分钟内粘贴完毕。

（3）YJ金鹰粉：单组分粉状胶粘剂，主要用于外墙面砖粘贴。将胶粉按粉：水=20：（5~6）搅拌静置5分钟即可涂抹粘贴。一般砖板不需泡水。

胶粘剂的选用，应符合《民用建筑工程室内装饰环境污染控制规范》的规定。

二、石材类

1. 天然石材饰面板

建筑饰面用的天然石材主要有大理石和花岗石两大类。天然石材是大块荒料经过锯切、研磨、酸洗、抛光，最后按所需规格、形状切割加工而成。

（1）花岗石饰面板

规格品种及性能：花岗石是各类岩浆岩（又称火成岩）的统称，如花岗岩、安山岩、辉绿岩、辉长岩、片麻岩等。其抗冻性达100~200次冻融循环，有良好的抗风化稳定性、耐磨性、耐酸碱性，耐用年限75~200年。各种品种及性能见表6-4。

表6-4　花岗石的主要性能

花岗石品种名称	外贸代号	岩石名称	颜色	结构特征	物理力学性能				
					重量（t/m³）	抗压强度（MPa）	抗折强度（MPa）	肖氏硬度HS	磨损量（cm³）
白虎涧	151	黑云母花岗岩	粉红色	花岗结构	2.58	137.3	9.2	86.5	2.62
花岗石	304	花岗岩	浅灰、条纹状	花岗结构	2.67	202.1	15.7	90.0	8.02
花岗石	306	花岗岩	红灰色	花岗结构	2.61	212.4	18.4	99.7	2.36
花岗石	359	花岗岩	灰白色	花岗结构	2.67	140.2	14.4	94.6	7.41
花岗石	431	花岗岩	粉红色	花岗结构	2.58	119.2	8.9	89.5	6.38
笔山石	601	花岗岩	浅灰色	花岗结构	2.73	180.4	21.6	97.3	12.18
日中石	602	花岗岩	灰白色	花岗结构	2.62	171.3	17.1	97.8	4.80
峰白石	603	黑云母花岗岩	灰色	花岗结构	2.62	195.6	23.3	100.0	7.83
厦门白石	605	花岗岩	灰白色	花岗结构	2.61	169.8	17.1	91.2	0.31
砻石	606	黑云母花岗岩	浅红色	花岗结构	2.61	214.2	21.5	94.1	2.93
石山红	607	黑云母花岗岩	暗红色	花岗结构	2.68	167.0	19.2	101.5	6.57
大黑白点	614	闪长花岗岩	灰白色	花岗结构	2.62	103.6	16.2	87.4	7.53

花岗石饰面板是以荒料锯解加工而成，分剁斧板、机刨板、粗磨板、磨光板四种。其中剁斧板、机刨板按设计要求加工（表6-5）；粗磨合磨光板由工厂加工，其规格见表6-6。

表6-5　花岗石荒料尺寸参考表

用料部位	按设计规格加大的尺寸（mm）			备注
	长	宽	厚	
台阶	20	20	—	
地面	20	20	—	
墙面（斗板）	20	20	—	
盖板、垂带	30	40	30	
压面（台邦石）	30	30	20	
柱面	20	20	—	厚度按设计要求
拱璇脸	20	20	—	两面露面的厚加30 mm
柱墩	20	20	—	
栏板	60	40	30	包括榫子在内
柱子	60	30	30	包括榫子在内

表6-6　粗磨合磨光花岗石饰面板的规格（mm）

长	宽	厚	长	宽	厚	长	宽	厚
300	300	20	600	600	20	915	610	20
305	305	20	610	305	20	1 070	750	20
400	400	20	610	610	20	1 070	762	20
600	300	20	900	600	20			

注：摘自《花岗石》JC205。

适用范围：由于花岗石的主要性能突出，因此一般均用于重要建筑物（如高级宾馆、饭店、办公用房、商业用房以及纪念性建筑、宾馆、体育场馆等）的基座、墙面、柱面、门头、勒脚、地面、台阶等部位。

质量要求：棱角方正，规格尺寸应符合设计要求。颜色一致，不得有裂纹、砂眼、石核子等隐伤现象（棱角可用弯尺测量，隐伤可采取锤敲击检查，声音发脆者合格）。放射性核素应符合国家有关规定。

（2）大理石饰面板

品种规格及性能：大理石是一种变质岩，系由石灰岩变质而成，其主要矿物成分为方解石、白云石等，但结晶细小，结构致密。

大理石的颜色有纯黑、纯白、纯灰等色泽和各种混杂花纹色彩。饰面板的品种常以其研磨抛光后的花纹、颜色特征及产地命名。

大理石板材的规格有定型和不定型两种。不定型根据用户要求加工，定型板材其规格和主要技术指标如下：

a．板材规格。分正方形或矩形，见表6–7。

表6–7　天然大理石板材规格（mm）

长 宽 厚	300 150 20	300 300 20	305 152 20	305 305 20	400 200 20	400 400 20	600 300 20	600 600 20
长 宽 厚	610 610 20	900 600 20	915 610 20	1 067 762 20	1 070 750 20	1 200 600 20	1 200 900 20	1 220 915 20

b．性能。天然大理石板材的抗折强度、抗压强度、表观密度、吸水率、耐磨率等指标国家标准均有规定（参见表6–8）。

表6–8　常见天然大理石的品种及物理力学性能指标

品种	颜色、结构特征	抗压强度（MPa）	抗折强度（MPa）	产地
汉白玉	乳白色带少量隐斑，花岗结构	156	16.9	北京房山、湖北黄石
雪浪	白色、灰白色，颗粒变晶、镶嵌结构	61.1	13.7	湖北黄石
雪野	灰白色	121.5	14.4	湖北黄石
秋景	灰白色、浅棕色带条状花纹，微晶结构	68.6	16.8	湖北黄石
粉荷	浅粉红色带花纹	104.9	17	湖北通山
墨壁	黑色带少量白色条纹	70.5	17.1	湖北黄石
咖啡	咖啡色	84.9	17.9	山东青岛
苏黑	黑色间少量白络	157.8	18.5	江苏
杭灰	灰色、白花纹	121	17.1	浙江杭州
皖螺	灰红色底、红灰色相间的花纹	90.6	14.3	安徽
云南灰	灰白色间有深灰色晕带	178.6	26	云南
莱阳绿	灰白色底、间深草绿色斑点状	82.2	18.7	山东莱阳
丹东绿	浅绿色、翠绿、墨绿	86.6~100.8	28~30.5	辽宁丹东
岭红	玫瑰红、深红、棕红、紫红、杂白斑	82~104	23	辽宁铁岭
东北红	绛红色	128	21	大连
晚霞	白黄间土黄	146	10.7	北京顺义
芝麻白	白色晶粒	138	16.5	北京顺义
艾叶青	青底、深灰间白色叶状、间片状纹	173.5	11	北京顺义
螺丝转	深灰色底、青白相间螺纹状花纹	157	7.6	北京顺义
川绿玉	油绿、菜花黄绿	141	23.2	四川南江

适用范围：大理石饰面板是由荒料经锯、磨、切等多道工序加工而成的板

材，主要用于建筑物的室内地面、墙面、柱面、墙裙、窗台、踢脚以及电梯厅、楼梯间等部位的干燥环境中。

大理石在大气中受二氧化碳、硫化物、水汽作用，易于溶解，失去表面光泽而风化、崩裂，故一般不宜用于室外。

如果必须将大理石用于室外时，务必选择坚实致密、吸水率不大于0.75%的大理石，并在其表面涂刷有机硅等罩面材料加以保护。

质量要求：光洁度高，石质细密，无腐蚀斑点，色泽美丽，棱角齐全，底面整齐。要轻拿轻放，保护好四角，切勿单角码放和码高，要覆盖存放。

（3）青石板饰面板

青石板系水成岩，材质较软，容易风化。使用规格为长宽300~500 mm不等的矩形。由于其纹理构造和表面能保持劈裂后的自然形状和具有灰、绿、紫、黄、暗红等不同颜色，可组合搭配形成色彩丰富、具有自然风格的墙面装饰。北京动物园爬虫馆采用青石板做外饰面，南京金陵饭店大厅的部分地面也采用了类似的石材，都取得了别具风格的效果。

2. 人造石饰面板

人造石饰面材料是用天然大理石、花岗石之碎石、石屑、石粉作为填充材料，由不饱和聚酯树脂为胶粘剂（或用水泥为胶粘剂），经搅拌成形、研磨、抛光等工序制成与天然大理石、花岗石相似的材料。

人造石饰面板材不仅花纹图案可由设计控制确定，而且具有重量轻、强度高、厚度薄、耐腐蚀、抗污染、有较好的加工性等优点。能制成弧形、曲面，施工方便，装饰效果好，是现代建筑理想的装饰材料。人造石饰面板材一般有人造大理石（花岗石）和预制水磨石饰面板。

（1）人造大理石（花岗石）

规格品种：人造大理石按照生产所用材料，一般分为四类：

a. 水泥型人造大理石。是以各种水泥或石灰磨细砂（也有用铝酸盐水泥）为胶粘剂，砂为细骨料，碎大理石、花岗石、工业废渣等为粗骨料，经配料、搅拌、成形、加压蒸养、磨光、抛光而制成。一般按照设计要求由工厂生产，亦可在现场预制。

b. 树脂型人造大理石。是以不饱和聚酯为胶粘剂，与石英砂、大理石、方解石粉等搅拌混合，浇铸成形，在固化剂作用下产生固化作用，经脱模、烘干、抛光等工序而制成。

c．复合型人造大理石。这种人造大理石的胶粘剂中，既有无机材料，又有有机高分子材料。用无机材料将填充料黏结成形后，再将坯体浸渍于有机单体中，使其在一定条件下聚合。板材一般采取底层用性能稳定的无机材料，面层用聚酯和大理石粉制作。

d．烧结型人造大理石。该方法与陶瓷工艺相似。将斜长石、石英、辉石、方解石粉和赤铁矿粉及部分高岭土等混合（黏土：石粉=4：6），用泥浆法制备坯料，用半干压法成形，在窑炉中以1 000℃左右高温焙烧而成。

上述四种制造方法中，最常用的是树脂型。

用途：室内墙面、柱面等。

质量要求和保管方法：同大理石。另外码放堆存应光面对光面，以保护板面。

（2）预制水磨石饰面板

构造做法见表6–9。

表6–9　预制水磨石饰面板构造做法

种类		做法
板（块）材（包括隔断板、窗台板、柱子板等）	单面做法	（1）10~15 mm厚1：3干硬性水泥砂浆打底，拍实刮平 （2）φ6~8钢筋网片3.10~15 mm厚1：2.8水泥石粒浆面层，压实抹平
	双面做法	钢筋网片同单面做法。全部用1：2.8水泥石粒浆
水池、水槽		全部用1：2.8水泥石粒浆

制作要点：

a．材料选用：

水泥：强度等级不低于32.5级的普通硅酸盐水泥、矿渣硅酸盐水泥或白水泥。

砂子：粗砂或中砂，含泥的质量分数不大于3%。

石粒：米厘大理石、白云石及花岗石等。板（块）材采用过13 mm筛孔的混合石粒，水池、水槽采用小八厘，需冲洗干净。

颜料：采用矿质颜料不超过水泥重量的5%，非矿质颜料不超过水泥重量的2%。

b．同一颜色品种的制品，应用同一批材料和颜料，并一次配齐。各种颜色品种制品的石粒、颜料配合比参见表6–10。

c．按照设计要求的尺寸制作模板，其中板（块）材的底模边长要加大3~5 cm，边模要考虑水磨石周边或表面磨光增加的磨耗量（参见表6–11）加长加厚，双面磨光的板（块）材，其底模须平整光滑。

表6-10　石粒、颜料配合比参考表

制品名称	水泥颜色	颜料加量（%）				石粒配合比
		铁黄	红土	染绿	黑粉	
房山白	白					房山白（混）
晚霞	白					晚霞（混）
晚霞加白	白					晚霞（混）70% 房山白（混）30%
东北绿	白					东北绿（混）
东北绿加黑	白					东北绿（混）85% 苏州黑（二厘）15%
房山白加黑	白			0.1		房山白（混）85% 苏州黑（二厘）15%
银河晚霞	白					银河（混）75% 晚霞（混）25%
湖北黄	白	0.4				湖北黄（混）
盖平红加白	白	0.45	0.4			盖平红（混）75% 房山白（混）25%
盖平红加白	白	0.45	0.4			
盖平红	白					盖平红（混）
奶油白	白	0.16	0.05			奶油白（混）
东北绿加白	白	0.2				东北绿（混）80% 房山白（混）20%
丹东绿	白	0.26				丹东绿（混）
房山白	青			0.2		房山白（混）
东北红	青		2.5			东北红（混）
晚霞	青			0.1		晚霞（混）
五花	青	1	0.3			五花（混）
苏州黑	青	0.2	1.2			苏州黑（混）
湖北黄加黑	青				8	湖北黄（混）80% 房山白（混）20%

注：1．表中石粒配合比有（ ）为石粒规格或级配。

2．表中颜料铁黄为氧化铁黄，如用200目地板黄用量增加五倍；红土为甲级红土子；染绿为天津染料六厂染料绿；黑粉为造型用200目黑铅粉。

表6-11　预制水磨石板边模加长加厚参考表

项次	项目	加长（mm）	加厚（mm）
1	周边无光		
2	一个光边和不相对的两个光边	1	
3	相对的两个光边	3	
4	一面光	4	2
5	两面光（块材在80 cm以内）		4
6	两面光（块材在80 cm以外）		5

d. 水池或水槽要求边角整齐，下水口位置正确，阴角要抹成小圆角。

e. 有关开磨时间和磨光上蜡等做法，可参见本书“地面工程”中有关现制水磨石做法。磨光时，板（块）材应放在平整处，防止断裂损坏。

品种规格：按石屑形状大小分为大尖、小尖、小圆三类。产品有定型和不定型两类。定型产品，见表6-12。

表6-12 定型彩色水磨石板品种规格（mm）

平板			踢脚板		
长	宽	厚	长	宽	厚
500	500	25.30	500	120	19.25
400	400	25	400	120	19.25
305	305	19.25	300	120	19.25

注：摘自JC82。

适用范围：室内墙面、柱面。

第二节 饰面砖（板）施工工艺

一、基本要求

1. 一般规定

（1）饰面砖（板）装饰工程应在墙面隐蔽及抹灰工程、吊顶工程已完成并经验收后进行。当墙体有防水要求时，应对防水工程进行验收。

（2）采用湿作业法铺贴的天然石材应作防碱背涂处理。

（3）在防水层上粘贴饰面砖时，黏结材料应与防水材料的性能相容。

（4）墙、柱面面层应有足够的强度，其表面质量应符合国家现行标准的有关规定。

（5）湿作业施工现场环境温度宜在5℃以上；应防止温度剧烈变化。

（6）饰面砖装饰工程适用于内墙、柱面粘贴工程和建筑高度不大于100 m、抗震烈度不大于8度，采用满粘法施工的外墙饰面。

（7）饰面板装饰工程适用于内墙、柱面安装工程和建筑高度不大于24 m、抗震烈度不大于7度的外墙饰面。

2. 墙、柱面砖铺贴应符合下列规定

（1）面砖铺贴前应进行挑选，并应浸水2小时以上，晾干表面水分（采用聚酯水泥砂浆可例外）。

（2）铺贴前应进行放线定位和排砖，非整砖应排放在次要部位或墙的阴角处。每面墙不宜有两列非整砖，非整砖宽度不宜小于整砖的1/3。

（3）铺贴前应确定水平及竖向标志，垫好底尺，挂线铺贴。面砖表面应平整、接缝应平直、缝宽应均匀一致。阴角砖应压向正确，阳角线宜做成45°角对接。在墙、柱面突出物处，应整砖套割吻合，不得用非整砖拼凑铺贴。

（4）结合砂浆宜采用1：2水泥砂浆，砂浆厚度宜为6~10 mm。水泥砂浆应满铺在砖背面，一面墙、柱不宜一次铺贴到顶，以防塌落（采用聚合物水泥砂浆例外）。

3. 墙、柱面石材铺装应符合下列规定

（1）铺贴前应进行挑选，并应按设计要求进行预拼。

（2）强度较低或较薄的石材应在背面粘贴玻璃纤维网布。

（3）当采用湿作业法施工时，固定石材的钢筋网应与结构预埋件连接牢固。每块石材与钢筋网拉接点不得少于4个。拉接用金属丝应具有防锈性能。灌注砂浆前应将石材背面及基层湿润，并应用填缝材料临时封闭石材板缝，避免漏浆。灌注砂浆宜用1：2.5水泥砂浆，灌注时应分层进行，每层灌注高度宜为150~200 mm，且不超过板高的1/3，插捣应密实。待其初凝后方可灌注上层水泥砂浆。

（4）当采用粘贴法施工时，基层处理应平整但不应压光。胶粘剂的配合比应符合产品说明书的要求。胶液应均匀、饱满的刷抹在基层和石材背面，石材就位时应准确，并应立即挤紧、找平、找正，进行顶、卡固定。溢出胶液应随时清除。

二、饰面砖施工

饰面砖施工，是指釉面瓷砖、外墙面砖、陶瓷锦砖和玻璃马赛克的镶贴。

1. 施工准备

（1）根据设计要求和采用的镶贴方法，准备好各种饰面砖以及黏结材料

（包括胶粘剂）和辅助材料（如金属网等）。

（2）对于釉面瓷砖和外墙面砖，应根据设计要求，挑选规格一致、形状平整方正、不缺棱掉角、不开裂、不脱釉、无凸凹扭曲、颜色均匀的砖块和各种配件。挑选时，按1 mm差距分类选出3个规格，各自做出样板，逐块对照比较，分类堆放待用。

陶瓷（或玻璃）锦砖，应按设计图案要求事先挑选好，并统一编号，以便于镶贴时对号入座。

（3）釉面瓷砖和外墙面砖，在镶贴前应先清扫干净，放入清水中浸泡。釉面瓷砖要浸泡到不冒泡为止，且不少于2小时；外墙面砖则要隔夜浸泡。然后取出阴干备用。阴干的时间视气温而定，一般半天左右，以砖的表面无水膜又有潮湿感为准。

（4）机具准备。可根据镶贴的饰面砖种类，参照本书第三章选用。

（5）作业条件准备：

①饰面砖镶贴前，室内应完成墙、顶抹灰工作；室外应完成雨水管的安装。

②室内外门窗框均已安装完毕。

③水电管线已安装完毕；厕浴间的肥皂洞、手纸洞已预留剔出，便盆、浴盆、镜箱及脸盆架已放好位置线或已安装就位。

④有防水层的房间、平台、阳台等，已做好防水层，并打好垫层。

⑤室内墙面已弹好标准水平线；室外水平线，应使整个外墙饰面能够交圈。

⑥基层处理：

a．光滑的基层表面应凿毛，其深度为0.5~1.5 cm，间距3 cm左右。基层表面残存的灰浆、尘土、油渍（用盐酸淡液清洗）等应清洗干净。

b．基层表面明显凸凹处，应事先用1∶3水泥砂浆找平或剔平。不同材料的基层表面相接处，应先铺钉金属网，方法与抹灰工程相同。门窗口与立墙交接处，应用水泥砂浆嵌填密实。

c．为使基层能与找平层黏结牢固，可在抹找平层前先洒聚合水泥浆（108胶∶水=1∶4的胶水拌水泥）处理。找平层砂浆抹法与装饰抹灰的底、中层做法相同。

基层为加气混凝土时，应在清净基层表面后先刷108胶水溶液一遍，然后满钉镀锌机织钢丝网（孔径32 mm × 32 mm，丝径0.7 mm），用ϕ6扒钉，钉距纵横不大于600 mm，然后抹1∶1∶4水泥混合砂浆黏结层及1∶2.5水泥砂浆找平层。在檐口、腰线、窗台、雨篷等处，抹灰时要留出流水坡及滴水线，找平层抹后应及时浇水养护。

（6）预排：饰面砖镶贴前应预排。预排要注意同一墙面的横竖排列，均不得有一行以上的非整砖。非整砖行应排在次要部位或阴角处，方法是用接缝宽度调整砖行。室内镶贴釉面砖如设计无规定时，接缝宽度可在1~1.5 mm调整。在管线、灯具、卫生设备支承等部位，应用整砖套割吻合，不得用非整砖拼凑镶贴，以保证饰面的美观。

对于外墙面砖则根据设计图纸尺寸，进行排砖分格并要绘制大样图，一般要求水平缝应与璇脸、窗台齐平；竖向要求阳角及窗口处都是整砖，分格按整块分均，并根据已确定的缝子大小做分格条和画出皮数杆。对窗心墙、墙垛等处要事先测好中心线、水平分格线、阴阳角垂直线。

饰面砖的排列方法很多：有无缝镶贴、划块留缝镶贴、单块留缝镶贴等。质量好的砖，可以适应任何排列形式；外形尺寸偏差大的饰面砖，不能大面积无缝镶贴，否则不仅缝口参差不齐，而且贴到最后无法收尾，交不了圈。这样的砖，可采取单块留缝镶贴，可用砖缝的大小，调节砖的大小，以解决砖尺寸不一致的缺点。饰面砖外形尺寸出入不大时，可采取划块留缝镶贴，在划块留缝内，可以调节尺寸，以解决砖尺寸的偏差。

若饰面砖的厚薄尺寸不一时，可以把厚薄不一的砖分开，分别镶贴在不同的墙面，用镶贴砂浆的厚薄来调节砖的厚薄，这样，就不致因砖厚薄不一而使墙面不平。

2. 釉面砖镶贴

（1）采用传统方法镶贴

①墙面镶贴：

a. 在清理干净的找平层上，依照室内标准水平线，找出地面标高，按贴砖面积，计算纵横的皮数，用水平尺找平，并弹出釉面瓷砖的水平和垂直控制线。如用阴阳三角镶边时，则将镶边位置预先分配好。纵向不足整块部分，留在最下一皮与地面连接处。瓷砖的排列方法，见图6-2。

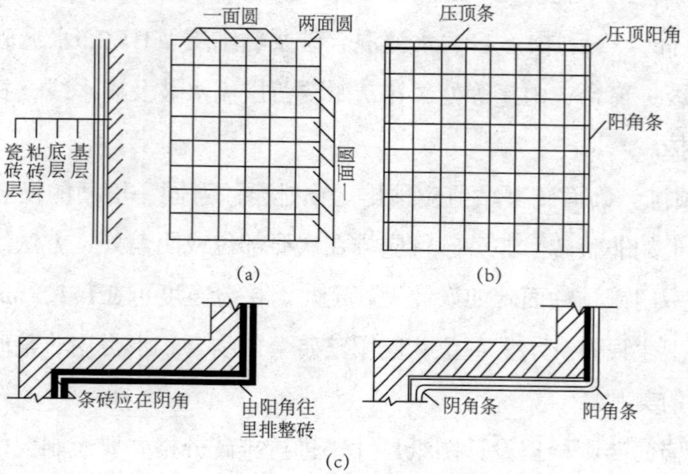

图6-2　瓷砖的排列

（a）纵剖面；（b）平面；（c）横剖面

b．铺贴釉面砖时，应先贴若干块废釉面砖作为标志块，上下用托线板挂直，作为粘贴厚度的依据，横向每隔1.5 m左右做一个标志块，用拉线或靠尺校正平整度。在门洞口或阳角处，如有阴三角镶边时，则应将尺寸留出先铺贴一侧的墙面，并用托线板校正靠直。如无镶边，应双面挂直，见图6–3。

c．按地面水平线嵌上一根八字尺或直靠尺，用水平尺校正，作为第一行瓷砖水平方向的依据。镶贴时，瓷砖的下口坐在八字尺或直靠尺上，这样可防止釉面砖因自重而向下滑移，以确保其横平竖直。墙面与地面的相交处用阴三角条镶贴时，需将阴三角条的位置留出后，方可放置八字靠尺或直靠尺。

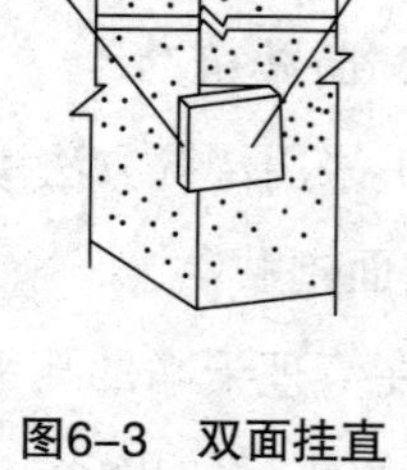

图6–3　双面挂直

1–小面挂直靠平；2–大面挂直靠平

d．镶贴釉面砖宜从阳角处开始，并由下往上进行。铺贴一般用1∶2（体积比）水泥砂浆，为了改善砂浆的和易性，便于操作，可掺入不大于水泥用量15%的石灰膏，用铲刀在釉面砖背面刮满刀灰，厚度5~6 mm，最大不超过8 mm，砂浆用量以铺贴后刚好满浆为止，贴于墙面的釉面砖应用力按压，并用铲刀木柄轻轻敲击，使釉面砖紧密粘于墙面，再用靠尺按标志块将其校正平直。铺贴完整行的釉面砖后，再用长靠尺横向校正一次。对高于标志块的应轻轻敲击，使其平齐；若低于标志块（即亏灰）时，应取下釉面砖，重新抹满刀灰再铺贴，不得在砖口处塞灰，否则会产生空鼓。然后依次按上法往上铺贴，铺贴时应保持与相邻釉面砖的平整。如因釉面砖的规格尺寸或几何形状不等时，应在铺贴时随时调整，使缝隙宽窄一致。当贴到最上一行时，要求上口成一直线。上口如没有压条（镶边），应用一面圆的釉面砖，阴角的大面一侧也用一面圆的釉面砖，这一排的最上面一块应用两面圆的釉面砖，见图6–4。铺贴时，在有脸盆镜箱的墙面，应按脸盆下水管部位分中，往两边排砖。肥皂盒可按预定尺寸和砖数排砖，见图6–5。

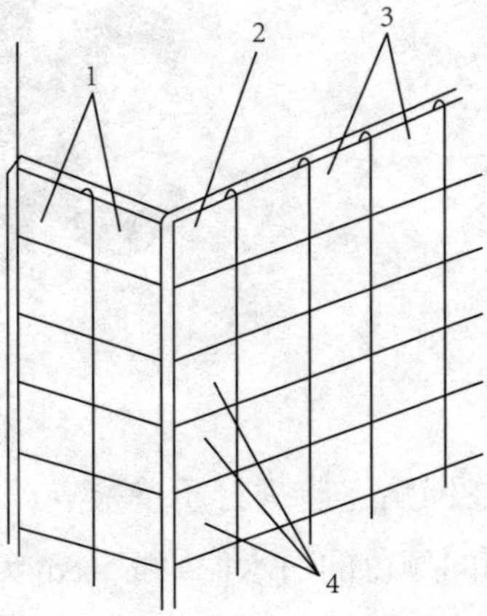

图6–4　边角

1、2、3、4—两面圆釉面砖

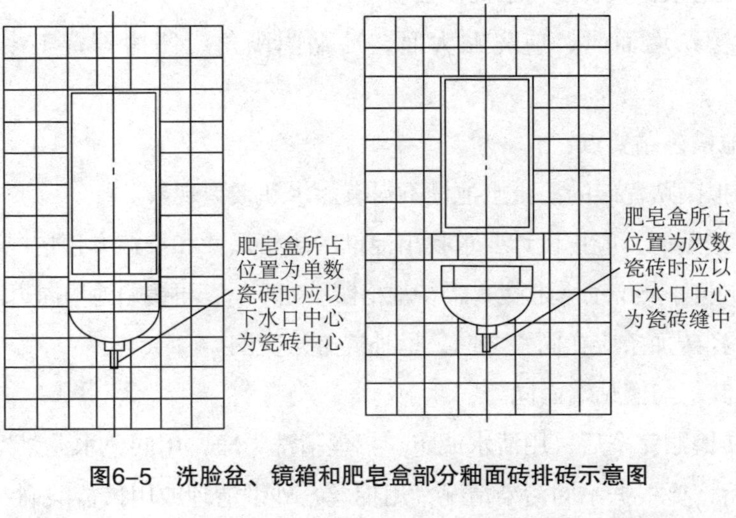

图6–5　洗脸盆、镜箱和肥皂盒部分釉面砖排砖示意图

e．制作非整砖块时，可根据所需要的尺寸划痕，用合金钢錾手工切割，折断后在磨石上磨边，也可采用台式无齿锯或电热切割器等切割。

f．如墙面留有孔洞，应将釉面砖按孔洞尺寸与位置用陶瓷铅笔划好，然后将瓷砖用切砖刀裁切，或用胡桃钳（图6–6），钳去局部；亦可将瓷砖放在一块平整的硬物体上，用小锤和合金钢钻子轻轻敲凿，先将面层凿开，再凿内层，凿到符合要求为止。如使用打眼器打眼，则操作简便，且保证质量。

图6–6　胡桃钳

g．铺贴完后进行质量检查，用清水将釉面砖表面擦洗干净，接缝处用与釉面砖相同颜色的白水泥浆擦嵌密实，并将釉面砖表面擦净。全部完工后，要根据不同污染情况，用棉丝或用稀盐酸刷洗，并紧跟用清水冲净。

h．镶边条的铺贴顺序，一般先贴阴（阳）三角条再贴墙面，即先铺贴一侧墙面釉面砖，再铺贴阴（阳）三角条，然后再铺另一侧墙面釉面砖。这样阴（阳）三角条比较容易与墙面吻合。

i．镶贴墙面时，应先贴大面，后贴阴阳角、凹槽等费工多、难度大的部位。

②池槽镶贴要点：

a．拟镶贴瓷砖的混凝土池槽不得有渗水和破裂现象。

b．镶贴前，应按设计要求找出池槽的规格尺寸和校核方正情况。

c．在池槽与墙面衔接处，需待池槽镶贴完毕后，再镶贴池槽周边墙上的瓷砖。

d．瓷砖加条应在同一方向，里外缝必须交圈。

e．其他与镶贴墙面同。

瓷砖镶贴完毕后，用清水或布、棉丝清洗干净，用同色水泥浆擦缝。全部工程完成后，要根据不同污染情况，用棉丝、砂纸清理或用稀盐酸刷洗，并用清水紧跟冲刷。

（2）采用胶粘剂镶贴

①调制黏结浆料：采用32.5级以上普通硅酸盐水泥加入胶液拌和至适宜施工的稠度即可，不要加水。当黏结层厚度大于3 mm时，应加砂子，水泥和砂子的

比例为1：（1~2），砂子采用通过φ2.5 mm筛子的干净中砂。

②用单面有齿铁板的平口一面（或用钢板抹子），将黏结浆料横刮在墙面基层上，然后再用铁板有齿的一面在已抹上的黏结浆料上，直刮出一条条的直棱。

③铺贴第一匹瓷砖，随即用橡皮槌逐块轻轻敲实。

④将适当直径的尼龙绳（以不超过瓷砖的厚度为宜）放在已铺贴的面砖上方的灰缝位置（也可用工具式铺贴法）。

⑤紧靠在尼龙绳上，铺贴第二匹瓷砖。

⑥用直尺靠在面砖顶上，检查面砖上口水平，再将直尺放在面砖平面上，检查平面凹凸情况，如发现有不平整处，随即纠正。

⑦如此循环操作，尼龙绳逐皮向上盘，面砖自下而上逐皮铺贴，隔1~2小时，即可将尼龙绳拉出。

⑧每铺贴2~3匹瓷砖，用直尺或线坠检查垂直偏差，并随时纠正。

⑨铺贴完瓷砖墙面后，必须从整个墙面检查一下平整、垂直情况。发现缝子不直、宽窄不匀时，应进行调缝，并把调缝的瓷砖再进行敲实，避免空鼓。

⑩贴完瓷砖后3~4天，可进行灌浆擦缝。把白水泥加水调成粥状，用长毛刷蘸白水泥浆在墙面缝子上刷，待水泥逐渐变稠时用布将水泥擦去。将缝子擦均匀，防止出现漏擦等现象。

（3）采用多功能建筑胶粉镶贴

瓷砖直接抹浆粘贴做法：将多功能建筑胶粉加水拌和（须充分搅拌均匀），稠度以不稠不稀、粉墙不流淌为准（一般配合比为胶粉：水=3：1）。每次的搅拌量不宜过多，应随拌随用。

胶粉浆拌好后用铲刀将之均匀涂于瓷砖背面，厚度2~3 mm，四周刮成斜面。瓷砖上墙就位后，用力按压，再用橡皮槌轻轻敲击，使与底层贴紧，并用靠尺与厚度标志块及邻砖找平。如此一块块顺序上墙粘贴，直至全部墙面镶完为止。

镶贴时，必须严格以水平控制线、垂直控制线及标准厚度标志块为依据，挂线镶贴。粘贴中应边贴边与邻砖找平调直，砖缝如有歪斜及宽窄不一致处，须在胶粉浆初凝前加以调整。务须做到符合设计要求，并保证全部瓷砖墙面的偏差均不超过2 mm。全部整块瓷砖镶贴完毕、胶粉浆凝固以后，将底层靠墙托板取下，然后将非整块瓷砖补上贴牢。

黏结层做法：底灰找平层干后，上涂2~3 mm厚多功能建筑胶粉黏结层一道，至少两遍成活。胶粉浆稠度以粉后不流淌为准，一般为胶粉：水=3：1。黏结层每次的涂刷面积不宜过大，以在初凝前瓷砖能贴完为度。

胶粉浆黏结层涂后应立即将瓷砖按试排编号顺序上墙粘贴（或边涂黏结层边贴瓷砖）。粘贴时必须严格以水平控制线、垂直控制线及标准厚度标志块等为依据，挂线粘贴。粘贴中应边贴边与邻边找平调直，砖缝如有歪斜及宽窄不一致处，须在黏结层初凝以前加以调整。务须做到符合设计要求，并保证全部瓷砖墙面的偏差均不大于2 mm。

全部整块瓷砖镶贴完毕、胶粉浆凝固以后，将底层靠墙托板取下，然后将非整块瓷砖补上贴牢。

3. 外墙面砖镶贴

（1）一般规定

①我国幅员辽阔，各地气候差异很大，不同地区所使用的外墙饰面砖经受的冻害程度有很大差别，因此应结合各地气候环境制定出不同的抗冻指标。外墙饰面砖系多孔材料，其抗冻性与材料内部孔结构有关，而不同的孔结构又反映出不同的吸水率，因此可通过控制吸水率来满足抗冻性要求。

②外墙饰面砖应具有生产厂的出厂检验报告及产品合格证。进场后应按表6–13所列项目进行复检。复检抽样应按现行国家标准进行。

表6–13　外墙饰面砖复检项目

气候区名	饰面砖种类	
	陶瓷砖	玻璃马赛克
Ⅰ	（1）（2）（3）（4）	（1）（2）
Ⅱ	（1）（2）（3）（4）	（1）（2）
Ⅲ	（1）（2）（3）	（1）（2）
Ⅳ	（1）（2）（3）	（1）（2）
Ⅴ	（1）（2）（3）	（1）（2）
Ⅵ	（1）（2）（3）（4）	（1）（2）
Ⅶ	（1）（2）（3）（4）	（1）（2）

注：1. 表中（1）尺寸；（2）表面质量；（3）吸水率；（4）抗冻性。

2. Ⅰ、Ⅱ、Ⅳ、Ⅶ区属寒冷地区气候条件恶劣，其中Ⅰ、Ⅵ、Ⅶ区吸水率不应大于30%；Ⅱ区吸水率不应大于6%；Ⅲ、Ⅳ、Ⅴ区吸水率不宜大于6%。

3. 建筑气候区划指标，见表6–14。

表6-14 建筑气候区划指标

区名	主要指标	辅助指标	各区辖行政区范围
Ⅰ	1月平均气温≤-10℃ 7月平均气温≤25℃ 1月平均相对湿度≥50%	年降水量100~800 mm 年日平均气温≤5℃的日数≥145天	黑龙江、吉林全境；辽宁大部；内蒙古中、北部及陕西、山西、河北、北京北部的部分地区
Ⅱ	1月平均气温-10~0℃ 7月平均气温18~28℃	年日平均气温≥25℃的日数<80天 年日平均气温≤5℃的日数90~145天	天津、山东、宁夏全境；北京、河北、山西、陕西大部；辽宁南部；甘肃中东部以及河南、安徽、江苏北部的部分地区
Ⅲ	1月平均气温0~10℃ 7月平均气温25~30℃	年日平均气温≥25℃的日数40~110天 年日平均气温≤5℃的日数0~90天	上海、浙江、江西、湖北、湖南全境；江苏、安徽、四川大部；陕西、河南南部；贵州东部；福建、广东、广西北部和甘肃南部的部分地区
Ⅳ	1月平均气温>10℃ 7月平均气温25~29℃	年日平均气温≥25℃的日数100~200天	海南、台湾全境；福建南部；广东、广西大部以及云南西南部和元江河谷地区
Ⅴ	7月平均气温18~25℃ 1月平均气温0~13℃	年日平均气温≤5℃的日数0~90天	云南大部；贵州、四川西南部；西藏南部一小部分地区
Ⅵ	7月平均气温<18℃ 1月平均气温0~22℃	年日平均气温≤5℃的日数90~285天	青海全境；西藏大部；四川西部、甘肃西南部；新疆南部部分地区
Ⅶ	7月平均气温≥18℃ 1月平均气温-5~20℃ 7月平均相对湿度<50%	年降水量10~600 mm 年日平均气温≥25℃的日数<120天 年日平均气温≤5℃的日数110~180天	新疆大部；甘肃北部；内蒙古西部

③在Ⅲ、Ⅳ、Ⅴ区应采用具有抗渗性的找平材料，其性能应符合现行行业标准《砂浆、混凝土防水剂》有关技术要求。

④外墙饰面砖粘贴应采用水泥基黏结材料，其中包括现行行业标准《陶瓷墙地砖胶粘剂》规定的A类及C类产品。不得采用有机物作为主要黏结材料。

⑤水泥基黏结材料应符合现行行业标准《陶瓷墙地砖胶粘剂》的技术要求，并应按现行行业标准《建筑工程饰面砖黏结强度检验标准》的规定，在试验室时行制样、检验，黏结强度不应小于0.6 MPa。

⑥水泥基黏结材料应采用普通硅酸盐水泥或硅酸盐水泥，硅酸盐水泥强度等

级不应低于42.5，普通硅酸盐水泥强度等级不应低于32.5。

⑦勾缝应采用具有抗渗性的黏结材料。

⑧外墙饰面砖工程施工前应做出样板，经建设、设计和监理等单位根据有关标准确认后方可施工。

（2）采用传统方法镶贴

①分层做法：

a．0.7 mm厚1：3水泥砂浆打底划毛（基体含水率宜为15%~25%）。

b．12~15 mm厚1：0.2：2（水泥：石灰膏：砂）混合砂浆黏结层。

c．镶贴面砖。

②镶贴要点：

a．底子灰抹完后，一般养护1~2天方可镶贴面砖。

b．根据设计要求，统一弹线分格、排砖，一般要求横缝与璇脸或窗台平。如按整块分格，可采取调整砖缝大小解决，确定缝子的大小做米厘条（嵌缝条），一般宜控制在8~10 mm。根据弹线分格在底子灰上从上到下弹上若干水平线。竖向要求阳角窗1：3都是整块，并在底子灰上弹上垂直线。常见的几种排砖法见图6–7，阳角处的面砖应将拼缝留突出墙面的部位，在侧边，见图6–8。如窗台、腰线阳角及滴水线排砖方法，可按图6–9处理。

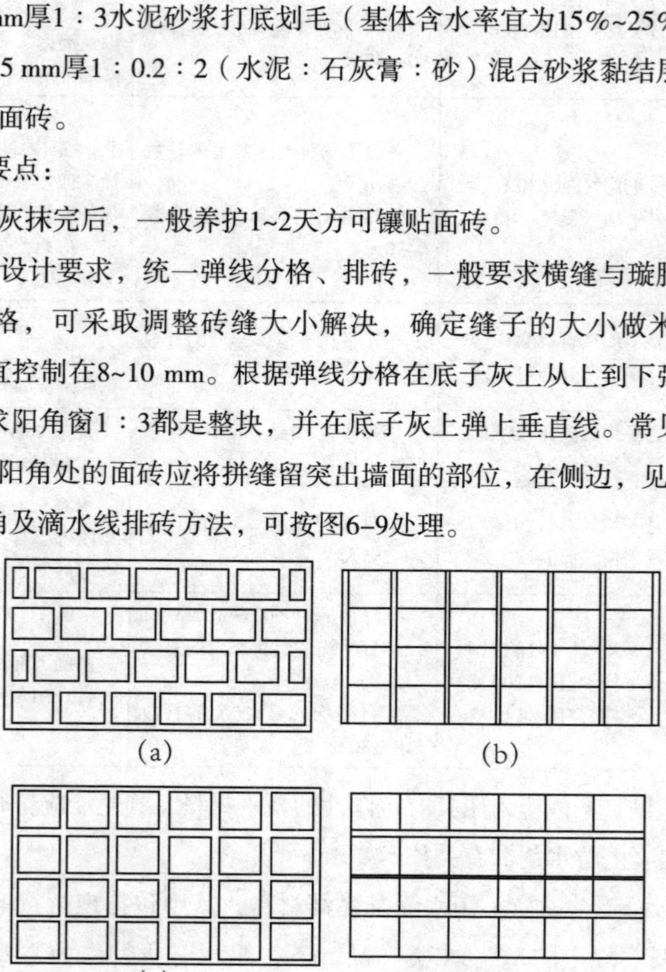

（a）　（b）　（c）　（d）

图6–7　外墙面砖排缝示意图

（a）错缝；（b）通缝；（c）竖通缝；（d）横通缝

注意的是正面面砖要往下突出3 mm左右，底面面砖要留有流水坡度。

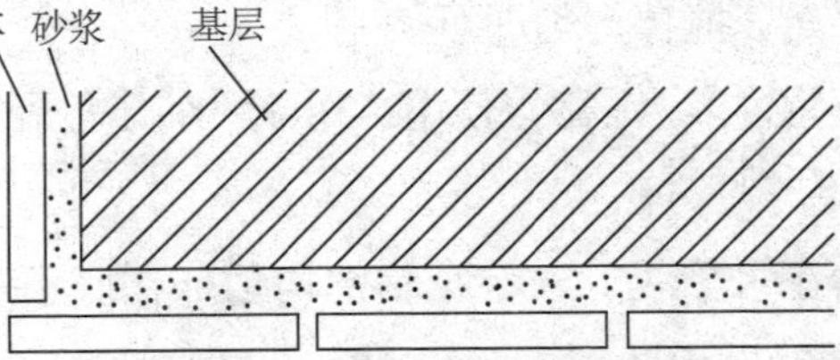

图6-8　面砖转角做法示意图

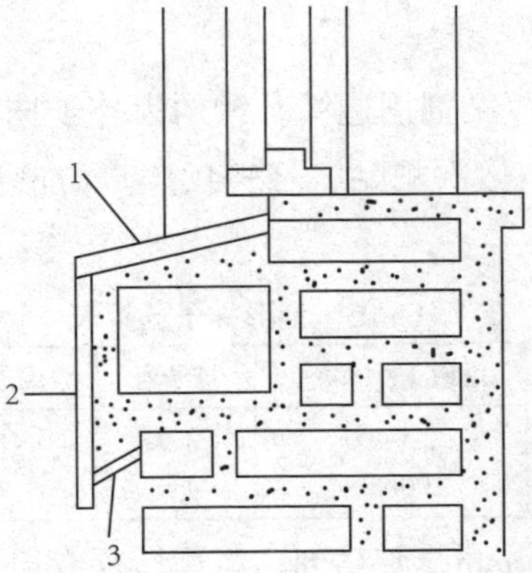

图6-9　窗台及腰线排砖示意图

1—压盖砖；2—正面砖；3—底面砖

c．用面砖做灰饼，找出墙面、柱面、门窗套等横竖标准，阳角处要双面排直，灰饼间距不应大于1.5 m。

d．镶贴时，在面砖背后满铺黏结砂浆，镶贴后，用小铲把轻轻敲击，使之与基层黏结牢固，并用靠尺方尺随时找平找方。贴完一皮后须将砖上口灰刮平，每日下班前须清理。

e．在与抹灰交接的门窗套、窗心墙、柱子等处应先抹好底子灰，然后镶贴面砖。罩面灰可在面砖镶贴后进行。面砖与抹灰交接处做法可按设计要求处理。

f．缝子的米厘条（嵌缝条）应在镶贴面砖次日（也可在当天）取出，并用水洗净继续使用。在面砖镶贴完成一定流水段落后，立即用1：1水泥砂浆（砂子需过窗纱筛）勾缝。

g．整个工程完工后，可用浓度10%稀盐酸刷洗表面，并随即用水冲洗干净。

（3）采用粉状面砖胶粘剂镶贴

基层处理和弹线分格，与传统镶贴相同。

拌和胶粘剂。以粉状胶粘剂：水=（2.5~3）：1（体积比）调制，稠度2~3 cm。

放置10~15分钟，再充分搅拌均匀即可使用。

每次拌和数量不宜过多，一般以使用2~3小时为宜。已硬结的胶粘剂不得使用。

镶贴可采用以下三种方法：

a．将米厘条贴在水平线上，将胶粘剂均匀抹在底子灰上（厚1.5~2 mm，以1 m^2一次为宜），同时在面砖背面刮1.5~2 mm厚胶粘剂，将面砖靠米厘条粘贴，轻轻揉挤后找平找直。然后再在已贴好的面砖上皮再黏米厘条，如此由下而上逐皮粘贴面砖。

b．粘贴米厘条后将胶粘剂用边缘开槽的齿抹子抹在底子灰上，使胶面呈网状。然后将面砖靠米厘条依次粘贴，轻轻揉压。齿形抹子可根据不同胶层的厚度，参考表6–15选用。

表6–15　齿形抹子选用表

抹子号	胶层厚度（mm）	用量（kg/m^2）	抹子号	胶层厚度（mm）	用量（kg/m^2）
1号	1.5~2.0	2.5~3.0	3号	3.0~3.5	4.0~4.5
2号	2.0~2.5	3.0~3.5	4号	4.0~4.5	5.0~5.5

c．在面砖背面抹3~4 mm厚胶粘剂，将面砖靠在已贴好的米厘条直接贴到墙面底子灰上，轻轻揉压，调正、找平。

此方法适用于面砖背面凹槽较深的情况。

a．水平缝宽度用米厘条控制，每贴一皮面砖，均要粘贴一次米厘条，依此顺序进行。胶粘剂的厚度应控制在3~4 mm，不得过厚或过薄。米厘条宜在当天取出，用水洗净后继续使用。

b．面砖贴完5~10分钟后，可用钢片开刀矫正、调整缝隙。

c．贴完一个流水段后，即可用1：1的水泥砂浆（砂子应过窗纱）先勾水平缝，再勾竖缝。缝子应凹进面砖2~3 mm。若竖缝为干挤缝或小于3 mm，应用水泥做擦缝处理。勾缝后，应用棉丝将砖面擦干净。

（4）其他注意事项

a．粉状胶粘剂是以水泥为基料，用水拌和而成的胶粘剂，因此，不得在5℃以下施工。在10℃以下低温施工时，黏结强度增长较慢，但不影响最终黏结强度和黏结质量。

b．粉状胶粘剂粘贴面砖的工艺与传统的水泥砂浆操作方法完全不同，因此，要求必须按新工艺标准方法施工。基层底子灰平整度要求达到面层抹灰的标准，若底子灰抹不平整，会增加黏结厚度，这样不仅因加大胶粘剂用量造成造价的提高，还要影响黏结强度和饰面质量。

c．阴阳角在抹底子灰时要找好规矩。

d．拌和好的胶粘剂，应在4小时内用完，若在此期间内因黏结剂过稠而不好操作时，可加少量水搅拌均匀使用，倘若胶粘剂已凝固硬化则不能使用。

e．使用粉状胶粘剂时，只需加适量水搅拌均匀即可使用，切不可自行添加水泥、砂子等材料，以免影响黏结强度。

f．面砖粘贴完毕，应及时清擦面砖表面，以免凝结后不好清擦。

g．粉状胶粘剂为袋装产品，应放在干燥处，避免受潮，严防雨淋。

h．在使用粉状胶粘剂时，不得任意掺其他混合料。

4．陶瓷锦砖（马赛克）镶贴

陶瓷锦砖可用于内外墙饰面。

（1）采用传统方法镶贴

①分层做法：

a．12~15 mm厚1∶3水泥砂浆分层打底找平。

b．刷素水泥浆一道。

c．2~3 mm厚1∶0.3水泥纸筋灰或3 mm厚1∶1水泥浆（砂过窗纱筛，掺2%乳胶）黏结层分层抹平。

d．薄薄一层1∶0.3水泥纸筋灰黏结灰浆。

e．镶贴陶瓷锦砖。

②施工要点：

a．施工前应按照设计图案要求及图纸尺寸，核实墙面的实际尺寸，根据排砖模数和分格要求，绘制出施工大样图，并加工好分格条。

事先挑选好陶瓷锦砖，并统一编号，便于镶贴时对号入座。

b．抹底子灰有关挂线、贴灰饼、冲筋、刮平等施工要点同第五章中的水泥砂浆。底子灰要绝对平整，阴阳角要垂直方正，抹完后划毛并浇水养护。

外墙镶贴前，应对各窗心墙、砖垛等处要事先测好中心线、水平线和阴阳角垂直线，楼房四角吊出通长垂直线，贴好灰饼，对不符合要求、偏差较大的部位，要预先剔凿或修补，以作为排列陶瓷锦砖的依据，防止发生分格缝不均匀或阳角处不够整砖的问题。

c．抹底子灰后，应根据大样图在底子灰上从上到下弹出若干水平线，在阴阳角、窗口处弹上垂直线，以作为粘贴陶瓷锦砖时控制的标准线。

d. 镶贴陶瓷锦砖时，根据已弹好的水平线稳好平尺板（图6-10），然后在已润湿的底子灰上刷素水泥浆一道，再抹结合层，并用靠尺刮平。同时将陶瓷锦砖铺放在木垫板上，底面朝上缝里撒灌1∶2干水泥砂，并用软毛刷子刷净底面浮砂，薄薄涂上一层黏结灰浆（图6-11），然后逐张拿起，清理四边余灰，按平尺板上口，由下往上随即往墙上粘贴。另一种方法是将水泥石灰砂浆结合层直接抹在纸版上，用抹子初步抹平约2~3 mm厚，随即进行黏结。缝子要对齐，随时调整缝子的平直和间距，贴完一组后，将分格米厘条放在上口再继续贴第二组。

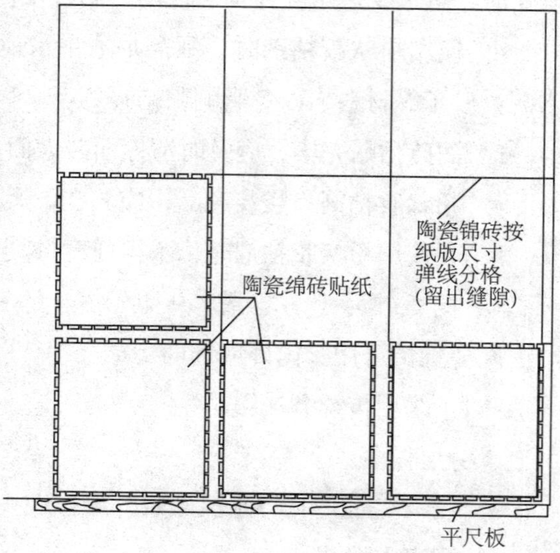

图6-10 陶瓷锦砖镶贴示意图

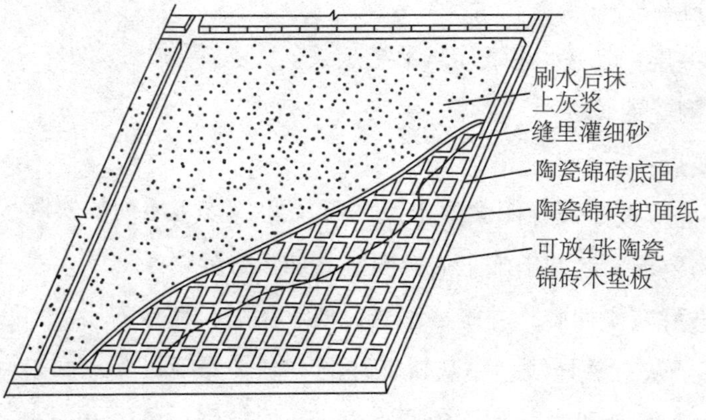

图6-11 缝中灌砂做法

e. 粘贴后的陶瓷锦砖，要用拍板靠放已贴好的陶瓷锦砖上用小锤敲击拍板，满敲一遍使其黏结牢固。然后用软毛刷将陶瓷锦砖护纸刷水湿润，约半小时后揭纸，揭纸应从上往下揭。揭纸后检查缝子平直大小情况，凡弯弯扭扭的缝子必须用开刀拨正调直，然后再普遍用小锤敲击拍板一遍，再用刷子带水将缝里的砂刷出，用湿布擦净陶瓷锦砖面，必要时可用小水壶由上往下浇水冲洗。

f. 粘贴后48小时，除了起出分格米厘条的大缝用1：1水泥砂浆勾严外，其他小缝均用素水泥浆擦缝。色浆的颜色按设计要求。

g. 用陶瓷锦砖镶贴门窗套、窗心墙等，与抹灰面层交接的做法，以及整个工程完工后表面刷洗方法均与镶贴面砖同。

h. 工程全部完成后，应根据不同污染程度用稀盐酸刷洗，紧跟用清水冲刷。

（2）采用建筑胶粘剂镶贴

①基层处理及测量放线与传统方法要求相同。

②用胶水：水泥=1：（2~3）配料，在墙面上抹厚度1 mm左右的黏结层，并在弹好水平线的下口，支设垫尺。

③将陶瓷锦砖铺在木垫板上，麻面朝上，将胶粘剂刮于缝内，并薄薄留一层面胶。随即将陶瓷锦砖贴在墙上，并用拍板满敲一遍，敲实、敲平。

④粘贴时注意事项：

a. 一般由阴、阳角开始粘贴，由上往下粘贴，要按弹好的横线粘贴。

b. 窗口的上侧必须有滴水线，可采取挖掉一条陶瓷锦砖做法，里边线必须比外边线高2~3 mm，窗台口必须有流水线，当设计无要求时，则里边线比外边线高3~5 mm。

c. 窗口如有贴脸和门窗套时，可离3~5 mm；如没有，一律离口2~3 mm。凡门窗口边陶瓷锦砖，一律采取大边压小边做法。

d. 贴完陶瓷锦砖0.5~1小时后，可在陶瓷锦砖纸上刷水浸透20~30分钟后开始揭纸。揭纸后，立即顺直缝子。顺直时要先横后竖。对于缺胶的小块，应补胶粘贴后拍实、拍平。

e. 根据设计要求或陶瓷锦砖的颜色，用白水泥与颜料配制成腻子，边嵌入缝内，边用擦布擦平。最后进行表面清洁。

5. 玻璃锦砖镶贴

玻璃锦砖与陶瓷锦砖从材质、成品断面和表面特征上均各不相同。玻璃锦砖背面（粘贴面）略呈凹形，且有条棱，四周呈楔形斜面，这样虽能增加与基层的黏结力，又能使每小块之间黏结成整体，但也容易缺棱掉角。多用于外墙饰面。其施工工艺有它自己的特点。工艺流程如下：

（1）施工准备

认真会审图纸，做出各种样板，确定施工方案。为保证接缝平直，使用前应对玻璃锦砖逐张挑选，剔除缺棱掉角严重或尺寸偏差过大的产品，然后按纸皮规格重新分类装箱备用。其余与陶瓷锦砖施工相同。

（2）基层处理

与一般抹灰相同。凡是光滑平整附有脱模剂的混凝土面层，应先用10%浓度的火碱溶液清洗，再用钢丝刷及清水将污垢刷去，然后用1：1水泥砂浆刮3 mm厚腻子灰一道，为增加黏结力，腻子灰中可掺水泥重量3%~ 5%的乳胶液或适量108胶，腻子灰刮完养护12~24小时后抹找平层；另外，亦可采用YJ—302型界面处理剂，现场随用随配，配合比（重量比）为甲份：乙份：石英粉（60~120目）= 1：（2.5~3）：（7~9），均匀深刷，趁未干，抹水泥砂浆。界面剂的有效使用时间为60~90分钟。

（3）弹分格缝

锦砖墙面设计一般均留有横、竖向分格缝，如设计无要求时，施工也应增设分格缝。分格缝的大小可以锦砖的尺寸模数调整。一般每张尺寸为308 mm × 308 mm，每张之间缝隙为2 mm，排版模数为310 mm，每一小粒锦砖背面尺寸近似18 mm × 18 mm，粒与粒之间缝隙2 mm，每粒铺贴模数可取20 mm。

（4）墙面浇水后抹结合层

结合层用32.5级或32.5级以上普通硅酸盐水泥净浆，水灰比0.32，厚度2 mm，待结合层手捺无坑，只能留下清晰指纹时为最佳铺贴时间。

（5）弹线后铺贴

首先按标志钉做出铺贴横、竖控制线。把玻璃锦砖背面朝上平放在木垫板上，并在其背面薄薄涂抹一层水泥浆，刮浆闭缝。水泥浆的水灰比为0.32，厚度为1~2 mm。然后将玻璃锦砖逐张沿着标线铺贴。然后用木抹子轻轻拍平压实，使玻璃锦砖与基层灰牢固黏结。如在铺贴后版与版的横、竖缝间出现误差，可用木拍板赶缝，进行调整。

（6）洒水湿纸、揭纸

铺贴后，待水泥初凝后再将护面纸刷水润透，由上而下轻轻揭纸。然后用软毛刷刷净残余纸痕和胶水。

（7）擦缝、清洗

揭纸后，对不饱满的缝隙用相同水泥浆擦缝。待表面干燥后以及水泥浆快干时，再用干棉纱擦拭一遍，然后再用清水冲洗干净。

6. 陶瓷壁画施工

大型陶瓷壁画施工是将大图幅的彩釉陶板壁画分块镶贴在墙上的一种方法，壁画面积可达2 000 m^2。由于彩釉陶板的生产工艺复杂，须经过放大、制版、刻画、配釉、施釉、烧成等一系列工序及复杂多变的窑变技术而制成，周期长而不易复制，因此施工时应绝对保证陶板的完好。

（1）工艺流程。抹找平层→拼图与套割→预排面层→弹线→镶贴→嵌缝→养护。

（2）花色瓷砖的拼图与套割花色瓷砖有两类：一类在烧制前已绘有图案，仅需在施工时按图拼接即可；另一类为单色瓷砖，需经切割加工成某一图案再进行镶贴。

①图案花瓷砖：图案花瓷砖为砖面上绘有各种图案的釉面砖。在施工前应按设计方案画出瓷砖排列图，使图案、花纹或色泽符合设计要求，经编号和复核各项尺寸后方可按图进行施工。

②瓷砖的拼图与套割：

a. 瓷砖图案放样。首先根据设计图案及要求在纸板上放出足尺大样，然后按照釉面砖的实际尺寸和规格进行分格（图6–12）。

图6-12 瓷砖拼图

燕身为蓝色瓷砖，眼睛为红色瓷砖，底色为白色瓷砖

放样时应充分领会原图的设计构思，使大样的各种线条（直线、曲线或圆）及图案符合原图。同时根据原图对颜色的要求，在大样图上对每一分格块编上色码（颜色的代号），一块分格上有两种以上颜色时，应分别标出。

b. 彩色瓷砖拼图的套割。在放出的足尺大样上，根据每一分格块的色码，选用相应颜色的釉面砖进行裁割，并使各色釉面砖拼成设计所需要的图案。

套割应严格根据大样图进行，首先将大样图上不需裁割的整块砖按所需颜色放上；其次将需套割的每一方格中的相邻釉面砖按大样图进行裁割、套接。裁割前，先在釉面砖面上用铅笔根据大样图画出需裁的分界线，然后根据不同线型和位置进行裁割。直线条可用合金钢划针在砖面上按铅笔线（稍留出1 mm左右以作磨平时的损耗）划痕，划痕后将釉面砖的划痕对准硬物的直边角轻击一下即可折断，划痕愈深愈易折断，折断后，将所需一部分的边角在细砂轮上磨平磨直。曲线条可用合金钢划针裁去多余的可裁部分，然后用胡桃钳钳去多余的曲线部分，直至分界线的边缘外（留出1 mm），再用圆锉锉至分界线，使曲线圆润、光滑。釉面砖挖内圆先用手摇钻将麻花钻头在需割去的范围内钻孔，当钻孔在内圆范围内形成一个个圆圈后，用小榔头凿去，然后用圆锉锉至内圆分界线。当钻孔离分界线距离较大时，也可用凿子凿去多余部分，凿时先轻轻从斜向凿去背面，再凿去正面，然后用锉刀修至分界线。裁割完后，将各色釉面砖在大样图上拼好，如有图案或线条衔接不直不光滑，应将移位的部分重新裁割，直至符合要求。

（3）施工要点施工时，其他工程均应基本结束，以免壁画完工后受损坏，如需钉边框，则边框的预留配件应先安装。

①抹找平层：包括清理基层，找规矩，做灰饼，做冲筋，抹底层、找平层。施工方法与内墙面抹砂浆找平层相同。表面应平整粗糙，垂直度、平整度偏差值应控制在±2 mm以内，表面用木抹子抹毛。

②拼图与套割：根据设计要求进行。

③预排面层：根据设计图在地面上进行预排，画出排列大样图，并分别在陶板背面及大样图上编号，以便施工时对号入座。

④弹线：根据陶板的块数和板间1 mm的缝隙算出尺寸，在找平层上弹出壁画的外围控制线及等距离纵横控制线，纵横控制线宜每3~5块陶板弹一根线。在壁画下口应根据标高线弹出控制线，以利下皮陶板的铺设，并临时固定下口垫尺。

根据陶板的厚度及砂浆厚，在下口垫尺上弹出陶板面的控制线，同时在上方做出灰饼，灰饼面和垫尺上的陶板面控制线应在同一垂直面上，用以控制陶板面的平整度和垂直度。

⑤镶贴：镶贴前陶板应浸透并晾干，可用纯水泥浆加5%~10%的108胶，或用水泥：细砂：纸筋灰=1：0.5：0.2的水泥砂浆粘贴。

在充分湿润的找平层上抹一层极薄的水泥浆或砂浆，然后根据大样图及陶板的编号选出陶板，在陶板的背面上抹一层水泥浆或砂浆（总厚度不宜超过5 mm），将面砖镶贴在预定的位置上。陶板应从下往上镶贴，同一皮宜从左向右镶贴，贴一块校正一块，使每块的平整、垂直、水平均符合要求，同时还应注意壁画图案中的主要线条应衔接正确，直至镶贴完工。

⑥嵌缝：镶贴完工后应对陶板缝隙进行嵌缝，嵌缝应采用白水泥浆加颜料，嵌缝的色浆应与被嵌部位的图案基色相同或接近。嵌缝宜用竹片并压紧抽直，还应随时将余浆及板面擦干净。

⑦养护：施工后应用纤维板或夹板覆盖保护，直至工程交付使用，以防损坏。

7. 饰面砖施工缺陷产生原因及防治措施

（1）内墙贴釉面砖缺陷产生原因及预防措施见表6-16。

表6-16　内墙贴釉面砖缺陷产生原因及预防措施

缺陷现象	产生原因	预防措施
空鼓、脱落	（1）釉面砖浸水时间不够，造成砂浆早期脱水或浸水后未晾干、粘贴后产生滑移自坠 （2）黏结砂浆厚薄不匀，砂浆不饱满，粘贴用力不均，砂浆收水后对粘贴的釉面砖进行纠偏移动 （3）釉面砖本身有隐伤，使用前未进行挑选	（1）釉面砖使用前必须浸水到不冒气泡为止，且不少于2小时，待表面晾干后才能使用 （2）黏结砂浆的厚度应抹得一致，粘贴砖块时用力要均匀、压平压实，缺灰时应取下重贴，不得在砖口处塞灰，如有偏差应在砂浆收水前纠偏 （3）严格挑选釉面砖，有隐伤或裂纹者剔除不用接
缝不直、不匀	（1）使用前未对釉面砖进行挑选，排砖不规矩 （2）釉面砖镶贴操作不当 （3）釉面砖本身尺寸偏差大	（1）使用前必须进行选砖，排砖，在墙面上应弹出垂直线及水平线 （2）正确操作镶贴，接缝对齐 （3）剔除偏差大的釉面砖
裂缝、变色或表面沾污	（1）釉面砖质量低劣，材质松脆吸水率大。技术性能达不到标准 （2）釉面砖在运输、堆放时造成隐伤 （3）使用前，釉面砖浸水不透，粘贴时，黏结砂浆中的色浆水从砖背面渗进砖坯内，从透明的釉面上反映出来，造成变色	（1）选用优质釉面砖，并进行挑选，必要时做强度指标试验 （2）釉面砖应成箱运输，避免路途中受到剧烈振动，堆放时应轻拿轻放，使用前逐块检查 （3）釉面砖应浸透、晾干后使用，尽量使用保水性良好的砂浆粘贴，操作时不要用力敲击砖面，并随手将砖面上残存砂浆清理掉

外墙贴彩釉砖缺陷产生原因及预防措施见表6-17。

表6-17　外墙贴彩釉砖缺陷产生原因及预防措施

缺陷现象	产生原因	预防措施
空鼓、脱落	（1）基层表面偏差较大、各抹灰层的黏结强度低 （2）砂浆配合比不当，砂中含泥量过多，砂浆稠度不符合要求。同一施工面上采用不同的配合比砂浆 （3）彩釉砖的黏结砂浆不饱满，接缝勾缝不严，雨水渗透后受冻膨胀，使砖受到破坏	（1）基层表面应平整，平整度达到要求，各抹灰层施工方法应适当 （2）选择优质材料；砂浆应按试验所得配合比进行计量；砂浆搅拌应充分均匀，同一施工面用同一砂浆 （3）彩釉砖应贴实贴严，接缝应勾抹严密

外墙贴锦砖缺陷产生原因及预防措施见表6-18。

表6-18　外墙贴锦砖缺陷产生原因及预防措施

缺陷现象	产生原因	预防措施
墙面不平 接缝不匀 砖缝不直	（1）底层灰抹得不平整，阴阳角有偏差 （2）未按设计要求进行排砖、分格，各砖联分格线弹得不正确 （3）锦砖揭纸后，未及时进行砖缝检查，未仔细拨正调直	（1）底层灰应做标志，标筋进行抹灰，阴阳角应扯直 （2）应按设计要求进行砖联分格，分格线应弹正确 （3）锦砖揭纸后，应及时检查砖缝，如有偏差应立即拨正调直

续表

缺陷现象	产生原因	预防措施
空鼓、脱落	（1）黏结砂浆配合比不当，稠度不合要求 （2）揭纸时间过晚，在黏结砂浆已收水后进行拨缝调直 （3）勾缝不严，雨水渗透进去，黏结砂浆受冻膨胀引起空鼓	（1）黏结砂浆应按设计配合比，稠度适当，刷素水泥浆后应随即抹黏结砂浆 （2）及时揭纸，在黏结砂浆收水前进行拨缝调直 （3）勾缝应严实
墙面污染	同外墙贴彩釉砖的原因及预防	

三、石材饰面板施工

石材饰面板的施工，主要包括天然石材和人造石材的施工。其施工方法，除传统的湿作业外，现已发展有粘贴法、传统湿作业改进方法。

1. 施工准备

采用饰面板用于室内外装饰，多为装饰标准较高的工程，因此对饰面板的施工技术也要求较高，做到细致、准确、严密。所以，必须做好施工前的准备工作。

（1）作好施工大样图

饰面板材安装前，首先应根据建筑设计图纸要求，认真核实饰面板安装部位的结构实际尺寸及偏差情况，如墙面基体的垂直度、平整度以及由于纠正偏差（剔凿后用细石混凝土或水泥砂浆修补）所增减的尺寸，绘出修正图。超出允许偏差的，则应在保证基体与饰面板表面距离不小于50 mm的前提下，重新排列分块。在确定排板图时应做好以下工作：

①测量出柱的实际高度，柱子中心线，柱与柱之间距离，柱子上部、中部、下部拉水平线后的结构尺寸，以确定出柱饰面板看面边线，依此计算出饰面板排列分块尺寸。

②对外形变化较复杂的墙面（例如：多边形、圆形、双曲弧形墙面及墙裙），特别是需异型饰面板镶嵌的部位，尚需用黑铁皮或三夹板进行实际放样，以便确定其实际的规格尺寸。

根据上述墙、柱校核实测的规格尺寸，并将饰面板间的接缝宽度包括在内（如设计无规定时，按表6–19进行计算），计算出板块的排列，按安装顺序编上号，绘制分块大样图以及节点大样图，作为加工饰面板和各种零配件（锚固件、连接件）以及安装施工的依据。

表6–19　饰面板拼缝宽度表

序号	饰面板类别		接缝宽度（mm）
1	天然石材	光面、镜面	1
2		粗磨面、麻面、条纹面	5
3		天然石	10
4	人造石材	水磨石、人造石	2
5		水刷石面	10
6		大理石、花岗石	1

饰面板所用的锚固件、连接件，一般用镀锌铁件。镜面和光面的大理石、花岗石饰面板，应用不锈钢制的连接件。

（2）基层处理

基本与饰面砖施工中有关作业条件准备和基层处理相同。

（3）测量放线

柱子饰面板的安装，应按设计轴线距离，弹出柱子中心线和水平标高线。

（4）饰面板进场检修

饰面板进场拆包后，首先应逐块进行检查，将破碎、变色、局部污染和缺棱掉角的全部挑拣出来，另行堆放；另外，对合乎要求的饰面板，应进行边角垂直测量、平整度检验、裂缝检验、棱角缺陷检验，确保安装后的尺寸宽、高一致。

破裂的饰面板，可用环氧树脂胶粘剂粘贴。修补时应将黏结面清洁并干燥，两个粘合面涂厚度≤0.5 mm黏结膜层，在≥15℃环境中粘贴，在相同温度的室内养护（紧固时间大于3天）；对表面缺边、坑洼、疵点的修补可刮环氧树脂腻子并在15℃室内养护1天，而后用0号砂纸磨平，再养护2~3天打蜡。

黏结环氧树脂胶粘剂配合比与环氧树脂腻子配合比见表6–20。

表6–20　环氧树脂胶粘剂与环氧树脂腻子配合比

材料名称	重量配合比	
	胶粘剂	腻子
环氧树脂E44（6101）	100	100
乙二胺	6~8	10
邻苯二甲酸二丁酯	20	10
白水泥	0	100~200
颜料	适量（与修补板材颜色相近）	适量（与修补板材相近）

（5）选板、预拼、排号

对照排板图编号检查复核所需板的几何尺寸，并按误差大小归类；检查板材磨光面的疵点和缺陷，按纹理和色彩选择归类。对有缺陷的板，应改小使用或安装在不显眼的部位。

在选板的基础上进行预拼工作。尤其是天然板材，由于它具有天然纹理和色差，因此必须通过预拼使上下左右的颜色花纹一致，纹理通顺，接缝严密吻合。

预拼好的石材应编号，然后分类竖向堆放待用。

凡位于阳角处相邻两块板材，宜磨边卡角（图6–13）。

图6–13 阳角磨边

（6）天然石材进行防碱背涂处理

采用传统的湿作业安装天然石材，由于水泥砂浆在水化时析出大量的氢氧化钙，析到石材表面，产生不规则的花斑，俗称返碱现象，严重影响建筑物室内外石材饰面的装饰效果。为此，在天然石材安装前，必须对石材饰面采用防碱背涂处理剂进行背涂处理。

①石材防碱背涂处理剂性能，见表6–21。

表6–21 防碱背涂处理剂性能

项次	项目	性能指标
1	外观	乳白色
2	固体含量（%）	≥37
3	pH值	合格
4	耐水试验500小时	合格
5	耐碱试验300小时	合格
6	透碱试验168小时	6个月以上
7	储存时间	5℃以上
8	成膜温度	20
9	干燥时间（分钟）	≥0.4
10	黏结性能（N/mm^2）	

②涂布方法

a. 清理饰面石材板，如果表面有油迹，可用溶剂擦拭干净。然后用毛刷清扫石材表面的尘土，再用干净的棉丝认真仔细地把石材装饰板背面和侧边擦拭干净。

b．开启石材处理剂的容器，搅拌均匀后，倒入塑料小桶内，用毛刷在饰面石材板的背面和侧边涂布处理剂。涂饰时，应注意不得将石材处理剂涂布或流淌到饰面石材板的正面。如污染了表面，应及时用棉丝反复擦拭干净，不得留下任何痕迹，以免影响饰面石材板的装饰效果。

c．第一遍石材处理剂干燥时间，一般需要20分钟左右，干燥时间的长短主要取决于环境的温度和湿度。待第一遍石材处理剂干燥后，方可涂布第二遍石材处理剂。

涂布时应注意：避免出现气泡和漏刷现象；在石材处理剂未干燥时，应防止尘土等杂物被风吹到表面；气温5℃以下或阴雨天应暂停施工；已处理的饰面石材板在现场如有切割时，应及时在切割处涂刷石材处理剂。

2. 饰面板安装的一般要求

（1）饰面板的接缝宽度如设计无要求时，应符合有关规范的规定。

（2）饰面板安装，应找正吊直后采取临时固定措施，以防灌注砂浆时板位移动。

（3）饰面板安装，接缝宽度可垫木楔调整，并应确保外表面的平整、垂直及板的上口顺平。

（4）灌浆前，应浇水将饰面板背面和基体表面润湿，再分层灌注砂浆，每层灌注高度为150~200 mm，且不得大于板高的1/3，插捣密实，待其初凝后，应检查板面位置，如移位应拆除重新安装；若无移动，方可灌注上层砂浆，施工缝应留在饰面板水平接缝以下50~100 mm处。

（5）突出墙面勒脚的饰面板安装，应待上层的饰面工程完工后进行。

（6）楼梯栏杆、栏板及墙裙的饰面板安装，应在楼梯踏步地（楼）面层完工后进行。

（7）天然石饰面板的接缝，应符合下列规定：

①室内安装光面和镜面的饰面板，接缝应干接，接缝处宜用与饰面板相同颜色的水泥浆填抹。

②室外安装光面和镜面的饰面板，接缝可干接或在水平缝中垫硬塑料板条，垫塑料板条时，应将压出部分保留，待砂浆硬化后，将塑料板条剔出，用水泥细砂浆勾缝。干接缝应用与饰面板相同颜色水泥浆填平。

③粗磨面、麻面、条纹面、天然面饰面板的接缝和勾缝应用水泥砂浆。勾缝

深度应符合设计要求。

（8）人造石饰面板的接缝宽度、深度应符合设计要求，接缝宜用与饰面板相同颜色的水泥浆或水泥砂浆抹勾严实。

（9）饰面板完工后，表面应清洗干净。光面和镜面的饰面板经清洗晾干后，方可打蜡擦亮。

（10）装配式挑檐、托座等的下部与墙或柱相接处，镶贴饰面板应留有适量的缝隙。镶贴变形缝处的饰面板留缝宽度，应符合设计要求。

（11）夏期镶贴室外饰面板应防止暴晒。

（12）冬期施工，砂浆的使用温度不得低于5℃。砂浆硬化前，应采取防冻措施。

（13）饰面工程镶贴后，应采取保护措施。

3. 大理石饰面板安装

大理石饰面板有镜面、光面和细琢面。其安装方法，小规格（边长小于400 mm）可采用粘贴法；大规格则可采用传统安装方法或改进的新工艺。

（1）传统安装方法

①按照设计要求事先在基层表面绑扎好钢筋网，与结构预埋件绑扎牢固。其做法有在基层结构内预埋铁环，与钢筋网绑扎（图6–14）；也有用冲击钻先在基层打ϕ6.5~8.5 mm、深度≥60 mm的孔，再将ϕ6~8 mm短钢筋埋入，外露50 mm以上并弯钩，在同一标高的插筋上置水平钢筋，两者靠弯钩或焊接固定（图6–15）。

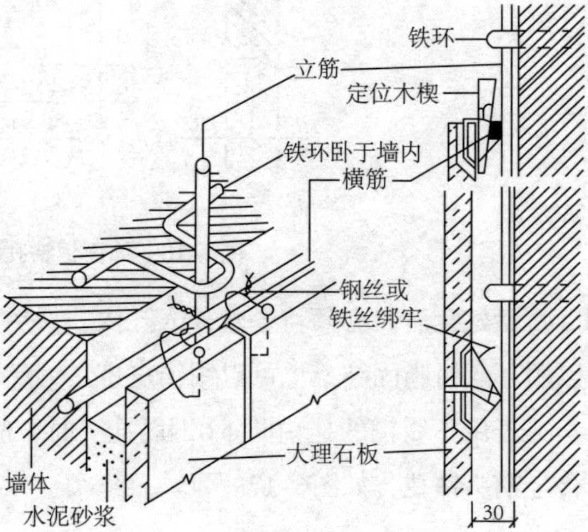

图6–14　大理石传统安装方法

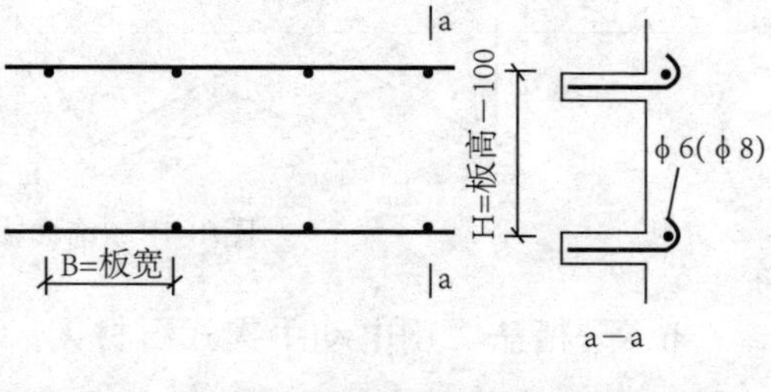

图6–15　大理石安装预埋钢筋做法示意图

②安装前先将饰面板材按照设计要求进行修边打眼，其方法有两种：

a．钻孔打眼法。当板宽在500 mm以内时，每块板的上下边的打眼数量均不得少于2个，如超过500 mm应不少于3个。打眼的位置应与基层上的钢筋网的横向钢筋的位置相适应。一般在板材的断面上由背面算起2/3处，用笔画好钻孔位置，然后用手电钻钻孔，使竖孔、横孔相连通，钻孔直径以能满足穿线即可，严禁过大，一般为5 mm，如图6–16所示。

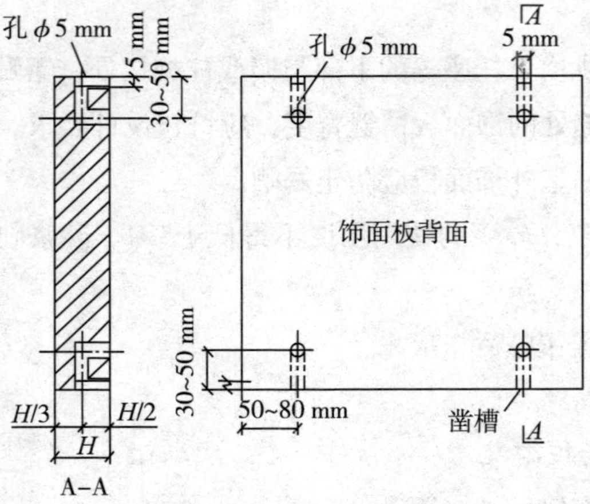

图6–16　饰面板钻孔及凿槽示意图

钻好孔后，必须将铜丝伸入孔内，然后加以固结，才能起到连接的作用。可以用环氧树脂固结，也可以用铅皮挤紧铜丝。

若用不锈钢的挂钩同φ6钢筋挂牢时，应在大理石板上下侧面，用φ5 mm的合金钢头钻孔，如图6–17。

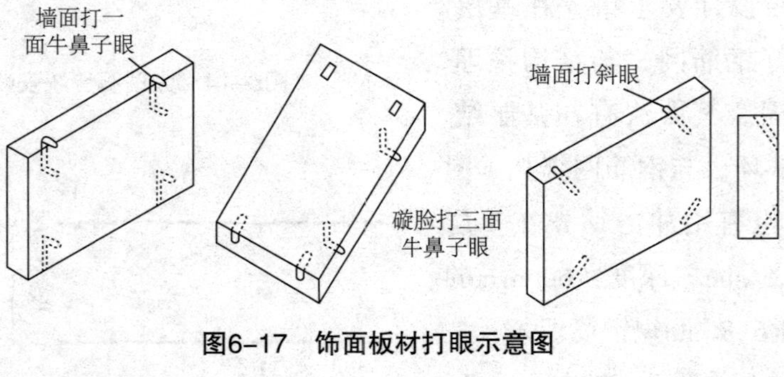

图6–17　饰面板材打眼示意图

b．开槽法。用电动手提式石材无齿切割机的圆锯片，在需绑扎钢丝的部位上开槽。采用的是四道槽法。四道槽的位置是：板块背面的边角处开两条竖槽，其间距为30~40 mm；板块侧边处的两竖槽位置上开一条横槽，再在板块背面上的两条竖槽位置下部开一条横槽，如图6–18所示。

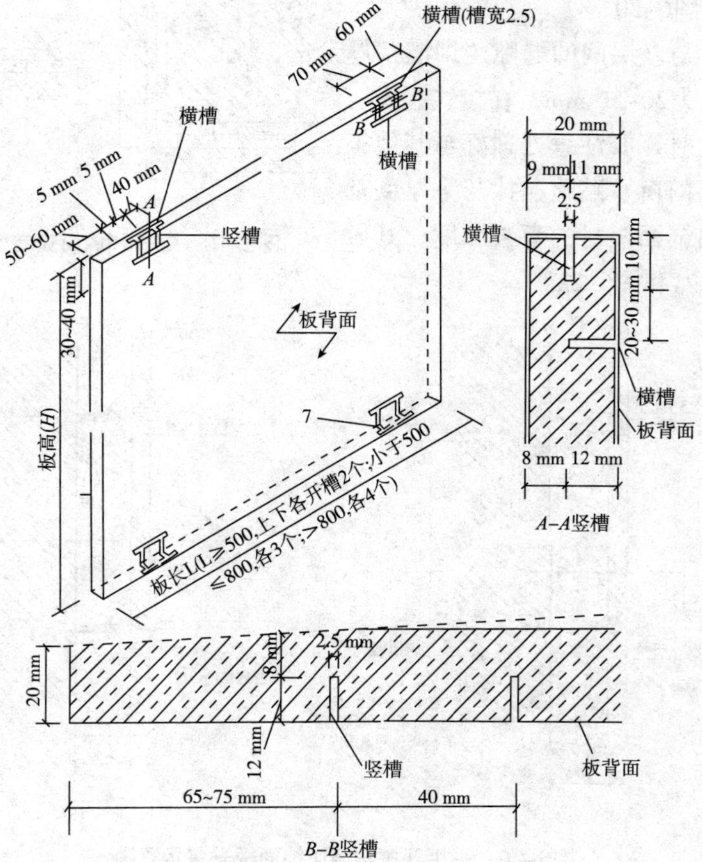

图6-18　板材开槽方式

板块开好槽后，把备好的18号或20号不锈钢丝或铜丝剪成30 cm长，并弯成U形。将U形不锈钢丝先套入板背横槽内，U形的两条边从两条竖槽内穿出后，在板块侧边横槽处交叉。然后再通过两条竖槽将不锈钢丝在板块背面扎牢。

但要注意不应将不锈钢丝拧得过紧，以防止把钢丝拧断或将大理石的槽口弄断裂。

③板材安装前，应先检查基层（如墙面、柱面）平整情况，如凹凸过大应事先处理。

④安装前要按照事先找好的水平线和垂直线进行预排，然后在最下一行两头用板材找平找直，拉上横线，再从中间或一端开始安装。并用铜丝（或不锈钢钢丝）把板材与结构表面的钢筋骨架绑扎固定，随时用托线板靠直靠平，保证板与

板交接处四角平整。有关节点固定做法见图6–19、图6–20。

⑤板材与基层间的缝隙（即灌浆厚度），一般为20~50 mm，在拉线找方、挂直找规矩时，要注意处理好与其他工种的关系，门窗、贴脸、抹灰等厚度都应考虑留出饰面板材的灌浆厚度，其做法参见图6–21和图6–22。

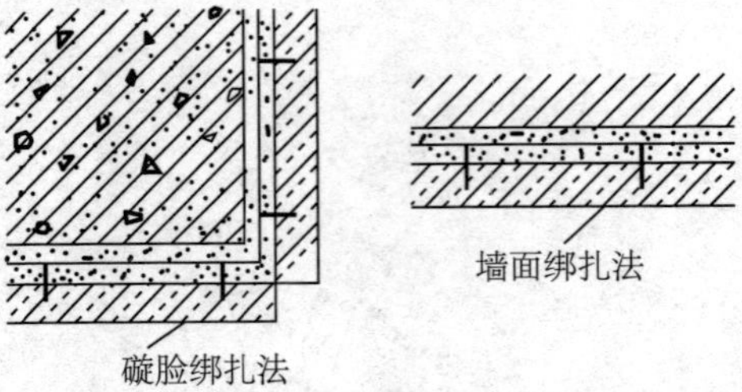

图6–19　璇脸和墙面安装固定示意图

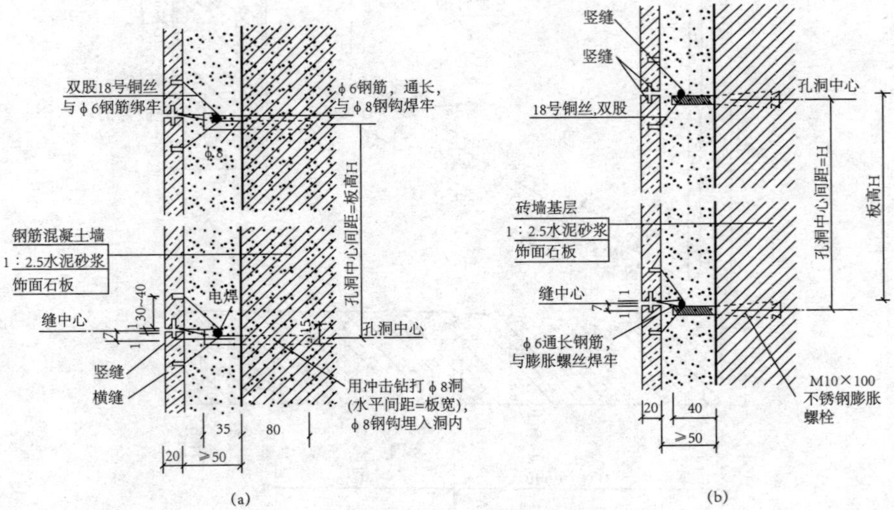

图6–20　采用开槽法墙面饰面板安装示意图

（a）混凝土墙基；（b）砖墙墙基

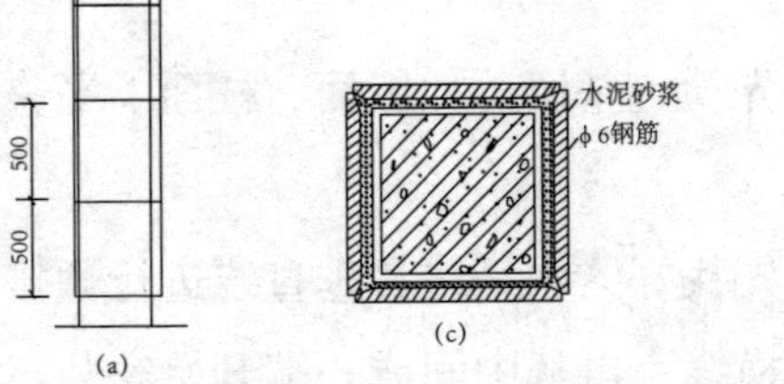

图6–21　柱面板材划分和安装固定示意图

（a）立面；（b）纵断面；（c）横断面

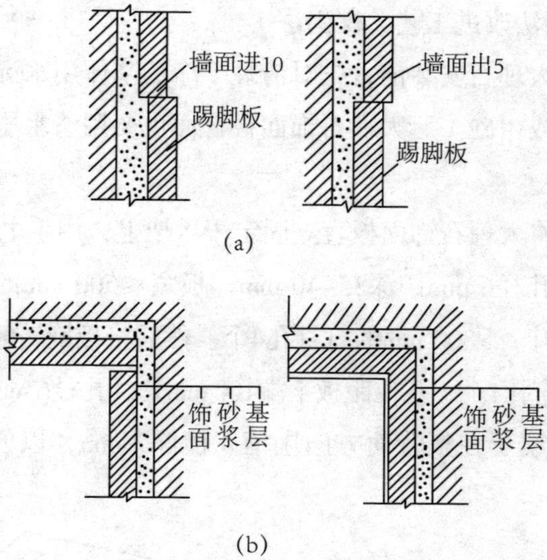

图6-22 门窗套阴角衔接和墙面与踢脚线做法示意图

（a）墙面与踢脚线做法；（b）门窗套阴角衔接做法

⑥墙面、柱面、门窗套等板材安装与地面板材铺设得准确，边部板材须切割整齐。亦可采用先做地面后做立面，这样可以解决边部板材不齐的问题，但地面应加保护，防止损坏。

⑦饰面板材安装后，用纸或石膏将底及两侧缝隙堵严，上下口用石膏临时固定，较大的板材（如璇脸）固定时要加支撑。为了矫正视觉误差，安装门窗璇脸应按1%起拱。

⑧固定后用1：2.5水泥砂浆（稠度一般为8~12 cm）分层灌注。每次灌浆高度一般为20~30 cm，待初凝后再继续灌浆，直到距上口5~10 cm停止。然后将上口临时固定的石膏剔掉，清理干净缝隙，再安装第二行板材，这样依次由下往上安装固定、灌浆。

⑨采用浅色的大理石、汉白玉饰面板材时，灌浆应用白水泥和白石屑。

⑩每日安装固定后，需将饰面清理干净。安装固定后的饰面板材如面层光泽受到影响，可以重新打蜡出光。要采取临时保护措施保护棱角。

全部板材安装完毕后，清净表面，然后用与板材相同颜色调制的水泥砂浆，边嵌边擦，使缝隙嵌浆密实，颜色一致。

板材出厂时已经抛光处理并打蜡。但经施工后局部会有污染，表面失去光泽，所以一般应进行擦拭或用高速旋转帆布擦磨，重新抛光上蜡。

（2）传统安装法改进工艺（楔固法）

①基体处理：大理石安装前，先对清理干净的基体用水湿润，并抹上1：1水泥砂浆（要求中砂或粗砂）。大理石饰面板背面也要用清水刷洗干净，以提高其黏结力。

②石板钻孔：将大理石饰面板直立固定于木架上，用手电钻在距板两端1/4处居板厚中心钻孔，孔径6 mm，深35~40 mm，板宽≤500 mm的打直孔两个；板宽>500 mm的打直孔3个；>800 mm的打直孔4个。然后将板旋转90℃固定于木架上，在板两侧分别各打直孔1个，孔位距板下端100 mm处，孔径6 mm，孔深35~40 mm，上下直孔都用合金錾子在板背面方向剔槽，槽深7 mm，以便安卧U形钉，见图6-23。

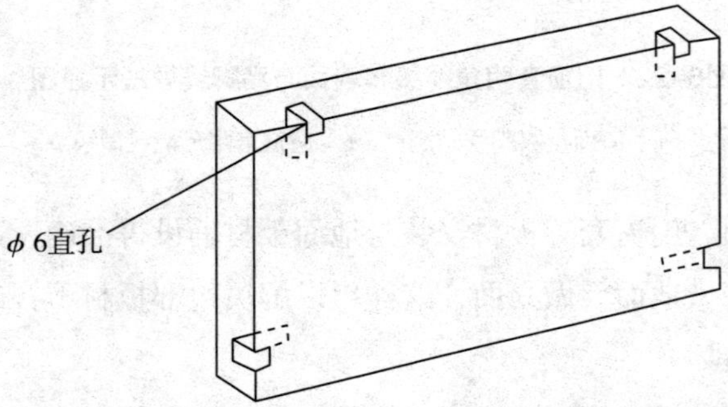

图6-23　打直孔示意图

③基体钻孔：板材钻孔后，按基体放线分块位置临时就位，对应于板材上下直孔的基体位置上，用冲击钻钻成与板材孔数相等的斜孔，斜孔成45°角，孔径6 mm，孔深40~50 mm，见图6-24。

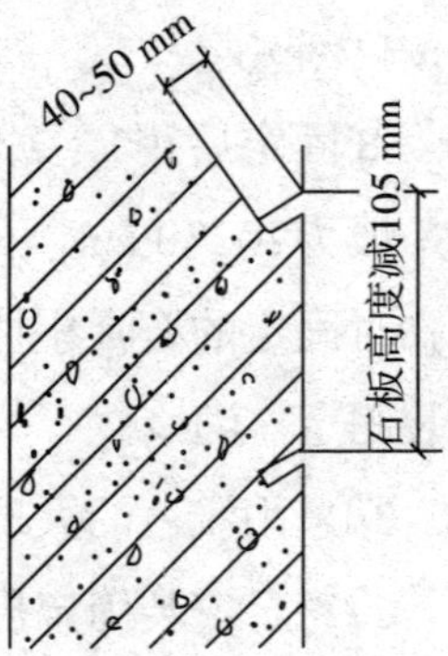

图6-24　基体钻斜孔

④板材安装、固定：基体钻孔后，将大理石板安放就位，根据板材与基体相距的孔距，用克丝钳子现制直径5 mm的不锈钢U形钉（图6-25），一端钩进大理石板直孔内，随即用硬木小楔楔紧；另一端钩进基体斜孔内，拉小线或用靠尺板和水平尺，校正板的上下口及板面的垂直度和平整度，并检查与相邻板材接合是否严密，随后将基体

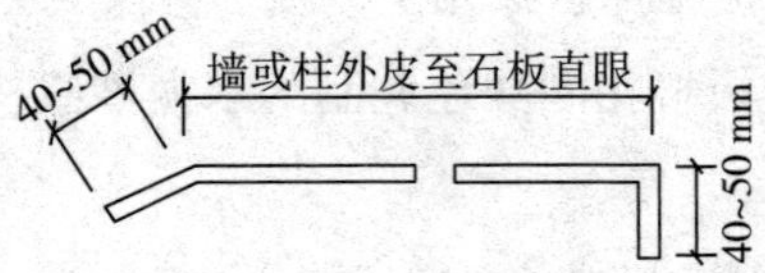

图6-25　U形钉

斜孔内不锈钢U形钉楔紧。接着用大头木楔紧固于板材与基体之间，以紧固U形钉，见图6–26。

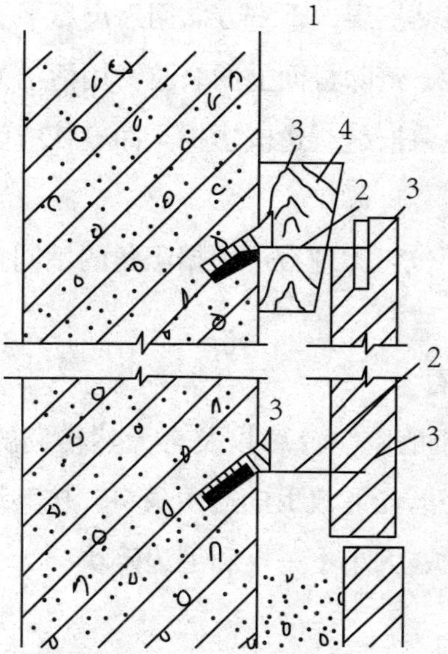

图6–26　石板就位、固定示意图

1—基体；2—U形钉；3—硬木小楔；4—大头木楔

大理石饰面板位置校正准确、临时固定后，即可进行分层灌浆。灌浆及成品保护和表面清洁等，与传统安装方法相同。

（3）粘贴法

①基层处理：首先将基层表面的灰尘、污垢和油渍清除干净，要浇水湿润。对于表面光滑的基层表面应进行凿毛处理；对于垂直度、平整度偏差较大的基层表面，应进行剔凿或修补处理。

②抹底层灰：用1∶2.5（体积比）水泥砂浆分两次打底、找规矩，厚度约10~20 mm，并按中级抹灰标准检查验收垂直度和平整度。

③弹线、分块：用线坠在墙面、柱面和门窗部位从上至下吊线，确定饰面板表面距基层的距离（一般为30~40 mm）。根据垂线，在地面上顺墙、柱面弹出饰面板外轮廓线，此线即为安装基础线。然后，弹出第一排标高线，并将第一层板的下沿线弹到墙上（如有踢脚板，则先将踢脚板的标高线弹好）。然后根据板面的实际尺寸和缝隙，在墙面弹出分块线。

④镶贴：将湿润并阴干的饰面板，在其背面均匀地抹上5~6 mm厚特种胶粉

或环氧树脂水泥浆、AH—03胶粘剂，依照水平线，先镶贴底层（墙、柱）两端的两块饰面板，然后拉通线，按编号依次镶贴。第一层贴完，进行第二层镶贴。以此类推，直至贴完。每贴三层，垂直方向用靠尺靠平。

全部石板安装完毕后，清除板面上的余胶，用清洁的布擦洗干净。

按石板的颜色调制色浆嵌缝，边嵌边擦干净，使缝隙密实、均匀、干净、颜色一致。

柱子或墙面的阳角部位，大理石可根据阳角的不同角度磨出倒角，使两侧面的石板咬合。

（4）镶贴碎拼大理石

碎拼大理石一般用于庭院、凉廊以及有天然格调的室内外墙面。其石材大部分是生产规格石材中经磨光后裁下的边角余料，按其形状可分为非规格矩形块料、冰裂状块料（多边形、大小不一）和毛边碎块。

①分层做法

a. 10~12 mm厚1∶3水泥砂浆找平层，分遍打底找平。

b. 10~15 mm厚1∶2水泥砂浆结合层。

c. 镶贴碎拼大理石。

②施工要点

a. 碎拼大理石的颜色按设计要求选定，块材边长不宜超过30 cm，厚度应基本一致。

b. 镶贴前，应拉线找方挂直，做灰拼。应在门窗口转角处注意留出镶贴块材的厚度。

c. 碎拼大理石饰面施工前，应进行试拼，宜先拼图案，后拼其他部位。拼缝应协调，不得有通缝，缝宽为5~20 mm。

设计有图案要求时，应先镶贴图案部位，然后再镶贴其他部位。

d. 镶贴厚度不宜超过20 mm，每天镶贴高度不宜超过1.2 m，镶贴时应随时用靠尺找平。镶贴后，要按设计要求采用不同颜色的水泥砂浆（或水泥石粒浆）勾缝。

e. 镶贴时应注意面层的光洁，随时进行清理。如缝宽要求一致时，应在镶贴前用切割机进行块材加工。

4. 花岗石饰面板安装

（1）磨光花岗石饰面板的安装

①传统安装方法：与大理石饰面板传统安装方法相同。

②传统安装方法改进工艺：

工艺流程。磨光花岗石传统湿作业改进工艺流程如下：

a．板材钻孔打眼剔凿。直孔用台钻打眼，操作时应钉木架，使钻头直对板材上端面，一般每块石板上下两个面打眼，孔位打在距板两端1/4处，每个面各打两个眼，孔径为5 mm，深18 mm，孔位距石板背面以8 mm为宜。

如石板宽度较大，中间应增打一孔，钻孔后用合金钢凿子朝石板背面的孔壁轻打剔凿，剔出深4 mm的槽，以便固定连接件（图6-27）。

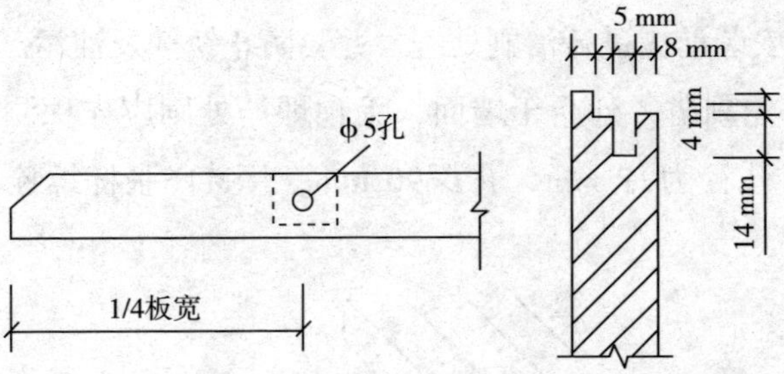

图6-27　磨光花岗石打孔眼

石板背面钻135°斜孔，先用合金钢凿子在打孔平面剔窝，再用台钻直对石板背面打孔，打孔时将石板固定在135°的木架上（或用摇臂钻斜对石板）打孔，孔深5~8 mm，孔底距石板磨光面9 mm，孔径8 mm（图6-28）。

b．金属夹安装。把金属夹（图6-29b）安装在135°孔内，用JGN型胶①固定，并与钢筋网连接牢固（图6-29a）

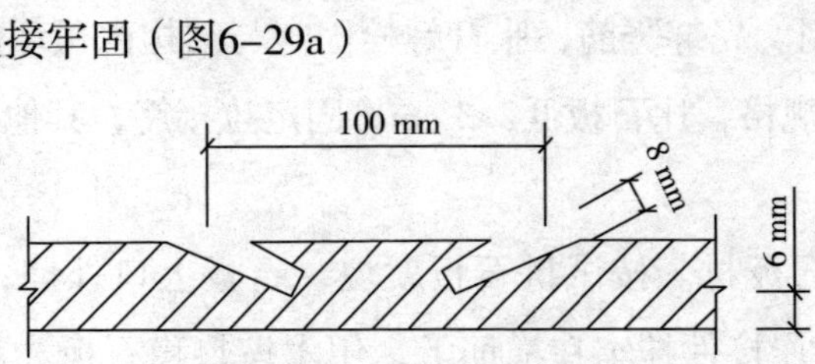

图6-28　磨光花岗石加工示意图

c．抄平放线和基层处理。抄平放线与传统湿法施工相同，并要检查预埋筋及门窗口标高位置，要求上下、左右、进出一条线，将混凝土墙、柱、砖墙等凹凸不平处凿平后，用1∶3水泥砂浆分层抹平。钢模混凝土墙面必须凿毛，并将基层清刷干净，浇水湿润。

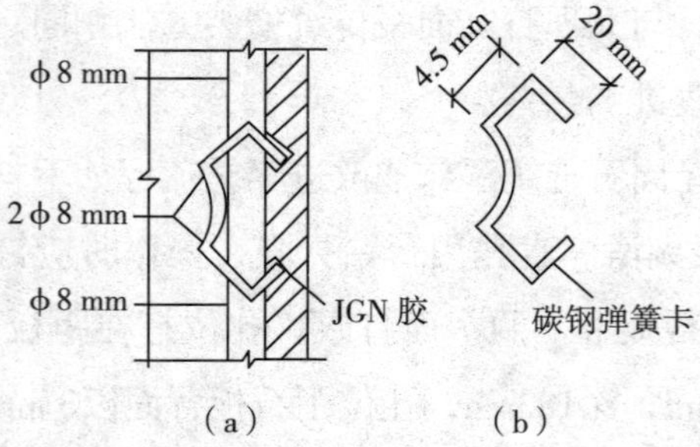

图6-29　金属夹安装

①JGN型胶用于大楼磨光花岗石外饰面工程。

石板背面在安装前应进行清刷处理，并要防止锈蚀及油污。

预埋钢筋要先剔凿，外露于墙面，无预埋筋处则应先探测结构钢筋位置，避开钢筋钻孔，孔径为25 mm，孔深90 mm，用M16胀杆螺栓固定预埋铁（图6-30）。

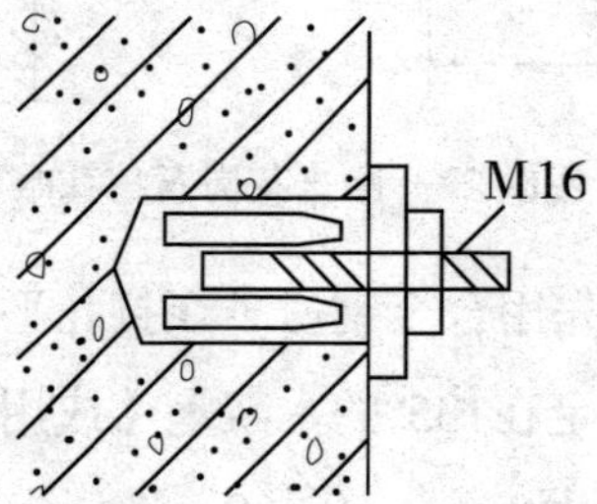

图6-30　胀杆螺栓固定

d．绑扎钢筋网。先绑竖筋，胀杆螺栓固定与结构内预埋筋或预埋铁连接，横向钢筋根据石板规格，比石板低2~3 cm作固定拉接筋，其他横筋可根据设计间距均分。

e．安装花岗石板材。按试拼石板就位，石板上口外仰，将两板间连接筋（连接棍）对齐，连接件挂牢在横筋上，用木楔垫稳石板，用靠尺检查调整平直，一般均从左往右进行安装，柱面水平交圈安装，以便校正阳角垂直度。四大角拉钢丝找直，每层石板应拉通线找平找直，阴阳角用方尺套方。如发现缝隙大小不均匀，应用铅皮垫平，使石板缝隙均匀一致，并保证每层石板上口平直，然后用熟石膏固定。经检查无变形方可浇灌细石混凝土。

f．浇灌细石混凝土。把搅拌均匀的细石混凝土用铁簸箕徐徐倒入，不得碰动石板及石膏木楔。要求下料均匀，轻捣细石混凝土，直至无气泡。每层石板分三次浇灌，每次浇灌间隔1小时左右，待初凝后经检验无松动、变形，方可再次浇灌细石混凝土。第三次浇灌细石混凝土时上口留5 cm，作为上层石板混灌细石混凝土的结合层。

g．擦缝，打蜡。石板安装完毕后，清除所有石膏和余浆痕迹，用棉丝或抹布擦洗干净，并按照花岗石板颜色调制水泥浆嵌缝，边嵌缝边擦干净，以防污染石材表面，使之缝隙密实、均匀，外观洁净，颜色一致，最后上蜡抛光。

（2）毛面花岗石饰面块材的安装

毛面花岗石饰面块材是指剁斧板、机刨板、烧毛板和粗磨板等，其厚度一般为50 mm、76 mm、100 mm，墙、柱面多用板厚50 mm，勒脚饰面多用76 mm、100 mm。

①块材开口形式：块材与基体均用锚固件连接，由于锚固件有多种形式，分扁条锚件、圆杆锚件、线形锚件等，所以块材的锚接开口形状也不同。一般开口形状，见图6-31。

根据块材的不同厚度，其开口尺寸及阳角交接形式也不同，见图6-32和表6-22。

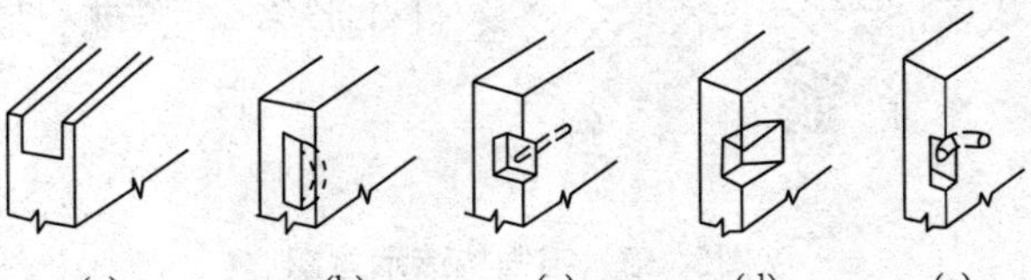

图6-31　花岗石块材开口形状

（a）扁条形；（b）片状形；（c）销钉形；（天）角钢形；（e）金属丝开口

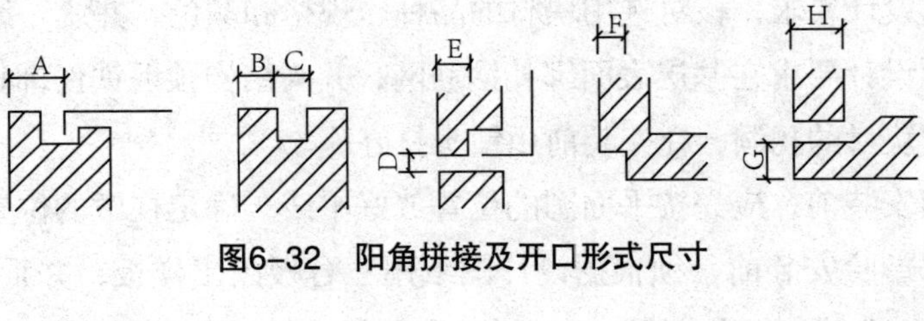

图6-32　阳角拼接及开口形式尺寸

表6-22 花岗石块材拼接及开口尺寸表（mm）

板厚	A	B	C	天	E	F	G	H
50	19	13	13	13	19	13	38	57
76	44	25	13	13	19	13	64	82
100	70	38	13	13	19	13	89	107

②锚固方法：用镀锌或不锈钢锚固件将块材与基层锚固。常用的扁形锚件厚度为3、5、6 mm，宽25、30 mm。圆杆形锚件用ϕ56 mm、ϕ9 mm，线形件多用ϕ3~ϕ5 mm钢丝。锚件形式见图6-33。

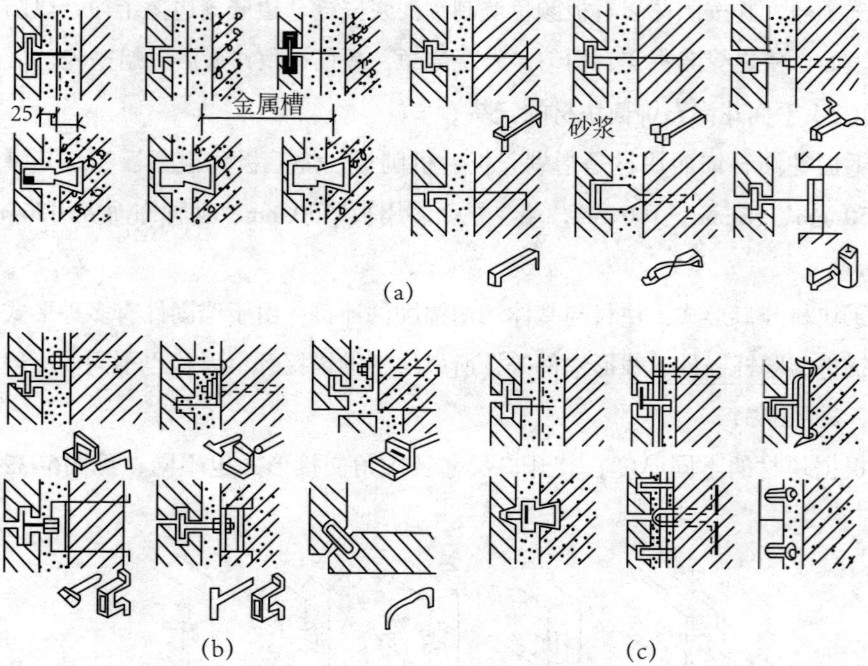

图6-33 锚固构造示意图

（a）扁条锚固；（b）圆杆锚固；（c）线形锚固

③工艺要点：

a. 根据设计要求，核对选用块材的品种、规格和颜色，并统一编号。

b. 按照设计要求在基层表面绑扎钢筋网，并与结构预埋铁件绑扎牢固。

c. 固定块材的孔洞，在安装前用钻头打好。

d. 柱面安装前，应先按平面图的位置放好平线，确定柱墩的位置。

e. 拱、璇脸安装前，须根据设计图纸用三合板画出样板，并根据拱、璇脸样板定出拱、璇中心线及边线，画出拱的圆弧线，然后自下而上进行安装。

f. 安装墙面时，先将好头（抱角）稳好，按墙面拉线顺直，用钢尺测定长度，确定分块和调整缝隙，然后进行稳装。

g．室外块材的安装应比室外地坪低50 mm，以免露底，并注意检查基础软硬程度。

饰面块材与墙身间隔缝隙一般为30~50 mm。

块材缝隙最好用铅块垫塞，如用铁块和木块垫塞，遇水后易污染饰面，影响美观。

块材要用镀锌钢筋或经过防锈处理的钢筋与钢筋网连接。块材与块材之间可采用扒钉或销钉连接，常见几种分格和连接方法见图6-34、图6-35、图6-36。

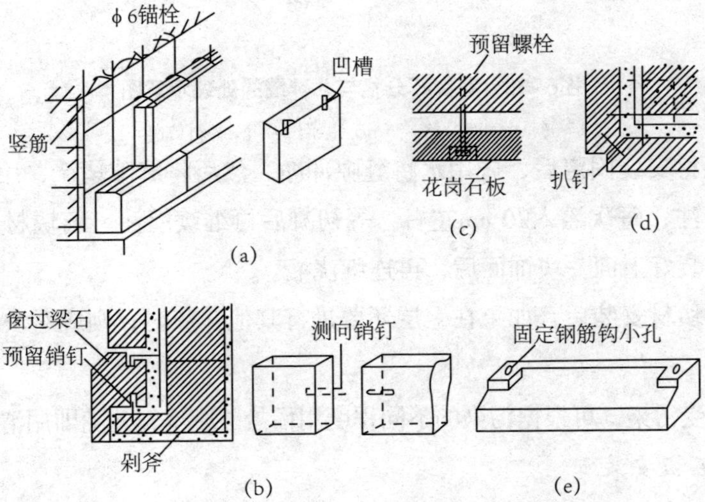

图34 花岗石安装连接示意图

（a）花岗石与墙体连接；（b）销钉连接；（c）螺栓连接；（d）扒钉连接；（e）窗台板预留孔眼做法

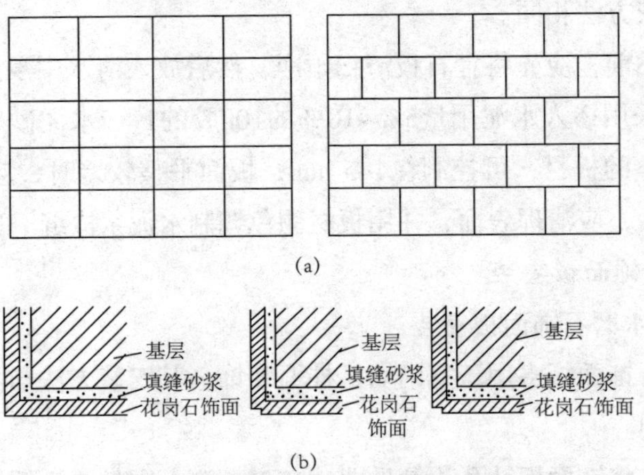

图6-35 常见花岗石分格与阳角衔接示意图

（a）立面分格；（b）阳角剖面

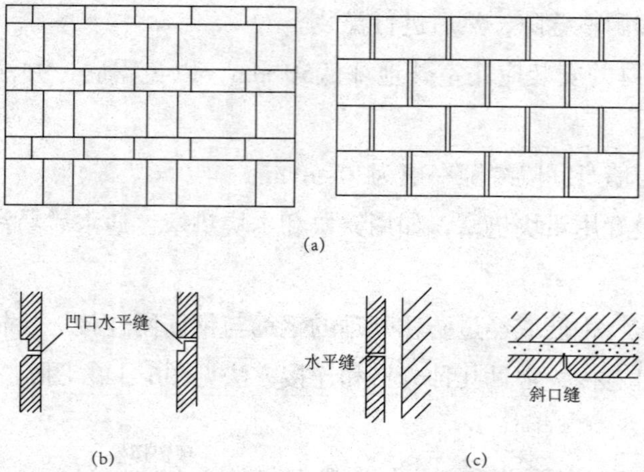

图6-36　花岗石分格与几种缝的处理示意图

（a）立面分格；（b）水平缝；（c）斜口缝

饰面块材安装固定后，先用水将缝隙冲净，然后将缝隙堵严，用1：2.5水泥砂浆分层灌注，每次灌入20 cm左右，等初凝后再继续灌注。离块材上口约8 cm处，要待安装好上面一块饰面后，再连续浇灌。

花岗石块材安装后，如果在上层还要进行其他抹灰时，则应对块材表面采取保护措施。

花岗石受污染，可根据污染的不同程度用稀盐酸刷洗，并随即用清水冲干净。

5. 青石板安装

青石板饰面板的安装，由于其规格较小，且多用于一、二层装饰，故一般可采取粘贴方法安装。其粘贴方法与外墙面砖相同。其基体处理、抹找平层砂浆的方法与装饰抹灰方法相同。

青石板粘贴前，应先将青石板清扫干净，然后放入清水中浸泡，浸透阴干备用。黏结砂浆采用掺入水泥用量5%~10%的108胶的1：2水泥砂浆。黏结砂浆不宜太厚，较平整的板材，可控制在4~5 mm；板面平整较差时，应不少于5 mm全部青石板粘贴后，应清理表面，并用板材颜色调制水泥浆嵌缝，边嵌边擦净。

6. 人造石饰面板安装

（1）预制水磨石饰面板安装

预制水磨石饰面板多用于室内墙、柱面装饰，其安装方法与大理石饰面板传统安装方法相同。

安装前，先将饰面板钻孔（参见图6-17），穿上铜丝或不锈钢钢丝；也可在预制板材时预埋铁件，也可采用镶贴方法（图6–37）。

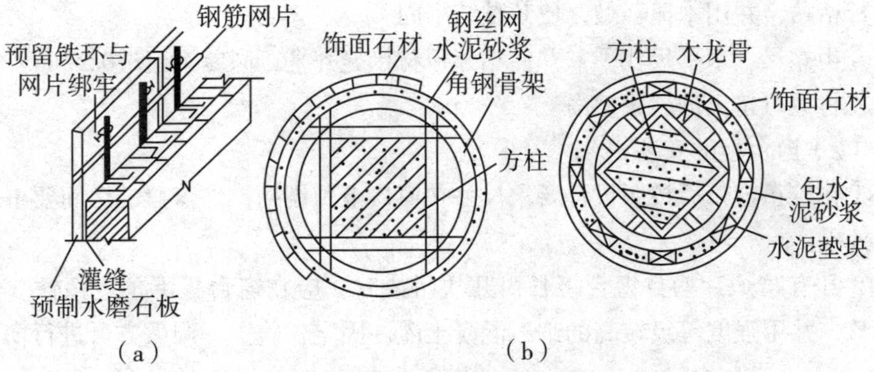

图6–37　预制水磨石板安装示意图

（a）墙体安装饰面；（b）圆形饰面安装

板材安装前，应先用水浸湿后阴干。板材与基层间的缝隙，一般为20~50 mm。采用1：2.5水泥砂浆（稠度8~12 cm）分层灌注，每次灌浆高度一般为20~30 cm，待初凝后再继续灌浆，直到距上口5~10 cm停止。

板材安装后，应及时进行表面保护，待结合层水泥砂浆强度达到60%~70%后，方可打蜡光洁。

（2）人造大理石饰面板安装

①水泥砂浆粘贴法（小规格板材）：

a．镶贴前进行抄平放线，横竖预排，使接缝均匀。

b．用1：3水泥砂浆打底、找平、划毛。

c．润湿基层和板材。

d．板材粘贴。板厚在10 mm以下时，宜用聚合物水泥浆（掺水泥重量10%的108胶），黏结砂浆厚度大于3 mm；板厚大于10 mm时，可用1：2水泥砂浆（掺5%~10%的108胶）粘贴，砂浆厚度根据板面平整度决定，一般不小于5 mm。

②灌浆法（大规格板材）：与天然石材传统做法相同。

7．小规格石材饰面板安装

大理石、花岗石、青石板、水磨石等小规格饰面板用于装饰的项目较多，如窗台板、踢脚板、勒脚等。

（1）踢脚板的粘贴

①用1：3水泥砂浆打底、找规矩，厚约12 mm。刮平、划毛。

②待底子灰凝固后，将阴干的饰面板背面均匀抹上厚2~3 mm素水泥浆，随即进行粘贴，并用木槌轻敲，使其黏结牢固。

③用靠尺、水平尺找平，并使相邻板材接缝齐平，高差不超过0.5 mm。

④将边口挤出的砂浆擦净。

（2）窗台板的安装

①在校正窗口后按照设计要求尺寸在窗口下角剔槽，多窗口的房间要事先拉通线抄平。

②凡有暗炉片槽且窗台板长由几块拼成时，应在窗台板下预埋角铁。角铁应平整，并用强度等级较高的细石混凝土灌注固定，养护一周后方可进行窗台板安装。

③安装时，先将窗台板稳在窗口下角两头，并浇水润湿后，用1∶3干硬性水泥砂浆或细石混凝土垫平。窗台板接槎处要注意平整。

④待窗台板垫平垫稳后，用1∶3水泥砂浆或细石混凝土将两头塞严实，塞灰前先将墙面浇水润湿。

第三节　饰面砖（板）工程质量要求和验收标准

一、一般规定

（1）本节适用于饰面板安装、饰面砖粘贴等分项工程的质量验收。

（2）饰面板（砖）工程验收时应检查下列文件和记录：

①饰面板（砖）工程的施工图、设计说明及其他设计文件。

②材料的产品合格证书、性能检测报告、进场验收记录和复验报告。

③后置埋件的现场拉拔检测报告。

④外墙饰面砖样板件的黏结强度检测报告。

⑤隐蔽工程验收记录。

⑥施工记录。

（3）饰面板（砖）工程应对下列材料及其性能指标进行复验：

①室内用花岗石的放射性。

②粘贴用水泥的凝结时间、安定性和抗压强度。

③外墙陶瓷面砖的吸水率。

④寒冷地区外墙陶瓷面砖的抗冻性。

（4）饰面板（砖）工程应对下列隐蔽工程项目进行验收：

①预埋件（或后置埋件）。

②连接节点。

③防水层。

（5）各分项工程的检验批应按下列规定划分：

①相同材料、工艺和施工条件的室内饰面板（砖）工程每50间（大面积房间和走廊按施工面积30 m^2为一间）应划分为一个检验批，不足50间也应划分为一个检验批。

②相同材料、工艺和施工条件的室外饰面板（砖）工程每500~1 000 m^2应划分为一个检验批，不足500 m^2也应划分为一个检验批。

（6）检查数量应符合下列规定：

①室内每个检验批应至少抽查10%，并不得少于3间；不足3间时应全数检查。

②室外每个检验批每100 m^2应至少抽查一次，每处不得小于10 m^2。

（7）外墙饰面砖粘贴前和施工过程中，均应在相同基层上做样板件，并对样板件的饰面砖黏结强度进行检验，其检验方法和结果判定应符合《建筑工程饰面砖黏结强度检验标准》的规定。

（8）饰面板（砖）工程的抗震缝、伸缩缝、沉降缝等部位的处理应保证缝的使用功能和饰面的完整性。

二、饰面板安装工程

本节适用于内墙饰面板安装工程和高度不大于24 m、抗震设防烈度不大于7度的外墙饰面板安装工程的质量验收。

1. 主控项目

（1）饰面板的品种、规格、颜色和性能应符合设计要求，木龙骨、木饰面板和塑料饰面板的燃烧性能等级应符合设计要求。

检验方法：观察；检查产品合格证书、进场验收记录和性能检测报告。

（2）饰面板孔、槽的数量、位置和尺寸应符合设计要求。

检验方法：检查进场验收记录和施工记录。

（3）饰面板安装工程的预埋件（或后置埋件）、连接件的数量、规格、位置、连接方法和防腐处理必须符合设计要求。后置埋件的现场拉拔强度必须符合设计要求。饰面板安装必须牢固。

注：饰面板安装工程的施工方法主要有干作业施工和湿作业施工两种方法，目前主要应用于室内墙面装修和室外多层建筑的墙面装修。对饰面板安装工程涉及安全的五个重要检查项目：预埋件（或后置埋件）、连接件、防腐处理、后置埋件现场拉拔强度以及饰面板的安装，这五个重要检查项目是质量过程控制的重点，也是保证其安装安全质量的关键。在施工过程中可以通过手扳检查；检查材料实样和进场验收记录、检查现场后置埋件的拉拔强度检测报告、做好隐蔽工程的质量控制。

检验方法：手扳检查；检查进场验收记录、现场拉拔检测报告、隐蔽工程验收记录和施工记录。

2. 一般项目

（1）饰面板表面应平整、洁净、色泽一致，无裂痕和缺损。石材表面应无泛碱等污染。

检验方法：观察。

（2）饰面板嵌缝应密实、平直，宽度和深度应符合设计要求，嵌填材料色泽应一致。

检验方法：观察；尺量检查。

（3）采用湿作业法施工的饰面板工程，石材应进行防碱背涂处理。饰面板与基体之间的灌注材料应饱满、密实。

检验方法：用小锤轻击检查；检查施工记录。

（4）饰面板上的孔洞应套割吻合，边缘应整齐。

检验方法：观察。

（5）饰面板安装的允许偏差和检验方法应符合表6–23的规定。

*属强制性条文。

三、饰面砖粘贴工程

本节适用于内墙饰面砖粘贴工程和高度不大于100 m、抗震设防烈度不大于8

度、采用满粘法施工的外墙饰面砖粘贴工程的质量验收。

表6-23 饰面板安装的允许偏差和检验方法

项次	项目	允许偏差（mm）							检验方法
		石材			瓷板	木材	塑料	金属	
		光面	斩假石	蘑菇石					
1	立面垂直度	2	3	3	2	1．5	2	2	用2 m垂直检测尺检查
2	表面平整度	2	3	—	1．5	1	3	3	用2 m靠尺和塞尺检查
3	阴阳角方正	2	4	4	2	1．5	3	3	用直角检测尺检查
4	接缝直线度	2	4	4	2	1	1	1	拉5 m线，不足5 m拉通线，用钢直尺检查
5	墙裙、勒脚上口直线度	2	3	3	2	2	2	2	拉5 m线，不足5 m拉通线，用钢直尺检查
6	接缝高低差	0.5	3	—	0.5	0.5	1	1	用钢直尺和塞尺检查
7	接缝宽度	1	2	2	1	1	1	1	用钢直尺检查

1. 主控项目

（1）饰面砖的品种、规格、图案、颜色和性能应符合设计要求。

检验方法：观察；检查产品合格证书、进场验收记录、性能检测报告和复验报告。

饰面砖粘贴工程的找平、防水、黏结和勾缝材料及施工方法应符合设计要求及国家现行产品标准和工程技术标准的规定。

检验方法：检查产品合格证书、复验报告和隐蔽工程验收记录。

（2）饰面砖粘贴必须牢固。

注：要求饰面砖粘贴必须牢固就是要求施工中认真选材并符合国家现行产品标准，同时要做好样板件黏结强度检测。因为，我国从20世纪80年代后期开始，城乡各地采用饰面砖进行外墙面装修迅速增加。有些地方没有很好的执行国家质量检验标准，饰面砖由于各种原因空鼓、脱落的质量事故也不断出现，这不仅仅破坏了建筑物的装饰效果，同时给人民群众带来安全隐患，由此造成的工程返工以及经济索赔也造成了很大的经济损失。

检验方法：检查样板件黏结强度检测报告和施工记录。

（3）满粘法施工的饰面砖工程应无空鼓、裂缝。

检验方法：观察；用小锤轻击检查。

2. 一般项目

（1）饰面砖表面应平整、洁净、色泽一致，无裂痕和缺损。

*属强制性条文。

检验方法：观察。

（2）阴阳角处搭接方法、非整砖使用部位应符合设计要求。

检验方法：观察。

（3）墙面突出物周围的饰面砖应整砖套割吻合，边缘应整齐。墙裙、贴脸突出墙面的厚度应一致。

检验方法：观察；尺量检查。

（4）饰面砖接缝应平直、光滑，填嵌应连续、密实；宽度和深度应符合设计要求。

检验方法：观察；尺量检查。

（5）有排水要求的部位应做滴水线（槽）。滴水线（槽）应顺直，流水坡向应正确，坡度应符合设计要求。

检验方法：观察；用水平尺检查。

饰面砖粘贴的允许偏差和检验方法应符合表6-24的规定。

表6-24 饰面砖粘贴的允许偏差和检验方法

项次	项目	允许偏差（mm）		检验方法
		外墙面砖	内墙面砖	
1	立面垂直度	3	2	用2 m垂直检测尺检查
2	表面平整度	4	3	用2 m靠尺和塞尺检查
3	阴阳角方正	3	3	用直角检测尺检查
4	接缝直线度	3	2	拉5 m线，不足5 m拉通线，用钢直尺检查
5	接缝高低差	1	0.5	用钢直尺和塞尺检查
6	接缝宽度		11	用钢直尺检查

第七章　季节施工与安全施工

第一节　冬期施工

一、基本要求

（1）当连续5天内的平均气温低于5℃时，抹灰工程施工应采取冬期施工技术措施。冬期施工期限以外，当日最低气温降低到0℃或0℃以下时，也应按冬期施工的有关规定。气温可根据当地气象预报或历年气象资料估计。

（2）参见有关书籍的“冬期施工注意事项”。

二、抹灰砂浆制备要求

（1）抹灰砂浆宜采用普通硅酸盐水泥拌制，不得使用无水泥的砂浆，应采用水泥砂浆或水泥石灰砂浆。

（2）拌制抹灰砂浆用的石灰膏应防止受冻，如遭冻结，应经融化后方可使用。所用的砂，不得含有冰块和直径大于10 mm的冻结块。

（3）拌和抹灰砂浆用水宜加热，水的温度不得超过80℃。

（4）在气温较低情况下，砂也应加热。砂的加热方法：支起块钢板，钢板下生火，砂倒在钢板上，边炒边烘；或将蒸汽管插入砂堆中，通入蒸汽加热。砂的温度不得超过40℃。

（5）抹灰砂浆应采用砂浆搅拌机进行搅拌，砂浆搅拌时间比常温时延长1分钟以上。砂浆搅拌时的温度宜不低于25℃，砂浆抹灰时的温度不宜低于5℃。砂浆应随拌随用，不得积存，以防止砂浆冻结。砂浆搅拌机所在棚房宜保温。砂浆运输容器应加盖。

三、抹灰工程冬期施工方法

抹灰工程冬期施工方法分为热作法和冷作法。

1. 热作法

热作法是利用房屋的临时热源或永久热源来提高和保持施工环境温度，使砂浆在正温度条件下硬化，适用于房屋内部抹灰及饰面镶贴等。

热作法施工操作与常温施工基本相同，但应注意以下几点：

（1）环境温度应保持在5℃以上，直到抹灰基本干燥为止。

（2）需要抹灰的砌体，应提前加热，使砌体抹灰面保持在5℃以上，宜用热水湿润砌体表面。

（3）用冻结法砌筑的砌体，应提前进行人工开冻，待开冻并下沉完毕，同时砌体强度达到设计强度的20%以上方可抹灰。

（4）室内保温方法可用生火炉、设暖风或红外线加热器、通暖气（热水或蒸汽）等。房间的门窗洞口应用草帘遮挡或预先安装门窗玻璃等，使房间封闭。

（5）用临时热源，应经常检查抹灰层的湿度，如干燥太快或出现裂缝、酥松等现象，应适时洒水湿润，使其有适当的湿度。

（6）室内应适时开启窗户或通风，以定期排除湿气。

（7）抹灰完后应保温养护10~14天，要防止过早撤除热源，以免抹灰层中存留的水分冻结，造成抹灰层空鼓、脱落。

（8）应定期测温，室内环境温度以地面以上500 mm处为准。

2. 冷作法

冷作法是在抹灰砂浆中掺加化学外加剂，以降低抹灰砂浆的冰点，使砂浆在负温度下硬化。化学外加剂可采用氯化钠、氯化钙、碳酸钾、亚硝酸钠、硫酸钠、漂白粉等，优先选用单掺氯化钠、依次是掺氯化钠与氯化钙或碳酸钾、亚硝酸钠；当气温在-10~-25℃时可掺加漂白粉。

在当日室外气温下的氯化钠掺量见表7-1。

表7-1　不同气温下氯化钠掺量（%）

室外气温（℃）	抹灰项目			
	0~-3	-4~-6	-7~-8	-9~-10
墙面抹水泥砂浆	2	4	6	8
挑檐、阳台、雨篷抹水泥砂浆	3	6	8	10
抹水刷石	3	6	8	10
抹干粘石	3	6	8	10
贴面砖、陶瓷锦砖	2	4	6	8

注：氯化钠掺量是指氯化钠重量与砂浆中水的重量之比，以百分率计。

采用氯化钠作为化学外加剂时，应由专人配制成溶液，提前两天用冷水配制1∶3（重量比）的浓溶液，将沉淀杂质清除后倒入大缸内，再加水配制成若干种符合比重的溶液，用比重计测定准确后，即可作为搅拌砂浆用水。氯化钠溶液的浓度与相对密度的关系见表7–2。

表7–2　氯化钠溶液浓度与相对密度关系

浓度（%）	相对密度	浓度（%）	相对密度	浓度（%）	相对密度
1	1.005	5	1.034	9	1.063
2	1.013	6	1.041	10	1.071
3	1.020	7	1.049	11	1.078
4	1.027	8	1.054	12	1.086

掺亚硝酸钠时，其掺量（亚硝酸钠与水泥的质量百分比）为：室外气温在0~–3℃时为1%；–4~–9℃时为3%；–10~–15℃时为5%。

漂白粉的掺量与室外气温关系见表7–3。漂白粉的掺量是指漂白粉与拌和水的重量百分比。漂白粉的水溶液称为氯化水溶液，掺加氯化水溶液的砂浆称为氯化砂浆。

表7–3　漂白粉掺量与室外气温关系

室外气温（℃）	–10~–12	–13~–15	–16~–18	–19~–21	–22~–25
漂白粉掺量（占水重%）	9	12	15	18	21
氯化水溶液的相对密度	1.05	1.06	1.07	1.08	1.09

漂白粉应用不超过35℃的水溶化，加盖沉淀1~2小时，澄清后使用。

氯化砂浆搅拌时，应先将水泥和砂干拌均匀，然后加入氯化水溶液拌和。如用水泥石灰砂浆时，石灰膏用量不得超过水泥重量的一半。氯化砂浆应随拌随用，不得停放。氯化砂浆在使用时有一定温度要求，氯化砂浆的温度与室外气温的关系见表7–4。

表7–4　氯化砂浆温度与室外气温关系

室外气温（℃）	搅拌后的氯化砂浆温度（℃）	
	无风天气	有风天气
0~–10	+10	+15
–11~–20	+15~+20	+25
–21~–25	+20~+25	+30
–26以下	不得施工	不得施工

采用冷作法干粘石施工时，宜在抹灰砂浆中掺入5%~15%的108胶和0.3%的木质素磺酸钙及2%的氯化钙（均按水泥重量计）。砂浆搅拌时，注意108胶不要与氯化钙溶液直接接触，应先加一种材料搅拌均匀后再加另一种材料，避免直接混拌。

冷作法水刷石施工时，宜在抹灰砂浆中掺加2%的氯化钙和20%的108胶（均按水泥重量计）。基体面先刮1∶1氯化钠水泥稀浆，再抹底层砂浆，底层砂浆厚度为10~12 mm，面层可抹得薄一些，约4 mm厚。面层水泥石子浆抹灰后应比常温下多压一遍，注意石渣大面朝外，稍干后再用喷雾器喷热盐水冲洗干净。

冷作法喷涂聚合物水泥砂浆施工时，宜在聚合物水泥砂浆中掺入水泥重量2%的氯化钙。大面积喷涂以采用粒状做法为宜。

冷作法贴面砖时，宜将面砖背面涂刷界面处理剂，再用掺加氯化钠的砂浆铺贴，或直接用胶粘剂铺贴，再用胶粘剂配制的胶泥勾缝。

第二节　夏期、雨期施工

一、夏期施工

炎热的夏季，在高温干燥多风的气候条件下进行抹灰、饰面工程，常出现抹灰砂浆脱水、抹灰和饰面镶贴的基体脱水的现象，造成砂浆中水泥没有很好水化就失水，无法产生强度，严重影响抹灰、饰面工程质量，其原因是砂浆中的水分在干热的气温下急剧蒸发。为防止上述现象发生，要调整抹灰砂浆级配，提高砂浆保水性、和易性，必要时可适当掺入外加剂；砂浆要随拌随用，不要一次拌得太多；控制好各层砂浆涂抹的间隔时间，若发现前一层过于干燥，则应提前洒水湿润后方可涂抹后一层；按要求将浸水湿润并阴干的饰面板（砖）、即时进行镶贴或安装；对于应提前湿润的基体因气候炎热而又过于干燥时，必须适度浇水湿润，并及时进行抹灰或饰面作业；夏季进行室外抹灰及饰面工程时，应采取措施遮阳、防止暴晒，并及时对成品进行养护。

二、雨期施工

雨期施工，砂浆和饰面板（砖）淋雨后，砂浆变稀，饰面板（砖）表面形成水膜，在这种情况下进行抹灰和饰面施工时，会产生黏结不牢和饰面板（砖）浮滑下坠等质量事故。为此在雨期施工中要合理安排施工计划，如晴天进行外部抹灰装饰，雨天进行室内施工；适当降低水灰比，提高砂浆的稠度；防雨遮盖，当抹灰面积较小时，可搭设临时施工棚或塑料布、芦席临时遮盖，进行施工操作。

第三节　施工现场安全

一、个人劳动保护

（1）参加施工的工人，要熟知抹灰工的安全技术操作规程。在操作中，应坚守工作岗位，严禁酒后操作。

（2）机械操作人员必须身体健康，并经过专业培训合格，取得上岗证。学员必须在师傅指导下进行操作。

（3）进入施工现场，必须戴安全帽，禁止穿硬底鞋和拖鞋。机械操作工的长发不得外露。在没有防护设施的高空施工，必须系安全带。距地面3 m以上作业要有防护栏杆、挡板或安全网。安全帽、安全带、安全网要定期检查，不符合要求的严禁使用。

（4）施工现场的脚手架、防护设施、安全标志和警告牌，不得擅自拆动，需要拆动的应经工地施工负责人同意。

（5）施工现场的洞、坑、沟、升降口、漏斗等危险处，应有防护设施或明显标志。

二、高空作业安全

（1）从事高空作业的人员要定期体检。经医生诊断，凡患高血压，心脏病、贫血病、癫痫病以及其他不适于高空作业的，不得从事高空作业。

（2）高空作业衣着要轻便，禁止穿硬底鞋和带钉易滑的鞋。

（3）高空作业所用材料要堆放平稳，工具应随手放入工具袋内。上下传递物件禁止抛掷。

（4）遇有恶劣气候（如风力在六级以上）影响安全施工时，禁止进行露天高空作业。

（5）攀登用的梯子不得缺档，不得垫高使用。梯子横挡间距以30 cm为宜。使用时上端要扎牢，下端应采取防滑措施。单面梯与地面夹角以60°~70°为宜，禁止两人同时在梯上作业。如需接长使用，应绑扎牢固。人字梯底脚要拉牢。在通道处使用梯子，应有人监护或设置围栏。

（6）乘人的外用电梯、吊笼，应有可靠的安全装置。禁止随同运料的吊篮、吊盘等上下。

三、机械喷涂抹灰安全

（1）喷涂抹灰前，应检查输送管道是否固定牢固，以防管道滑脱伤人。

（2）从事机械喷涂抹灰作业的施工人员，必须经过体检，并进行安全培训，合格后方可上岗操作。

（3）喷枪手必须穿好工作服、胶皮鞋，戴好安全帽、手套和安全防护镜等劳保用品。

（4）供料与喷涂人员之间的联络信号，应清晰易辨，准确无误。

（5）喷涂作业时，严禁将喷枪口对人。当喷涂管道堵塞时，应先停机释放压力，避开人群进行拆卸排除，未卸压前严禁敲打晃动管道。

（6）喷枪的试喷与检查喷嘴是否堵塞，应避免枪口突发喷射伤人。在喷涂过程中，应有专人配合，协助喷枪手拖管，以防移管时失控伤人。

（7）输浆过程中，应随时检查输浆管连接处是否松动，以免管接头脱落，喷浆伤人。

（8）清洗输浆管时，应先卸压，后进行清洗。

四、脚手架使用安全

（1）抹灰、饰面等用的外脚手架，其宽度不得小于0.8 m，立杆间距不得大于2 m；大横杆间距不得大于1.8 m。脚手架允许荷载，每平方米不得超过270 kg。脚手板需满铺，离墙面不得大于20 cm，不得有空隙和探头板。脚手架拐弯处脚手板应交叉搭接。垫平脚手板应用木块，并且要钉牢，不得用砖垫。脚手架的外侧，应绑1 m高的防护栏杆和钉18 cm高的挡脚板或防护立网。在门窗洞口搭设挑架（外伸脚手架），斜杆与墙面一般不大于30°，并应支承在建筑物牢固部位，不得支承在窗台板、窗楣、腰线等处。墙内大横杆两端均必须伸过门窗洞两侧不少于25 m。挑架所有受力点都要绑双扣，同时要绑防护栏杆。

（2）抹灰、饰面等用的里脚手架，其宽度不得小于1.2 m。木凳、金属支架应搭设平稳牢固，横杆间距（脚手板跨度）不得大于2 m。脚手板面离上层顶棚底应不小于2 m。架上堆放材料不得过于集中，在同一脚手板跨度内不应超过两人。

（3）顶棚抹灰应搭设满堂脚手架，脚手板应满铺。脚手板之间的空隙宽度不得大于5 cm。脚手板距顶棚底不小于2 m。

（4）不准在门窗、暖气片、洗面池等器物上搭设脚手架。阳台部位抹灰，外侧必须挂设安全网。严禁踩踏脚手架的护身栏杆和在阳台栏板上进行操作。

（5）如建筑物施工已有砌筑用外脚手架或里脚手架，则进行抹灰、饰面工程施工时就可以利用这些脚手架，待抹灰、饰面工程完成后才拆除脚手架。

第四节　机械使用安全

一、砂浆搅拌机安全使用

（1）砂浆搅拌机启动前，应检查搅拌机的传动系统、工作装置、防护设施等均应牢固、操作灵活。启动后，先经空运转，检查搅拌叶旋转方向正确，方可加料加水进行搅拌。

（2）砂浆搅拌机的搅拌叶运转中，不得用手或木棒等伸进搅拌筒内或在筒口清理砂浆。

（3）搅拌中，如发生故障不能继续运转时，应立即切断电源。将筒内砂浆倒出，进行检修排除故障。

（4）砂浆搅拌机使用完毕，应做好搅拌机内外的清洗、保养及场地的清理工作。

二、灰浆输送泵安全使用

（1）输送管道应有牢固的支撑，尽量减少弯管，各接头连接牢固，管道上不得加压或悬挂重物。

（2）灰浆输送泵使用前，应进行空运转，检查旋转方向正确，传动部分、工作装置及料斗滤网齐全可靠，方可进行作业。加料前，应先用泵将浓石灰浆或石灰膏送入管道进行润滑。

（3）启动后，待运转正常才能向泵内放砂浆。灰浆泵需连续运转，在短时间内不用砂浆时，可打开回浆阀使砂浆在泵体内循环运行，如停机时间较长，应每隔3~5分钟泵送一次，使砂浆在管道和泵体内流动，以防凝结而阻塞。

（4）工作中应经常注意压力表指示，如超过规定压力应立即查明原因排除故障。

（5）应注意检查球阀、阀座或挤压管的磨损，如发现漏浆应停机检查修复或更换后，方可继续作业。

（6）故障停机时，应打开泄浆阀使压力下降，然后排除故障。灰浆输送泵压力未降至零时，不得拆卸空气室、压力安全阀和管道。

（7）作业后，应对输送泵进行全面清洗和做好场地清理工作。

（8）灰浆联合机和喷枪必须由专人操作、管理和保养。工作前应做好安全检查。喷涂前应检查超载安全装置，喷涂时应随时观察压力表升降变化，以防超载危及安全。设备运转时不得检修。设备检修清理时，应拉闸断电，并挂牌示意或设专人看护。非检修人员不得拆卸安全装置。

三、空气压缩机安全使用

（1）固定式空气压缩机必须安装平稳牢固。移动式空气压缩机放置后，应保持水平，轮胎应楔紧。

（2）空气压缩机作业环境应保持清洁和干燥。储气罐需放在通风良好处，半径15 m以内不得进行焊接或热加工作业。

（3）储气罐和输气管每三年应作水压试验一次，试验压力为额定工作压力的150%。压力表和安全阀每年至少应校验一次。

（4）移动式空气压缩机施运前应检查行走装置的紧固、润滑等情况。拖行速度不超过20 km/h。

（5）空气压缩机曲轴箱内的润滑油量应在标尺规定范围内，加添润滑油的品种、标号必须符合规定。各连接部位应紧固，各运动部位及各部阀门开闭应灵活，并处于起动前的位置。冷却水必须用清洁的软水，并保持畅通。

（6）启动空气压缩机必须在无载荷状态下进行，待运转正常后，再逐步进入载荷运转。

（7）开启送气阀前，应将输气管道连接好，输气管道应保持畅通，不得扭曲，并通知有关人员后，方可送气。在出气口前不准有人工作或站立。

（8）空气压缩机运转正常后，各种仪表指示值应符合原厂说明书的要求：储气罐内最大压力不得超过铭牌规定，安全阀应灵敏有效；进气阀、排气阀、轴承及各部件应无异响或过热现象。

（9）每工作2小时需将油水分离器、中间冷却器、后冷却器内的油水排放一次。储气罐内的油水每班必须排放一至二次。

（10）发现下列情况之一时，应立即停机检查，找出原因，待故障排除后方可作业：

①水、漏气、漏电或冷却水突然中断。

②压力表、温度表、电流表的指示值超过规定。

③排气压力突然升高，排气阀、安全阀失效。

④机械有异响或电动机电刷发生强烈火花。

（11）空气压缩机运转中，如因缺水致气缸过热而停机时，不得立即添加冷水，必须待气缸体自然降温至60℃以下方可加水。

（12）电动空气压缩机运转中如遇停电，应即切断电源，待来电后重新启动。

（13）停机时，应先卸去载荷，然后分离主离合器，再停止内燃机或电动机的运转。

（14）停机后，关闭冷却水阀门，打开放气阀，放出各级冷却器和储气罐内的油水和存气。当气温低于5℃时，应将各部存水放尽，方可离去。

（15）不得用汽油或煤油清洗空气压缩机的滤清器及气缸和管道的零件，或用燃烧方法清除管道的油污。

16. 使用压缩空气吹洗零件时，严禁将风口对准人体或其他设备。

四、水磨石机安全使用

（1）水磨石机使用前，应仔细检查电器、开关和导线的绝缘情况，选用粗细合适的熔断丝，导线最好用绳子悬挂起来，不要随着机械的移动在地面上拖拉。还需对机械部分进行检查。磨石等工作装置必须安装牢固；螺栓、螺帽等连接件必须紧固；传动件应灵活有效而不松旷。磨石最好在夹爪和磨石之间垫以木楔，不要直接硬卡，以免在运转中发生松动。

（2）水磨石机使用时，应对机械进行充分润滑，先进行试运转，待转速达到正常时再放落工作部分；工作中如发生零件松脱或出现不正常音响时，应立即停机进行检查；工作部分不能松落，否则易打坏机械或伤人。

（3）长时间工作，电动机或传动部分过热时，必须停机冷却。

（4）每班工作结束后，应切断电源，将机械擦拭干净，停放在干燥处，以免电动机或电器受潮。

（5）操作水磨石机，应穿胶鞋和戴绝缘手套。

五、手持电动工具安全使用

（1）手持电动工具作业前必须检查，应达到以下要求：

①外壳、手柄应无裂缝、破损。

②保护接地（接零）连接正确、牢固可靠，电缆软线及插头等应完好无损，开关动作应正常，并注意开关的操作方法。

③电气保护装置良好、可靠，机械防护装置齐全。

（2）手持电动工具启动后应空载运转，并检查工具联动应灵活无阻。

（3）手持砂轮机、角向磨光机必须装置防护罩。操作时，加力要平稳，不得用力过猛。

（4）作业中，不得用手触摸刃具、砂轮等，如发现有磨钝、破损情况时应立即停机修整或更换后再行作业。工具在运转时不得撒手。

（5）严禁超载荷使用，随时注意音响、温升，如发现异常应立即停机检查。作业时间过长，温度升高时，应停机待自然冷却后再行作业。

（6）使用冲击钻注意事项：

①钻头应顶在工件上再打钻，不得空打和顶死；

②钻孔时应避开混凝中的钢筋；

③必须垂直地顶在工件上，不得在钻孔过程中晃动；

④使用直径在25 mm以上的冲击钻时，作业场地周围应设护栏。在地面上操作应有稳固的平台。

（7）使用角向磨光机应注意砂轮的安全线速度为80 m/min；作磨削时应使砂轮与工作面保持15°~30° 的倾斜位置。作切割时不得倾斜。